建筑结构设计与施工

梁志峰　刘杨　姚一帆◎主编

中国石化出版社

HTTP://WWW.SINOPEC-PRESS.COM

图书在版编目(CIP)数据

建筑结构设计与施工／梁志峰，刘杨，姚一帆主编.
—北京：中国石化出版社，2023.8
ISBN 978-7-5114-7087-4

Ⅰ.①建… Ⅱ.①梁… ②刘… ③姚… Ⅲ.①建筑结
构–结构设计②建筑结构–工程施工 Ⅳ.①TU318
②TU74

中国国家版本馆 CIP 数据核字（2023）第 114660 号

中国石化出版社出版发行

地址:北京市东城区安定门外大街 58 号
邮编:100011 电话:(010)57512500
发行部电话:(010)57512575
http://www.sinopec-press.com
E-mail:press@sinopec.com
北京艾普海德印刷有限公司印刷
全国各地新华书店经销

＊

787 毫米×1092 毫米 16 开本 16.75 印张 421 千字
2023 年 8 月第 1 版 2023 年 8 月第 1 次印刷
定价:98.00 元

《建筑结构设计与施工》
编 委 会

主　编　梁志峰　深圳市市政工程总公司

　　　　刘　杨　首都医科大学附属北京安贞医院

　　　　姚一帆　广东海外建筑设计院有限公司

副主编　杨　柳　首都医科大学附属北京安贞医院

　　　　周　军　中铁建工集团有限公司深圳分公司

　　　　邵毕成　中国十五冶金建设集团有限公司

　　　　汪　浩　中铁上海工程局集团有限公司

编　委　揭晓余　北京城建集团有限责任公司

　　　　曾伟波　深圳市宝安区建筑工务署

　　　　张宇欢　广州帛铎工程技术咨询有限公司

　　　　李菊秀　广州帛铎工程技术咨询有限公司

　　建筑业是国民经济的重要支柱产业，与整个国家经济的发展、人民生活的改善有着密切的关系。自 2009 年以来，建筑业增加值占国内生产总值的比例始终保持在 6.5% 以上，建筑业在国民经济支柱产业中地位稳固。2020 年，建筑业增加值占国内生产总值的比例创历史新高，达 7.2%，全年全社会建筑业实现增加值 72996 亿元，比 2019 年增长 3.5%，增速高于国内生产总值 1.2 个百分点。2022 年全年全社会实现建筑业增加值 83383 亿元，占国内生产总值的 7%。因此，建筑业在促进我国经济发展发挥着极为重要的作用。

　　2017 年 2 月 24 日，国务院办公厅发布《关于促进建筑业持续健康发展的意见》，可见国家高度重视建筑业的改革发展。为了加快产业升级，促进建筑业持续健康发展，为新型城镇化提供支撑，本书为广大建筑工程人员在理论和实践上得以提高，围绕建筑的"结构设计"及"施工"两方面进行研究，从设计到施工、从理论方法到技术实践，主要内容分为十章：绪论、砌体结构设计、混凝土结构设计、装配式建筑设计、基础工程施工、主体工程施工、防水工程施工、建筑节能施工、施工质量管理以及施工安全管理。

　　本书大量引用了专业文献和资料，但未一一注明出处，在此对相关文献的作者表示感谢。限于编者的理论水平和实践经验，且对新修订的规范学习理解不够，书中难免存在疏漏和不妥之处，恳请广大读者批评指正。

目 录

绪论 ……………………………………………………………………………………… （ 1 ）

第一节 建筑结构概述 ……………………………………………………………… （ 1 ）

第二节 建筑结构的发展趋势 ……………………………………………………… （ 2 ）

上篇 建筑结构设计

第一章 砌体结构设计 ………………………………………………………………… （ 13 ）

第一节 砌体结构布置 ……………………………………………………………… （ 13 ）

第二节 砌体结构分析 ……………………………………………………………… （ 17 ）

第三节 砌体房屋墙体设计 ………………………………………………………… （ 28 ）

第四节 砌体房屋水平构件设计 …………………………………………………… （ 45 ）

第二章 混凝土结构设计 ……………………………………………………………… （ 61 ）

第一节 梁板结构设计 ……………………………………………………………… （ 61 ）

第二节 单层厂房设计 ……………………………………………………………… （ 94 ）

第三节 框架结构设计 ……………………………………………………………… （115）

第三章 装配式建筑设计 ……………………………………………………………… （118）

第一节 装配式建筑的设计原则与要点分析 ……………………………………… （118）

第二节 装配式建筑的剪力墙结构设计 …………………………………………… （120）

第三节 建筑工程中装配式设计的应用 …………………………………………… （122）

中篇 建筑施工

第四章 基础工程施工 ………………………………………………………………… （125）

第一节 土石方工程 ………………………………………………………………… （125）

第二节 基坑工程 …………………………………………………………………… （139）

第三节 地基与桩基础工程 ………………………………………………………… （152）

第五章　主体工程施工 …………………………………………………………（168）

　　第一节　砌体工程 ………………………………………………………（168）

　　第二节　混凝土结构工程 ………………………………………………（184）

　　第三节　钢结构工程 ……………………………………………………（200）

第六章　防水工程施工 …………………………………………………………（214）

　　第一节　地下防水工程 …………………………………………………（214）

　　第二节　屋面防水工程 …………………………………………………（221）

　　第三节　室内防水工程 …………………………………………………（228）

第七章　建筑节能施工 …………………………………………………………（238）

　　第一节　建筑节能施工的重要性与现状 ………………………………（238）

　　第二节　建筑节能施工技术的应用 ……………………………………（239）

下篇　施工管理

第八章　施工质量管理 …………………………………………………………（243）

　　第一节　工程质量管理概述 ……………………………………………（243）

　　第二节　施工质量事故的预防 …………………………………………（246）

　　第三节　施工质量事故的处理 …………………………………………（248）

第九章　施工安全管理 …………………………………………………………（251）

　　第一节　安全管理概述 …………………………………………………（251）

　　第二节　安全事故及其调查处理 ………………………………………（253）

参考文献 …………………………………………………………………………（258）

后记 ………………………………………………………………………………（260）

绪　论

第一节　建筑结构概述

一、建筑结构和建筑的关系

建筑是人类物质文明发展史上的重要印记，也是人类精神文化的有力表现。一个好的建筑作品是建筑设计与结构设计(当然，还有设备专业)密切配合的结果。其中结构设计的好坏，关系到建筑物是否满足适用、经济、绿色、美观的建筑方针。建筑物必须首先满足结构的抗震安全要求，才能考虑其功能、经济和美观等需求。因此设计既要功能合理、结构安全、又要造型优美、材料经济，这是每个建筑师与结构工程师都必须关注的要点。

(一) 建筑物设计流程

一般建筑物的设计从业主组织设计招标或委托方案设计开始，到施工图设计完成为止，整个设计工程可划分为方案设计、初步设计和施工图设计三个主要设计阶段。对于小型和功能简单的建筑物，工程设计可分为方案设计和施工图设计两个阶段；对于重大工程项目，在三个设计阶段的基础上，通常会在初步设计之后增加技术设计环节，然后进入施工图设计阶段。图 0.1 为建筑物的设计流程和各设计阶段的相互关系。

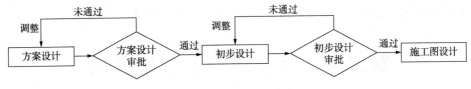

图 0.1　建筑物的设计流程

(二) 建筑与结构的关系

建筑物的设计过程，需要建筑师、结构工程师和其他专业工程师(水、暖、电)共同合作完成，特别是建筑师和结构工程师的分工、合作，在整个设计过程中尤为重要，二者各自的主要设计任务见表 0.1。

表 0.1　建筑设计和结构设计的主要任务

建筑设计	结构设计
1. 与规划的协调，建筑体型和周边环境的设计	1. 合理选择、确定与建筑体系相称的结构方案和结构布置满足建筑功能要求
2. 合理布置和组织建筑物室内空间	2. 确定结构承受的荷载，合理选用建筑材料

续表

建筑设计	结构设计
3. 解决好采光通风、照明、隔声、隔热等建筑技术问题	3. 解决好结构承载力、正常使用方面的所有结构技术问题
4. 艺术处理和室内外装饰	4. 解决好结构方面的构造和施工方面的问题

一栋建筑物的完成，是各专业设计人员紧密合作的成果。设计的最终目标是达到形式和功能的统一，也就是建筑和结构的统一。美国著名建筑师赖特（F. L. Wright，1869—1959）认为，建筑必须是个有机体，其建筑、结构、材料、功能、形式与环境，应当相互协调、完整一致。被公认为欧洲结构权威的建筑师意大利人奈尔维（P. L. Nervi，1891—1979）在 1957 年设计意大利罗马小体育馆时，将钢筋混凝土肋形球壳作为体育馆的屋盖，肋形球壳网肋的边端进行艺术化处理，构成一幅葵花图案，同时充分发挥结构的美学表现力，球壳的径向推力由 Y 形的斜柱支撑，因其接近地面，净空高度小，无法利用，故将其暴露在室外。敞露的斜柱清晰地显示了力流高度汇集的结构特点，又非常形象地表现了独特的艺术风格。整个体育馆室内空间的结构形式与建筑功能的艺术形象完全融为一体，实现了建筑和结构的完美统一，成为世界建筑工程的经典之作。

二、建筑结构的定义

建筑结构（一般可简称为结构）是指建筑空间中由基本结构构件（梁、柱、桁架、墙、楼盖和基础等）组合而成的结构体系，用以承受自然界或人为施加在建筑物上的各种作用。建筑结构应具有足够的强度、刚度、稳定性和耐久性，以满足建筑物的使用要求，为人们的生命财产提供安全保障。

建筑结构是一个由构件组成的骨架，是一个与建筑、设备、外界环境形成对立统一的有明显特征的体系，建筑结构的骨架具有与建筑相协调的空间形式和造型。

第二节 建筑结构的发展趋势

一、行业发展现状和特点

改革开放以来，我国迅速成长为世界第二大经济体，建筑结构行业也经历了快速增长的黄金时期；近年来，随着我国经济社会发展进入新时期，结构行业发展也呈现出一些新的特点。

（一）高层、超高层建筑

自 19 世纪 80 年代世界第一座现代高层建筑在美国芝加哥落成以来，高层、超高层建筑一直被看作城市标志性建筑，既代表着建筑结构技术的发展水平，也是推动建筑结构技术进步的重要力量。

我国高层建筑的发展取得了令世界瞩目的成就，超高层建筑数量在 2010 年以后进入快速增长阶段，在全国各主要城市都建成地标性超高层建筑，例如上海中心（632m）、深圳平安金融中心（599m）、广州东塔（530m）、天津周大福金融中心（530m）、北京中信大厦（528m）。据世界高层建筑与都市人居学会（CTBUH）统计（图0.2），截至2020年底，大陆地区建成250m以上高层建筑的数量从22栋增加到224栋，在世界最高100栋建筑中占据45席，表明我国已成为世界高层建筑发展的中心，高层建筑结构设计、建造水平已居世界领先位置。

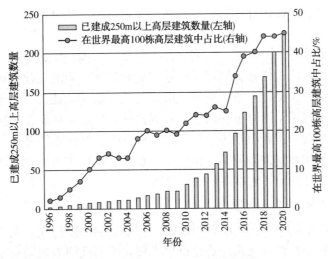

图0.2 大陆地区高层建筑发展趋势

近年来我国超高层建筑出现一定程度的过热现象，数量多增长快，从一线城市往二、三线等城市蔓延，有些地区盲目追求高度，给城市与环境带来不利影响。国家相关部门加强了对超高层建筑的规划审批和审查，2021年6月，国家发展改革委印发《关于加强基础设施建设项目管理确保工程安全质量的通知》，要求严格执行住房和城乡建设部、国家发展改革委发布的《关于进一步加强城市与建筑风貌管理的通知》，对超高层建筑的发展提出了明确的要求。这将有助于遏制攀比之风，确保高层建筑与城市发展水平、规模和空间尺度相适宜，与消防救援等综合防灾能力相匹配，实现我国高层、超高层建筑长期健康发展。

（二）大跨空间结构

大跨空间结构是衡量一个国家建筑业水平的重要标志。由于经济社会发展的需要，我国的大跨空间结构得到快速发展，呈现出以下三个主要特点：

（1）适用范围不断扩展，用途广泛。从传统的体育场馆、机场车站、会展中心等发展到文娱、文旅设施、工业建筑、科学装置等。

（2）建筑体型复杂、结构体系多样。为适应大跨空间结构的多样应用形式和建筑造型，发展出包括薄壳结构、网架结构、网壳结构、悬索结构、膜结构及由板壳单元、杆单元、梁单元、索单元、膜单元等结构单元相互组合形成的数十种结构体系。

（3）结构材料种类丰富。铝合金、高钒索、膜材、木材、复合材料等材料在大跨空间结构中应用逐渐推广，为大跨空间结构形式和体系创新提供了更多选择。

（三）既有建筑改造更新和功能提升

我国过去粗放式城镇化发展模式导致建设用地蔓延，面临增长极限；并且，城镇化进程早期建设的大量建筑既有在安全性、功能性、节能性、舒适性、配套性等方面的不足逐渐显现，也存在无法满足城市高质量发展的需求。因此，既有建筑改造更新和功能提升将成为城市发展的主要内容，控制增量、盘活存量也将成为建筑行业的新常态。近年来一些典型的城市更新改造项目的成功实施，例如西安秦汉唐天幕广场提升改造项目、太原市滨河体育中心改扩建项目、四川什邡慧剑社区改造项目，创造了良好的经济社会效益，示范效应显著。

政策层面上，政府部门出台了一系列文件，要求全面推进城镇老旧小区改造，明确了城镇老旧小区改造的阶段性任务，制定了一系列配套政策，为既有建筑改造更新和功能提升提供了方向指引和有力支持。城市更新、既有建筑改造和功能提升，规模巨大，为结构设计带来了新的发展机遇，同时也提出了一系列挑战：城市更新要在保护城市风貌的前提下，重视建筑与结构统一；老旧建筑年代久远，建筑改造过程中需考虑既有结构的性能损伤；建筑功能要求结构布置方案调整，结构受力状态需进行重新设计；新旧结构之间的连接及性能匹配以及相应的设计标准规范衔接协调等。

（四）建筑工业化

2016 年《国务院办公厅关于大力发展装配式建筑的指导意见》出台后，在中央和地方政策的支持引领下，特别是将装配式建筑建设要求列入控制性详细规划和土地出让条件，我国建筑工业化迎来了快速发展。2016—2020 年新开工的装配式建筑面积及其占新建建筑面积的比例如图 0.3 所示，可见近几年装配式建筑迅速推广，2020 年新开工装配式建筑面积达 6.3 亿 m²，占新建建筑面积比例达 20.5%，新开工面积平均年增长率达 55%。

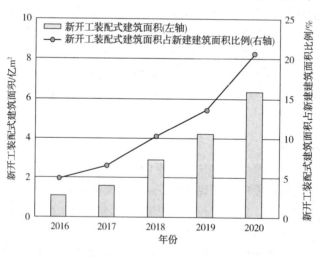

图 0.3　装配式建筑发展情况

从结构形式看，现阶段建筑工业化的主要形式仍是装配式混凝土结构建筑，其次为装配式钢结构建筑。2020 年新开工的装配式建筑中，两类结构形式的新开工面积分别占68.3% 和 30.2%。目前在装配式混凝土住宅建筑中以剪力墙结构形式为主，从 2019 年开始，住房和城乡建设部批复了浙江、山东、四川、湖南、江西、河南、青海7个省开展钢结构住宅试点，装配式钢结构的占比有望进一步提升。

建筑工业化在节约能源资源、减少污染、减少劳动用工等方面优势显著，有助于建筑行业节能减排、缓解劳动力短缺问题，实现建筑结构行业绿色发展、高质量发展。同时也应该指出，工业化不等同于装配式，目前装配式建筑发展还存在一些问题，需要进一步开展系统性的研究，用工业化的思路来发展新型装配式结构。

二、技术发展和应用

近年来随着我国建筑结构行业的蓬勃发展，新型高强高性能材料和减隔震技术、结构抗风技术、数字化技术等新技术也得到广泛应用和发展进步，技术进步与行业发展相辅相成。

（一）新型高强材料应用

高强材料在建筑结构中的应用日趋普遍：C70、C80高强混凝土已应用于超高层建筑，如广州东塔底部剪力墙采用C80高强混凝土；Q420、Q460高强钢材已应用于超高层和复杂结构中，如北京凤凰传媒中心采用Q460GJE高强钢材；一些新型的材料也在大跨空间结构中得到应用，如三亚体育场的内环交叉索采用了CFRP（碳纤维增强复合材料）索，上海拉斐尔云廊采用了铝合金，太原植物园采用了胶合木等。

在建筑结构中应用新型高强材料，可以减小构件尺寸、增加建筑使用空间、提高结构性能和设计灵活性，也对整个行业节约资源消耗、减少碳排放起到积极作用。

（二）减隔震技术

减隔震技术是建筑消能减震技术和建筑隔震技术的统称。随着减隔震技术在设计标准、配套软件、产品研发等方面日益成熟，其应用范围不断扩大，在超高层、大跨空间结构、复杂商业综合体、医院和学校建筑及建筑加固改造中均有成功应用案例。典型的应用案例如表0.2所示。

表0.2　减隔震技术应用典型案例

项目名称	项目类型	减隔震技术应用形式
西安国际丝路中心	超高层	黏滞阻尼伸臂
乌鲁木齐宝能城	超高层	BRB+连梁阻尼器
宿迁京东智慧城9号楼	超高层	黏滞阻尼墙
昆明春之眼	超高层	黏滞阻尼器+BRB
北京大兴机场	大跨结构	橡胶（铅芯）支座、滑板支座、黏滞阻尼器
昆明恒隆广场	商业综合体	软钢阻尼器、阻尼墙
川投西昌医院	医院建筑	橡胶（铅芯）支座、滑板支座、黏滞阻尼器
北京六佰本商业中心	加固改造	摩擦阻尼器

对采用减隔震技术的建筑模型振动台试验(采用黏滞阻尼伸臂的西安国际丝路中心振动台试验)和实际地震灾害调查结果(用基础隔震的芦山县人民医院门诊楼震后情况)均表明，

采用减隔震技术可有效减小结构的地震响应，提高抗震安全性，保障人民生命财产安全；同时，也使结构设计更加经济合理，符合绿色低碳的发展要求。

（三）结构抗风技术

我国人口密集区多分布在东南沿海地区，超强台风频发，多次造成严重损失，对高层建筑正常使用舒适度控制和围护结构抗风设计带来一定挑战，也促进了结构抗风技术进步，在以下方面取得了关键进展。

（1）台风数据库建立。由于登陆的台风数量有限，台风特性的收集面临样本不足的问题；而基于对历史台风参数的统计，通过蒙特卡洛方法生成模拟的台风风场，可对台风影响区域、风速和风向等特征进行更准确的预测。

（2）围护结构风致破坏及坠物引起的二次破坏模拟。通过瞬态风速场（大涡模拟）准确计算建筑表面风荷载；通过有限元、离散元等技术，计算围护结构的损伤部位；通过蒙特卡洛方法，分析幕墙坠物影响区域。

（3）结构风致响应控制技术。基于空气动力学理论，对建筑外形进行优化，以减小气动荷载；通过调谐质量阻尼器（Tuned Mass Damper，TMD）、调谐液体阻尼器（Tuned Liquid Damper，TLD）等耗能装置进行风振控制，已在上海中心、深圳平安中心等超高层建筑中得到应用并经历了实际台风的考验。

（四）结构分析技术

我国建筑结构的高度和跨度不断增加，复杂程度不断提升，对结构分析技术的要求也日益提高，结构设计分析方法从静力分析发展到动力分析，从弹性分析发展到弹塑性分析，分析手段不断完善。在该领域出现了一批功能完善、技术不断进步的国产软件，可高效完成各种复杂结构的有限元分析。近年来国产非线性分析软件功能扩展到减隔震结构分析、钢结构稳定直接分析、精细化有限元动力弹塑性时程分析等，求解精度和效率均已达到或接近国外权威软件的水平，广泛应用于超高层、大跨空间结构和复杂结构设计，成为建筑结构行业软件国产替代的中坚力量。

三、建筑数字化发展

（一）建筑的数字化转型

建筑行业数字化转型是指利用 BIM、云计算、大数据、物联网、移动互联网、人工智能等数字化技术推动建筑行业实现企业经营及建筑建造业务的数字化。从应用层级来看，可进而拆解为数字技术对于建筑业的生产模式、项目管理模式、企业决策模式等方面所带来的的变革。从应用类型，可划分为数字技术助力建筑业所涉及的全过程、全要素、全参与方实现数字化的表达及数据流转。

1980 年，随着电脑辅助设计（CAD）进入中国，中国建筑行业逐步迈入建筑信息化阶段，设计、造价、招标等环节率先脱离纯人工的工作模式，转向借助信息化工具全面提升生产效率。但当前施工及建筑运维等环节的信息化渗透率仍亟需提升。

未来随着行业内对于建筑数据的需求愈加精细化，BIM 作为建筑行业的底层技术将结合"云、大、物、智、移"等新型数字化技术驱动建筑行业实现贯穿全生命周期的数字化转型，并在该阶段充分积累行业数据，进一步实现数据与业务深度结合的数智化发展阶段。

（二）数字化施工技术应用

数字化施工技术目前应用主要体现于建筑空间信息技术、建筑设备数字化监管技术和数字化施工监控技术等内容。

1. 建筑空间信息技术

建筑空间信息技术包括对施工场地的地形、地貌、建筑物、施工项目等一切空间的信息进行集中统一分析。空间信息技术主要包括遥感技术、地理信息系统和全球定位系统。

其中，地理信息系统在工程施工管理中作用尤其突出。

地理信息系统可以对信息进行空间分析和可视化表达，这些功能适用于工程地质勘探、工程项目选址分析、工程项目风险评价、施工平面规划等工程建设领域。丰富的查询功能也是地理信息系统的一大显著特点，地理信息系统提供图形查询、文字查询、事件查询和过程查询，利用这些功能不但可以获得与空间坐标相关的各项实体信息，还可以获得动态的过程信息，如施工过程信息等。目前该技术广泛应用于水利、水电工程的施工过程中，如施工导截流施工管理、施工场地总布置等。

2. 建筑设备数字化监管技术

建筑设备监控系统是智能建筑中的一个重要系统，是将建筑有关暖通空调、给排水、照明、运输等设备集中监视、控制和管理的综合性系统。建筑设备监控系统是以计算机局域网为通信基础、以计算机技术为核心的计算机控制系统，它具有分散控制和集中管理的功能。

在建筑设备数字化监管技术中，建立机电设备管理系统，对机电设备进行综合管理、调度、监视、操作和控制，达到节能的目的。数字监管技术相对人员管理将更好地管理建筑设备。

3. 数字化施工监控

数字化施工监控是利用现代科技优化监控手段，实现实时、全过程、不间断安全监管，将该技术应用到施工现场管理是必要的。

数字化施工监控广泛应用于建筑工程中，在建筑施工中，主要对混凝土的输送、浇捣、养护、模板安装、钢筋安装及绑扎、施工人员安全帽、安全带佩戴、建筑物的安全网设置、外脚手架及落地竹脚手架的架设、缆风绳固定及使用、吊篮安装及使用、吊盘进料口和楼层卸料平台防护、塔吊和卷扬机安装及操作以及楼梯口、电梯口、井口防护、预留洞口、坑井口防护、阳台、楼板、屋面等临边防护和作业面临边防护等部位进行施工监控，以保证施工质量安全。

为了加强建筑工地的安全文明施工管理，数字化施工监控系统有针对性地设置工地文明施工的重点监控，主要对工地围挡、建筑材料堆放、工地临时用房、防火、防盗、施工标牌设置等内容进行监控，目的是加强安全管理工作。

（三）建筑行业数字化转型发展趋势

1. 降低个体与行业合作能力"公差"，加速建设以数据为资产的新兴生态平台

当前建筑行业内存在大量数据孤岛，不同阶段、不同企业内部的数据系统各成体系，

以大量冗杂的无效数据存储在不同的服务器上。基于建筑行业当下较为薄弱的数字化基础，行业内企业的管理能力及数字化水平参差不齐，甚至有大量企业还未能形成积累内部数据的模式及体系。

未来 5 年内，基于行业内数据的共通性，加速建设以数据为资产的"数据群岛"为行业内的短期发展趋势。长期来看，随着以隐私计算为代表的一系列数据互通技术日渐成熟，建设全行业内的集成性数据生态平台成为发展展望，按照参与方角色、职级进行有效数据分发及数据权限管理，全面提效数据记录、数据分析、数据分发的模式，最终促进数据、业务、应用的融会贯通。

要想提升行业整体发展水平，布局在建筑产业链上各个环节的企业均需向前跃进。借助数字化科技服务商所提供的云端服务和相关技术构建的管理体系，帮助企业快速建立完善的数据体系和信息共享机制，让产业链内发展程度和管理水平参差不齐的企业得到快速赋能与可落地的产业链协作，降低个体与行业合作能力"公差"。

2. 服务商将整合更多内外部能力加速构建贯穿建筑全生命周期的服务及产品链条

头部服务商正着眼于打破当下服务于产业链单点阶段的困境，沿着建筑全生命周期的发展方向，致力于打造建筑全链条的数字化服务产品体系，并最终打造服务于全阶段全参与方的产品矩阵。

基于自身对业务的理解与规划，将复杂耦合的业务模式、模块、流程进行重新定义与拆解，明确各产品及服务的业务边界，从而实现内部业务流程的整体优化。在此基础上内部系统的数据、平台互通也将基于边界清晰的流程得到更大程度的舒展与应用。

以提升整条产品和服务流通链路的质量及效率为前提，头部企业在保证自身利益及追求合作共赢的目标下，纷纷与产业链内的企业建立战略合作关系，便于建筑全生命周期的数据流转，为最终用户提供集成化的服务。

3. 最大化产业链企业间的生态协同效应，共同服务最终业主的需求

以业主为中心的发展战略：围绕建筑本体从"建造前—建造中—建造后"的全生命周期应用，由 B 端业主发起投资建设项目到楼体建设再到最终交付至最终用户。各参与方在建造及运维过程中应充分融合最终业主的需求，驱动整个行业从以产品（服务）为中心向以业主为中心的发展战略转型。

产业链上的企业应最大化企业间的协同效应，包括企业间数据协同、资源协同、流程协同，从而使得整个行业资源得到优化配置。

四、未来展望与思考

随着我国经济进入新发展阶段，我国的城镇化也将进入后半程，在经济转型和高质量发展的大背景下，建筑结构行业的发展即将步入新阶段。

（一）新阶段-高质量发展阶段

建筑结构行业的新发展阶段呈现出五个新特征：由"高速度"转向"高质量"，由"有没有"转向"好不好"，由"重增量"转向"重存量"，由"侧重物"转向"重视人"，由"抄别人"转向"创自己"。新阶段将更加注重对技术和品质的要求，尤其是"碳达峰、碳中和"目标下对

低碳环保的要求。在此背景下，建筑结构行业重点工作和主要任务包括：

（1）推动实现城市有机更新。从城市公共空间改造、历史街区和历史建筑的修缮改造和利用、老旧小区改造、商业街区更新提质、工业厂区厂房改造利用等方面着手，提升城市的发展内涵，实现城市的可持续、高质量发展。

（2）推进新型城市基础设施建设。全面推进城市信息模型（CIM）平台建设，实施智能化市政基础设施建设和改造，加快推进智慧社区建设，提升城市运营管理的智能化、信息化水平。

（3）推动智能建造与建筑工业化协同发展。大力推进标准化设计、工厂化生产、装配化施工、一体化装修、信息化管理和智能化应用；发展钢结构建筑，构建从钢铁生产、部件加工、装配施工到房屋运维的全产业链；加快研发和推广自主创新的建筑信息模型（BIM）技术；加大新技术的集成与创新应用，建立覆盖从建材、部品、构件生产到设计、建造与使用生命周期的质量安全追溯和管理溯源系统。

（二）标准体系改革

根据国务院《深化标准化工作改革方案》和2017年修订的《中华人民共和国标准化法》的要求，我国的标准体系将转变为由政府主导制定的标准和市场自主制定的标准共同构成的新型标准体系，如图0.4所示。强制性标准仅在国家标准中体现，由政府主导制定，起到技术法规的作用；推荐性标准除原有国家、行业及地方标准外新增团体标准，由依法成立的社会团体制定。政府主导制定的标准侧重于保基本，市场自主制定的标准侧重于提高竞争力，同时建立完善与新型标准体系配套的标准化管理体制。

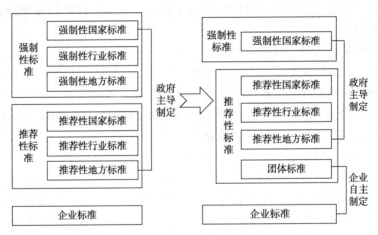

图0.4 规范体系的演变

工程建设领域的标准体系改革，将整合现行标准中分散的强制性规定，形成全文强制性工程建设规范，过渡为技术法规；大力发展团体标准、企业标准，通过充分的市场竞争，提高标准的先进性和影响力；建立以强制性标准为核心、推荐性标准相配套、团体标准为支撑、企业标准为补充的新型标准体系。住建领域的全文强制标准制定工作已经顺利实施，主要分为工程项目类和通用技术类，其中工程项目类共13本，以工程建设项目整体为对象，规定其规模、布局、功能、性能，以及建设过程强制性技术措施；通用技术类共27本，以专业技术为对象，以规划、勘察、测量、设计、施工等通用技术要求为重要内容。

2021 年 7 月，住房和城乡建设部发布了首批《工程结构通用规范》《钢结构通用规范》等 13 部全文强制性工程建设规范，工程建设标准体系改革取得重大进展。

工程建设领域标准体系改革，将给结构工程师更多的选择和空间，有利于发挥结构工程师的创造性和新技术的推广应用，同时也给结构工程师带来更大挑战。

（三）结构技术发展展望

开拓创新是推动建筑结构技术发展的动力，推动新技术、新方法的应用是促进建筑行业的高质量、可持续发展的必由之路。未来建筑结构技术发展和应用可重点关注以下方面：

（1）减隔震技术推广应用。减隔震技术是有效抵御地震灾害和提高城市安全的重要手段，这已经得到公认，随着国家政策的支持和民众对抗震防灾认识及需求的提升，未来减隔震技术必将得到大量推广应用。《建设工程抗震管理条例》于 2021 年 5 月 12 日国务院第 135 次常务会议通过，自 2021 年 9 月 1 日起施行。条例规定高烈度地区的新建学校、医院、应急指挥中心等应采用减隔震技术，将减隔震技术的应用提升到法律的高度，将有效促进减隔震技术的推广。

（2）高强高性能材料应用。推广以超高性能混凝土（Ultra-High Performance Concrete，UHPC）、纤维增强复合材料（Fiber Reinforced Polymer／Plastics，FRP）、高强钢筋和钢材等为代表的高强高性能材料，提高结构工程性能和品质，促进节能减排，推进建筑行业实现"双碳"目标。

（3）既有建筑功能提升中的结构改造关键技术。加强既有建筑的健康监测，研究结构加固改造新技术；研发在城市高密度区老旧建筑尤其高层建筑的绿色拆除技术，如逆向拆除等；在结构构件和非结构构件中推广应用再生混凝土，解决建筑垃圾处理难题，实现城市绿色、有机更新。

（4）建筑抗震韧性评估。对既有建筑进行抗震韧性评估，提升灾害风险预警能力，加强灾害风险评估，建立巨灾保险制度，健全防灾减灾救灾体制，建设"韧性城乡"。

（5）智能建造技术与建筑工业化。积极应用自主可控的 BIM 技术，加快推动新一代信息技术与建筑工业化技术协同发展，在建造全过程加大 BIM、互联网、物联网、大数据、云计算、移动通信、人工智能、区块链等新技术的集成与创新应用，探索建立表达和管理城市三维空间全要素的城市信息模型（City Information Modeling，CIM）基础平台。

我国正处于迈进新发展阶段的历史性时刻，新型城镇化和"双碳"目标对我国建筑结构行业转型升级提出了更高要求，同时也给行业发展带来重要机遇。未来应大力加强技术创新，推进行业的工业化、智能化、绿色化，提高行业发展的质量内涵，促进我国建筑结构朝着绿色、安全、智能的方向发展，推动我国建筑业的可持续发展。

上篇　建筑结构设计

第一章　砌体结构设计

第一节　砌体结构布置

一、砌体结构种类

砌体结构根据受力性能分为无筋砌体和配筋砌体。

（一）无筋砌体

由块材和砂浆组成的砌体称为无筋砌体。无筋砌体应用范围广泛，但抗震性能较差。按照所用材料不同的无筋砌体又可细分为砖砌体、砌块砌体和石砌体。

1. 砖砌体

砖砌体是指用烧结普通砖、烧结多孔砖、非烧结硅酸盐砖或混凝土砖与砂浆砌筑的砌体，它是目前用量最大的一种砌体，常用作内外承重墙或围护墙。在房屋建筑中，砖砌体通常用作一般单层和多层工业与民用建筑的内外墙、柱、基础等承重结构，也可用作多高层建筑的围护墙与隔墙等非承重墙体等。

砖可砌成实心砌体，也可砌成空心砌体。实心砖砌体墙常用的砌筑方法有一顺一丁、梅花丁和三顺一丁等组合方式。实砌标准砖墙厚度为 240mm（1 砖）、370mm（1 砖半）、490mm（2 砖）等。如果不按上述尺寸而按 1/4 进位，则需加砌一块侧砖而使墙厚度为 180mm、300mm、420mm 等。采用国内几种规格的多孔砖可以砌成厚度为 90mm、180mm、240mm、290mm 及 390mm 等墙体。在有经验的地区也可以采用传统的空斗墙砌体。这种砌体自重轻，节省砖和砂浆，热工性能好，造价成本低，但其整体性和抗震性能较差。

2. 砌块砌体

砌块砌体是指用混凝土砌块或硅酸盐砌块和砂浆砌筑的砌体。目前常用的砌块砌体以混凝土空心砌块砌体为主，其中包括以普通混凝土为块体材料的混凝土空心砌块砌体和以轻集料混凝土为块体材料的轻集料混凝土空心砌块砌体。

砌块砌体根据块体尺寸可分为小型砌块砌体、中型砌块砌体和大型砌块砌体。按砌块材料又可分为混凝土砌块砌体、轻集料混凝土砌块砌体、加气混凝土砌块砌体和粉煤灰砌块砌体。砌块不得与普通砖等混合砌筑。同普通砖砌体相比，砌块砌体自重轻，技术经济效果较好，可用于地震区，但其构造措施要求比较严格。由于中型砌块自重较大，一般采用吊装机具。这种结构具有建筑工厂化和施工速度快的优点，但砌块砌体的水平缝抗剪强度较低，一般为相应砖砌体的 40%～50%，因而砌块砌体的整体性和抗剪性能不如普通砖砌体，其弹性模量普遍高于砖砌体。

我国目前使用的砌块砌体多为小型混凝土空心砌块砌体，主要用于多层民用建筑、工业建筑的墙体结构。混凝土小型砌块在砌筑中较一般砖砌体复杂。一方面要保证上下皮砌块搭接长度不得小于90mm；另一方面，要保证空心砌块孔对孔、肋对肋砌筑。因此，在砌筑前应将各配套砌块的排列方式进行设计，要尽量采用主规格砌块。砌块不得与普通砖混合砌筑。砌块墙体一般由单排砌块砌筑，即墙厚度等于砌块宽度。

3. 石砌体

石砌体由天然石材和砂浆或石材和混凝土砌筑而成，分为料石砌体、毛石砌体和毛石混凝土砌体。在产石区，采用石砌体比较经济。工程中，石砌体主要用作受压构件，如一般民用建筑的承重墙、柱和基础。石砌体中石材的强度利用率很低，这是由于石材加工困难，其表面难以平整。石砌体的抗剪强度也较低，抗震性能较差。但是用石材建造的砌体结构物具有很高的抗压强度，良好的耐磨性和耐久性，并且石砌体表面经过加工后美观且富于装饰性，石材资源分布广，生产成本低，人们通常用它来建造重要的建筑物和纪念性的构筑物，在桥梁、屋基、道路和水利等工程中也多有应用。

（二）配筋砌体

像混凝土一样，砖砌体和砌块砌体具有较高的抗压强度，但抗拉能力很弱。但可在砌体中配筋使它们能够承受拉力，或施加预应力以克服上述弱点；同时，钢筋还可直接协助砌体承压。在砌体中配置钢筋或钢筋混凝土以增强砌体本身的抗压、抗拉、抗剪、抗弯强度，减小构件的截面面积。

配筋砌体由于变形能力较好因而具有较高的抗震能力，近年来发展较快，如复合配筋砌体是在块体的竖向孔洞内设置钢筋混凝土芯柱，在水平灰缝内配置水平钢筋所形成的砌体，可较有效地提高墙体的抗剪能力；预应力配筋砌体是在大孔空心砖的竖向通孔和水平灰缝中设置预应力筋，可大大提高砌体的抗裂性。配筋砌体目前常用配筋形式有：网状配筋砌体、组合砖砌体和配筋砌块砌体。

1. 网状配筋砖砌体

网状配筋砖砌体是指在砖砌体的水平灰缝内设置一定数量和规格的钢筋以共同工作。因为钢筋设置在水平灰缝内，所以又称为横向配筋砖砌体。主要用作承受轴心压力或偏心距较小的受压墙、柱。

2. 组合砖砌体

组合砖砌体是指由钢筋混凝土或钢筋砂浆组成的砌体，是将钢筋混凝土或砂浆面层设置在垂直于弯矩作用方向的两侧，用以提高构件的抗弯能力，其主要用于偏心距较大的受压构件。工程上有两种形式：一种形式为砖砌体和钢筋混凝土面层或钢筋砂浆面层的组合砌体构件，即砖和钢筋混凝土组合柱；另一种形式为砖砌体和钢筋混凝土构造柱组合墙，即砖和钢筋混凝土组合墙。

3. 配筋砌块砌体

配筋砌块砌体是指在砌筑中上下孔洞对齐，在竖向孔中配置钢筋，并浇筑灌孔混凝土，在横肋凹槽中配置水平钢筋并浇注灌孔混凝土或在水平灰缝配置水平钢筋所形成的砌体。

这种配筋砌体自重轻、地震作用小，抗震性能好，受力性能类似于钢筋混凝土结构，但造价较钢筋混凝土结构低。

配筋砌块砌体有复合配筋砌块砌体、约束配筋砌块砌体和均匀配筋砌块砌体三种形式。复合配筋砌块砌体是指在块体的竖向孔洞内设置钢筋混凝土芯柱、在水平灰缝内配置水平钢筋所形成的砌体。约束配筋砌块砌体是仅在砌块砌体的转角、接头部位及较大洞的边缘设置竖向钢筋，并在这些部位设置一定数量的钢筋网片，主要用于中、低层建筑。

均匀配筋砌块砌体是在砌块墙体上下贯通的竖向孔洞中插入竖向钢筋，并且用灌孔混凝土填实，使竖向和水平钢筋与砌体形成一个共同工作的整体，故此又称配筋砌块剪力墙，它可用于大开间建筑和中高层建筑。

二、砌体结构房屋的墙体布置

在砌体结构中，房屋的全部垂直荷载都由墙或柱承受并传给基础，所以墙体在砌体结构中至关重要。应根据建筑功能要求选择合理的承重体系。按墙体承重体系，其布置大体可分为以下几种方案。

（一）横墙承重方案

由横墙直接承受屋盖、楼盖传来的竖向荷载的结构布置方案称横墙承重方案，外纵墙主要起围护作用。

横墙承重方案特点：横墙是主要承重墙，纵墙主要起围护、隔断与横墙连成整体的作用。与纵墙承重方案相比，横墙承重方案房屋的横向刚度大、整体性好，对抵抗风荷载、地震作用和调整地基不均匀沉降更为有利。

横墙承重体系适用于房间开间尺寸较规则的住宅、宿舍、旅馆等。

（二）纵墙承重方案

由纵墙直接承受屋盖和楼盖竖向荷载的结构布置方案称纵墙承重方案。纵墙承重方案楼面荷载（竖向）传递路线为：板→梁（或屋面梁）→纵墙→基础→地基。

纵墙承重方案特点：纵墙是主要承重墙，横墙主要是为了满足房屋使用功能以及空间刚度和整体性要求而布置的，横墙的间距可以较大，可以使室内形成较大空间，有利于使用上的灵活布置；相对于横墙承重体系来说，纵向承重体系中屋盖、楼盖的用料较多，墙体用料较少，因横墙数量少，房屋的横向刚度较差。

纵墙承重体系适用于使用上要求有较大开间的房屋。

（三）纵横墙承重方案

根据房间的开间和进深要求，有时需要纵横墙同时承重，即纵横墙承重方案。这种方案的横墙布置随房间的开间需要而定，横墙间距比纵墙承重方案的小，所以房屋的横向刚度比纵墙承重方案的刚度有所提高。

其楼面荷载（竖向）传递路线见图1.1。

纵横墙承重方案特点：房屋的平面布置比横墙承重时灵活；房屋的整体性和空间刚度比纵墙承重时更好。

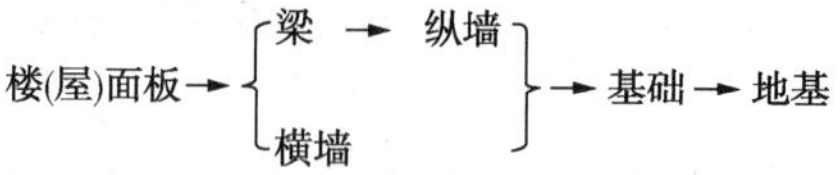

$$楼(屋)面板 \left\{ \begin{array}{c} 梁 \rightarrow 纵墙 \\ 横墙 \end{array} \right\} \rightarrow 基础 \rightarrow 地基$$

图 1.1　纵横墙承重方案楼面荷载(竖向)传递路线

（四）内框架承重方案

内框架承重体系是在房屋内部设置钢筋混凝土柱，与楼面梁及承重墙（一般为房屋的外墙）组成。结构布置是楼板铺设在梁上，梁端支承在外墙，梁中间支承在柱上。

内框架承重体系的特点为：

（1）由于内纵墙由钢筋混凝土代替，仅设置横墙以保证建筑物的空间刚度；同时，由于增设柱后不增加梁的跨度，楼盖和屋盖的结构高度较小，因此在使用上可以取得较大的室内空间和净高，材料用量较少，结构也较经济。

（2）由于竖向承重构件材料性质的不同，外墙和内柱容易产生不同的压缩变形，基础也容易产生不均匀沉降。因此，如果设计处理不当，墙、柱之间容易产生不均匀的竖向变形，使构件（主要是梁和柱）产生较大的附加内力。另外，由于墙和柱采用的材料不同，也会对施工增加一定的复杂性。

（3）由于横墙较少，房屋的空间刚度较小，使得建筑物的抗震能力较差。

内框架承重体系适用于旅馆、商店和多层工业建筑，在某些建筑物（例如底层商店住宅）的底层结构中也常加以采用。

（五）底部框架承重体系

房屋有时由于底部需设置大空间，在底部则可用钢筋混凝土框架结构取代内外承重墙，成为底部框架承重方案。

框架与上部结构之间的楼层为结构转换层，其竖向荷载的传递路线为：上部几层梁板荷载→内外墙体→结构转化层钢筋混凝土梁→柱→基础→地基。

底部框架体系的特点是：

（1）墙和柱都是主要承重构件。以柱代替内外墙体，在使用上可以取得较大的使用空间。

（2）由于底部结构形式的变化，房屋底层空旷。横墙间距较大，其抗侧刚度发生了明显的变化，成为上部刚度较大、底部刚度较小的上刚下柔多层房屋，房屋结构沿竖向抗侧刚度在底层和第二层之间发生突变，对抗震不利，因此《建筑抗震设计规范(2016 年版)》(GB 50011—2010)对房屋上、下层抗侧移刚度的比值做了规定。

底部框架承重体系适用于底层为商店、展览厅、食堂，而上面各层为宿舍、办公室等的房屋。

砌体结构不同承重体系的房屋，墙体布置各有特点，材料用量和结构空间刚度也有较大差别。至于某个具体工程应当采用哪种体系，首先要满足建筑物的使用要求和考虑建筑设计特色，然后从地基、抗震、材料、施工和造价等因素上进行综合比较，力求做到结构安全可靠、技术先进和经济合理。

第二节　砌体结构分析

一、砌体结构的静力计算方案

在设计砌体结构房屋时，首先要确定房屋承重墙的布置方案，然后对房屋进行静力分析和计算。

砌体结构房屋墙体的结构计算包括两个方面：内力计算和截面承载力验算。墙体结构在荷载作用下的内力计算方法与墙体的计算简图有关，因此，在房屋墙体布置方案确定后，应先确定房屋和墙体的计算简图，也就是确定房屋的静力计算方案。

1. 房屋的空间工作性能

砌体结构房屋实际上是由屋盖、楼盖、墙柱以及基础等主要承重构件相互连接所构成的空间结构体系，要承受各种竖向荷载、水平荷载以及地震作用，墙体的设计计算（包括内力和承载力计算）一定要符合空间工作特点，由此确定其计算简图。在荷载作用下，空间受力体系与平面受力体系的变形以及荷载传递的路径是不同的，下面以受水平荷载作用的单层房屋为例说明荷载传递和空间工作特点。无山墙单跨房屋在水平力作用下的变形情况见图 1.2。

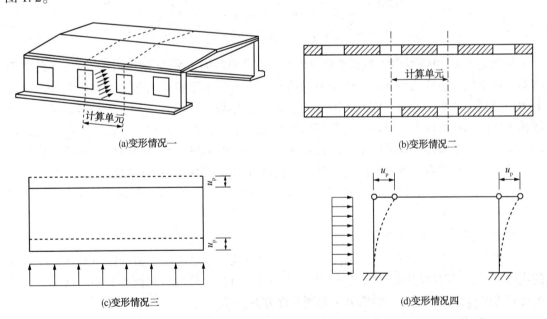

(a)变形情况一　　　　　　　　　　　　　　(b)变形情况二

(c)变形情况三　　　　　　　　　　　　　　(d)变形情况四

图 1.2　无山墙单跨房屋在水平力作用下的变形情况

若在上述单层房屋的两端设置山墙，则屋盖不仅与纵墙相连，而且也与山墙（横墙）相连。图 1.3(a)为在风压力作用下的外纵墙计算单元。外纵墙计算单元可看成是竖立的柱子，一端支承在基础上，一端支承在屋面上，屋面结构可看作水平方向的梁，跨度为房屋

长度 s，两端支承在山墙上，而山墙可看成是竖向的悬臂柱支承在基础上。屋面梁承受部分风载 R 后，可分成两部分：一部分 R_1 通过屋面梁的平面弯曲传给山墙，再由山墙传给山墙基础，这属于空间传力体系；另一部分 R_2 通过平面排架，直接传给外纵墙基础，这属于平面传力体系。因此，风荷载的传递路线为(图 1.4)。

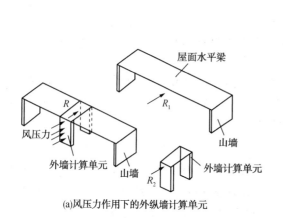
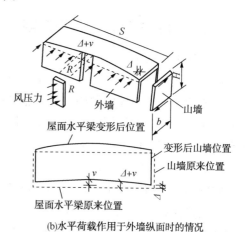

(a)风压力作用下的外纵墙计算单元　　　　　(b)水平荷载作用于外墙纵面时的情况

图 1.3　有山墙单跨房屋在水平力作用下的变形情况

注：b 为山墙的宽度；H 为山墙的高度；R 为风载；v 为风的速度；Δ 为变形后风速的增量。

风荷载 → 屋盖结构 → 山墙 → 山墙基础 → 地基
　　　 → 纵墙 → 基础

图 1.4　风荷载的传递路线

从图 1.3(b)可以看出，当水平荷载作用于外墙纵面时，屋盖结构如同水平方向的梁而弯曲，水平位移包括两个部分：一部分是屋盖水平梁的水平位移，最大值在中部；另一部分为山墙顶点的水平位移。因此，屋盖的最大水平总侧移是两者之和。沿房屋的纵向，其墙体中部的侧移为最大，靠近山墙两端的纵墙侧移最小，这也是屋盖、山墙和纵墙所组成的空间受力体系共同工作的结果。由此可见，砌体结构房屋在水平荷载作用下各种构件将相互支承，相互影响，处于空间工作状态。房屋在水平荷载作用下产生的水平侧移大小与房屋的空间刚度有关。房屋的空间刚度愈大，各种结构构件协同工作的效果就愈好，房屋的水平侧移就愈小。

2. 房屋静力计算方案类别

试验分析表明，房屋的空间刚度主要与楼(屋)盖的水平刚度、横墙的间距和墙体本身的刚度有关。《砌体结构设计规范》(GB 50003—2011)按房屋的空间刚度大小，将房屋的静力计算方案分为刚性方案、弹性方案和刚弹性方案。

1) 刚性方案

房屋的横墙间距较小，屋盖和楼盖的水平刚度较大，则房屋的空间刚度也较大，在水平荷载作用下，房屋的水平侧移较小，可以忽略水平位移的影响，这时屋盖可视为纵向墙体上端的不动铰支座，墙体内力可按上端有不动铰支座的竖向构件进行计算，这类房屋称为刚性方案房屋。一般砌体结构的多层住宅、办公楼、教学楼、宿舍、医院等均属于刚性方案房屋。

2）弹性方案

房屋的横墙间距较大，屋盖和楼盖的水平刚度较小，则房屋的空间刚度也小，在水平荷载的作用下，房屋的水平侧移就较大。墙顶的最大水平位移接近于平面结构体系，这时墙柱内力可按不考虑空间作用的排架或框架计算，这类房屋称为弹性方案房屋。一般单层弹性方案房屋墙体的计算简图，可按墙、柱上端与屋架铰接，下端嵌固于基础顶面的铰接平面排架考虑。

3）刚弹性方案

若房屋的空间刚度介于上述两种方案之间，在水平荷载的作用下，纵墙顶端水平位移比弹性方案要小，但又不可忽略不计，受力状态介于刚性方案和弹性方案之间，这时墙柱内力可按考虑空间作用的排架或框架计算，这类房屋称为刚弹性方案房屋。刚弹性方案房屋静力计算简图，可视作在墙、柱顶与屋架连接处具有一弹性支座的平面排架。

3. 静力计算方案的确定

1）静力计算方案

按照上述原则，为了方便设计，《砌体结构设计规范》（GB 50003—2011）将房屋按屋盖或楼盖的刚度划分为 3 种类型，并按房屋的横墙间距按表 1.1 确定静力计算方案。表中 s 为房屋横墙间距，其长度单位为 m；当屋盖、楼盖类别不同或横墙间距不同时，可按《砌体结构设计规范》（GB 50003—2011）的有关规定确定房屋的静力计算方案；对无山墙或伸缩缝处无横墙的房屋，应按弹性方案考虑。

表 1.1　房屋的静力计算方案

序号	屋盖或楼盖类别	刚性方案	刚弹性方案	弹性方案
1	整体式、装配整体和装配式无檩体系钢筋混凝土屋盖或钢筋混凝土楼盖	$s<32$	$32 \leqslant s \leqslant 72$	$s>72$
2	装配式有檩体系钢筋混凝土屋盖、轻型屋盖和有密铺望板的木屋盖或木楼盖	$s<20$	$20 \leqslant s \leqslant 48$	$s>48$
3	瓦材屋面的木屋盖和轻型屋盖	$s<16$	$16 \leqslant s \leqslant 36$	$s>36$

2）刚性和刚弹性方案房屋的横墙规定

（1）横墙中开有洞口时，洞口的水平截面面积不应超过横墙截面面积的 50%。

（2）横墙的厚度不宜小于 180mm。

（3）单层房屋的横墙长度不宜小于其高度，多层房屋的横墙长度不宜小于 $H/2$（H 为横墙总高度）。

当横墙不能同时符合上述要求时，应对横墙的刚度进行验算。如其最大水平位移值 u_{max} $\leqslant H/4000$ 时，仍可视作刚性或刚弹性方案房屋的横墙；凡符合前述刚度要求的一段横墙或其他结构构件（如框架等），也可视作刚性或刚弹性方案房屋的横墙。

3）带壁柱墙的计算截面翼缘宽度

带壁柱墙的计算截面翼缘宽度 b_f，可按下列规定采用：

（1）多层房屋，当有门窗洞口时，可取窗间墙宽度；当无门窗洞口时，每侧翼墙宽度可取壁柱高度(层高)的1/3，但不应大于相邻壁柱间的距离。

（2）单层房屋，可取壁柱宽加2/3墙高，但不大于窗间墙宽度和相邻壁柱间距离。

（3）计算带壁柱墙的条形基础时，可取相邻壁柱间的距离。

二、刚性方案房屋的静力计算

（一）单层刚性方案房屋承重纵墙的计算

1. 计算单元

房屋的每片承重墙体一般都较长，设计时可仅取其中有代表性的一段或若干段进行计算。这有代表性的一段或若干段称为计算单元。计算单层房屋承重纵墙时，对有门窗洞口的外纵墙可取一个开间的墙体作为计算单元；对于无门窗间的纵墙，可取1m长墙体作为计算单元。其受荷宽度为该墙左右各1/2的开间宽度。

2. 计算假定

刚性方案的单层房屋，由于其屋盖刚度较大，横墙间距较密，纵墙顶端的水平位移很小，静力分析时可以认为水平位移为零。在荷载作用下，墙、柱下端可视为嵌固于基础，上端与屋盖结构铰接，屋盖结构可视为墙、柱上端的不动铰支座，屋盖结构可视为刚度无穷大的杆件，受力后的轴向变形可以忽略不计。

按照上述假定，每片纵墙就可以将上端支承在不动铰支座和下端支承在固定支座上的竖向构件单独进行计算。

3. 计算荷载

作用在纵墙上的荷载分竖向荷载和水平荷载两种荷载。

1）竖向荷载

竖向荷载一般包括屋盖传给墙体的恒载和活载，以及墙体自重、建筑装修和构造层等的重力荷载。单层工业厂房可能还有吊车荷载。屋盖荷载以集中力 N_1 的形式，通过屋架或屋面大梁作用于墙体顶端。轴向力作用点到墙内边取 $0.4a_0$，N_1 对墙中心线的偏心距 $e=d/2-0.4a_0$（d 为墙厚），对墙体产生的弯矩为 $M=N_1e$。

墙体自重作用在墙、柱截面的重心处。当墙体为等截面时，自重不会产生弯矩。

当活载与风荷载或地震作用组合时，可按荷载规范或抗震设计规范的规定乘以组合系数。

2）水平荷载

水平荷载一般包括风荷载、水平地震作用、吊车水平制动力和竖向偏心荷载产生的水平力。其中，风荷载主要作用于墙面上和屋面上的风荷载。屋面上的风荷载可简化为作用于墙顶的集中力 W。刚性方案中集中力 W 通过屋盖直接传至横墙，再由横墙传给基础，最后传至地基，对纵墙不产生内力。墙面风荷载为均布荷载，迎风面为压力，背风面为吸力。

4. 截面承载力验算

在验算承重纵墙承载力时，可取纵墙顶部和底部两个控制截面进行内力组合，考虑荷载组合系数，取最不利的内力进行验算。

（1）恒载、风载和其他活荷载组合。这时，除恒载外，风荷载和其他活荷载产生的内

力乘以组合系数 ψ。

（2）恒载和风荷载组合。这时，风荷载产生的内力不予降低。

（3）恒载和活荷载组合。这时，活荷载产生的内力不予降低。

（二）多层刚性方案房屋承重纵墙的计算

1. 计算单元的选取

刚性方案房屋计算单元的选取方法与单层房屋基本相同。由于建筑立面的要求，一般多层刚性方案房屋窗洞的宽度比较一致，计算单元可取其纵墙上有代表性的一段，当开间尺寸不一致时，计算单元常取荷载较大、墙截面较小的一个开间。

2. 计算简图

1）竖向荷载作用

在竖向荷载作用下多层房屋的墙、柱如竖向连续梁一样地工作。每层楼盖的梁或板都伸入墙内，使墙体在楼盖支承处截面被削弱，该处墙体传递弯矩的作用不大，为简化计算，假定连续梁在楼盖支承处为铰接；在基础顶面，由于轴向力较大，弯矩相对较小，而该处对承载力起控制作用的是轴向力，故墙体在基础顶面也可假定为铰接。这样，墙体在每层高度范围内均简化为两端铰支的竖向构件。计算每层内力时，分层按简支梁分析墙体内力，计算简图中的构件长度为：底层，取底层层高加上室内地面至基础顶面的距离；以上各层可取相应的层高。

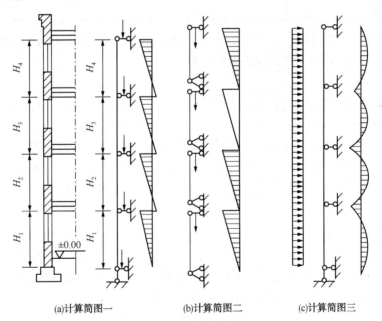

(a)计算简图一　　　　　(b)计算简图二　　　　　(c)计算简图三

图 1.5　外纵墙计算简图

注：H 为各层相应的层高(1，2，3，4 为相应楼层)。

简化后，每层楼盖传下的轴向力 N_1，只对本层墙体产生弯矩；上面各层传下来的竖向荷载 N_0，可认为是通过上一层墙体截面中心线传来的集中力。本层楼盖梁端支承压力 N_1 到墙内边缘的距离取为 $0.4a_0$，屋盖梁取为 $0.33a_0$。

单层房屋则不同，一般层高较大，计算时需考虑风荷载，因而弯矩较大，墙体与基础顶面交接处的轴向力和弯矩都是最大的，不能把弯矩作为次要因素而忽略。因此，在单层房屋的计算简图中，假定墙体在基础顶面固结。

2）水平荷载作用

在作用在外纵墙上水平荷载通常为风荷载，计算简图可视为多跨连续梁［图1.5（c）计算简图三］。为简化计算，该连续梁的支座与跨中弯矩 M 可近似按式（1.1）计算：

$$M = \pm \frac{1}{12} w H_i^2 \tag{1.1}$$

式中：w 为计算单元沿墙体高度水平均布风荷载设计值，kN/m；H_i 为第 i 层层高，m。

计算时应考虑两种风向（迎风面和背风面）。对于刚性方案多层房屋的外墙，当洞口水平截面面积不超过全截面的2/3，其层高和总高不超过表1.2的规定，且屋面自重 $\geq 0.8 kN/m^2$ 时，可不考虑风荷载的影响，仅按竖向荷载进行计算。

表1.2　外墙不考虑风荷载影响时的最大高度

基本风压值/（kN/m²）	层高/m	总高/m
0.4	4.0	28
0.5	4.0	24
0.6	4.0	18
0.7	3.5	18

对于多层混凝土砌块房屋，当外墙厚度 $\geq 190mm$、层高 $\leq 2.8m$、总高 $\leq 19.6m$、基本风压 $\leq 0.7kN/m^2$ 时，也可不考虑风荷载的影响。

3. 控制截面的内力

所谓"控制截面"是指内力较大、截面尺寸较小的截面，因为这些截面在内力作用下有可能先于其他截面发生破坏，如果这些截面的强度得以保证，那么构件其他截面的强度也可以得到保证。多层刚性方案房屋外纵墙在计算内力时，每层轴力和弯矩都是变化的，N 值上小、下大，而弯矩值一般是上大、下小。有门窗洞口的外墙，截面面积与层高也是变化的。从弯矩看，控制截面应取每层墙体的顶部截面；而从轴力看，控制截面应取每层墙体的底部截面；从墙体截面面积看，则应取窗（门）间墙的墙截面。

4. 截面承载力计算

求出最不利截面的轴向力设计值 N 和偏心距 e 后，按照受压构件承载力计算公式进行截面承载力验算。若几层墙体的截面和砂浆强度等级相同，则只需验算其中最下一层即可。若砂浆强度有变化，则降低砂浆强度的一层也应验算。

（三）多层刚性方案房屋承重横墙的计算

1. 计算单元

多层刚性方案房屋中，横墙承受两侧楼板直接传来的均布荷载，且很少开设洞口，故可取1m宽的墙体为计算单元。每层横墙视为两端不动铰接的竖向构件。

每层构件高度的取值与纵墙相同，对于房屋底层，为楼板顶面到基础顶面的距离，当基础埋置较深且有刚性地坪时，可取室外地面下 500mm 处；但当顶层为坡屋顶时，其构件高度取层高加山墙尖高的一半。

2. 控制截面与承载力验算

承重横墙的控制截面一般为每层底部截面，该截面轴力最大。若横墙偏心受压，则还需对横墙顶部截面进行验算，内力计算与前述相同。

三、弹性和刚弹性方案房屋的静力计算

（一）弹性方案单层房屋的静力计算

当房屋横墙间距较大，超过刚弹性方案房屋横墙间距时，即为弹性方案房屋。弹性方案及刚弹性方案房屋一般多为单层房屋。由于单层弹性方案房屋的空间刚度很小，所以墙柱内力按有侧移的平面排架计算。

弹性方案房屋的空间刚度很小，结构的空间工作性能很差，在水平荷载作用下，房屋结构近似于平面受力状态。所以弹性方案房屋仅可在单层房屋中采用。

单层房屋属于弹性方案时，在荷载作用下，墙、柱内力可按有侧移的平面排架计算，不考虑房屋的空间工作，其计算简图可按下列假定确定：

（1）屋盖结构与墙、柱上端的连接可视作铰接，墙、柱下端与基础顶面（一般为大放脚顶面）的连接为固接。

（2）屋盖结构（即排架横梁）为刚度无限大的链杆。

根据上述假定，纵墙的计算图形如图 1.6 所示。

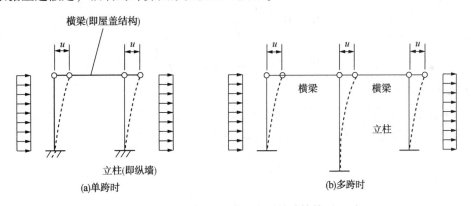

图 1.6　弹性方案单层房屋的计算简图
注：u 为排架柱顶侧移。

（二）内力计算

内力计算步骤如下：

（1）在排架顶端加一个假想的不动铰支座，计算在荷载作用下该支座的反力 R，并画出排架柱的内力图。

（2）将算出的假想反力 R 反向作用在排架顶端，求出相应排架内力并画出排架柱相应的内力图。

（3）将上述两种计算结果叠加，叠加后的内力图即为有侧移平面排架的内力计算结果。

现以两侧墙体(或柱)为相同截面、等高且采用相同材料做成的单跨弹性方案房屋[图1.7(a)]为例,进行有关内力计算的讨论。

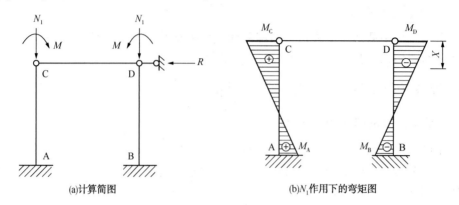

(a)计算简图　　　　　　　　　　　(b)N_1作用下的弯矩图

图1.7　单跨弹性方案房屋的内力计算

注:N_1为排架柱顶截面除轴心压力;R为柱顶不动铰支座的反力;M_A、M_B、M_C、M_D为A、B、C、D处的弯矩。

1)屋盖荷载作用

由于屋盖荷载作用点对墙体截面重心的偏心距为e_1,所以排架柱顶截面除轴心压力N_1作用外,尚有弯矩$M=N_1e_1$。屋盖荷载对称作用在排架上,排架柱顶侧移$u=0$,假设的柱顶不动铰支座的反力$R=0$,排架弯矩图如图1.7(b)所示,其中式(1.2)。

$$\left.\begin{array}{l} M_C=M_D=M=N_1e_1 \\[2mm] M_A=M_B=\dfrac{M}{2} \\[2mm] M_x=\dfrac{M}{2}\left(2-3\,\dfrac{x}{H}\right)=M\left(1-\dfrac{3x}{2H}\right) \end{array}\right\} \quad (1.2)$$

2)水平风荷载作用

假设w为排架柱顶以上屋盖结构传给排架的水平集中风力,w_1为迎风面风力(压力),w_2为背风面风力(吸力),则出图1.7(b)可得式(1.3)、式(1.4)。

$$R=W+\frac{3}{8}(w_1+w_2)H \quad (1.3)$$

$$\left.\begin{array}{l} M_{A(b)}=\dfrac{1}{8}w_1H^2 \\[2mm] M_{B(b)}=\dfrac{1}{8}w_2H^2 \end{array}\right\} \quad (1.4)$$

将R反向作用于排架顶端,则从图1.8(c)可得式(1.5)。

$$M_{A(c)}=M_{B(c)}=\frac{R}{2}H=\frac{WH}{2}+\frac{3H^2}{16}(w_1+w_2) \quad (1.5)$$

将图1.8(b)、图1.8(c)两种情况叠加可得式(1.6)、式(1.7)。

$$M_A=\frac{WH}{2}+\frac{5}{16}w_1H^2+\frac{3}{16}w_2H^2 \quad (1.6)$$

$$M_B = \frac{WH}{2} + \frac{3}{16}w_1H^2 + \frac{5}{16}w_2H^2 \tag{1.7}$$

排架的弯矩如图 1.8(f)所示。

弹性方案单层房屋山(横)墙的计算,由于在一般建筑物中纵墙间的距离不大,房屋在纵向静力计算中一般均能满足刚性方案的条件,因而屋盖结构可视作山(横)墙的不动支点,山(横)墙的计算简图同刚性方案单层房屋时的山(横)墙。

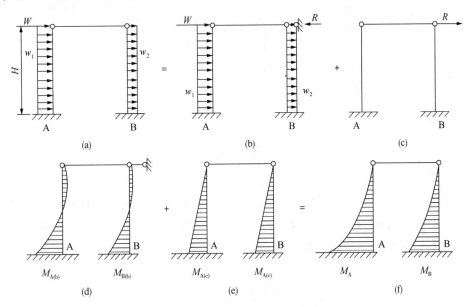

图 1.8 风载作用下的弯矩图

注:H 为墙、柱高度;$M_{A(b)}$、$M_{B(b)}$ 为 A、B 两处在情况(b)下的弯矩;$M_{A(c)}$ 为 A 处在(c)情况下的弯矩;w 为排架柱顶以上屋盖结构传给排架的水平集中风力,w_1 为迎风面风力;w_2 为背风面风力。

(二)刚弹性方案房屋的计算

刚弹性方案房屋的空间刚度介于弹性方案和刚性方案之间,结构具有一定的空间工作性能,在水平荷载作用下,屋盖对墙体(柱)顶点的水平位移有一定约束,可视为墙(柱)的弹性支座。在各种荷载作用下,墙(柱)内力可按铰接的平面排架计算,但需引入考虑空间作用的空间性能影响系数 η(η 定义为考虑空间工作的柱顶侧移与不考虑空间工作时柱顶侧移之比,η 值愈小,表示房屋的空间工作性能愈强)。根据国内一些单位对房屋空间工作性能的一系列实测资料的统计分析,《砌体结构设计规范》(GB 50003—2011)确定了房屋空间性能影响系数 η 值(表 1.3)。

表 1.3　房屋各层的空间性能影响系数(η_i)

屋盖或楼盖类别	横墙间距/(s/m)														
	16	20	24	28	32	36	40	44	48	52	56	60	64	68	72
1	—	—	—	—	0.33	0.39	0.45	0.50	0.55	0.60	0.64	0.68	0.71	0.74	0.77
2	—	0.35	0.45	0.54	0.61	0.68	0.73	0.78	0.82	—	—	—	—	—	—
3	0.37	0.49	0.60	0.68	0.75	0.81	—	—	—	—	—	—	—	—	—

注:i 取 $1\sim n$,n 为房屋的层数。

1. 刚弹性方案单层房屋的计算

刚弹性方案房屋的空间刚度介于弹性方案和刚性方案之间，在水平荷载作用下，刚弹性方案房屋墙顶也产生水平位移，其值比弹性方案按平面排架计算的小，但又不能忽略，其计算简图是在弹性方案房屋计算简图的基础上在柱顶加一弹性支座，以考虑房屋的空间工作(图 1.9)。

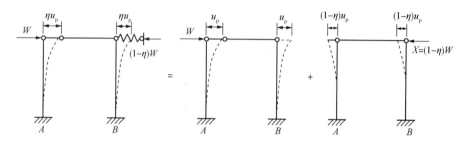

图 1.9　刚弹性方案房屋计算简图

注：W 为排架柱顶的作用力；u_p 为排架顶点的水平位移；η 为空间性能影响系数。

设排架柱顶作用于一集中力 W，由于刚弹性方案房屋对空间工作的影响，其柱顶水平位移为 $u_k = \eta u_p$，较平面排架柱顶减少了 $(1-\eta)u_p$，根据位移与内力成正比的关系，可求出弹性支座的水平反力 X，见式(1.8)、式(1.9)。

$$\frac{u_p}{(1-\eta)u_p} = \frac{W}{X} \tag{1.8}$$

则

$$X = (1-\eta)W \tag{1.9}$$

由式(1.9)可见，反力 X 与水平力的大小以及房屋空间工作性能影响系数 η 有关，其中 η 可由表 1.3 得出。

根据以上分析，如图 1.10 所示，单层刚弹性方案房屋，在水平荷载作用下，墙、柱的内力计算步骤如下：

(1) 先在排架柱柱顶加一个假设的不动铰支座，计算出此不动铰支座反力 R，并求出这种情况下的内力图[图 1.10(b)、图 1.10(d)]。

(2) 把求出的假设支座反力 R 乘以 η，将 ηR 反向作用于排架柱柱顶，再求出这种情况下的内力图[图 1.10(c)、图 1.10(e)]。

(3) 将上述两种情况的计算结果相叠加，即为刚弹性方案墙、柱的内力。

2. 刚弹性方案多层房屋的计算

1) 竖向荷载作用下内力计算

对于一般形状较规则的多层多跨房屋，其在竖向荷载作用下产生的水平位移较小，为简化计算，可近似地按多层刚性方案房屋计算其内力。

2) 水平荷载作用下内力计算

在水平荷载(风荷载)作用下，多层房屋不仅在平面各开间之间存在空间作用，而且在

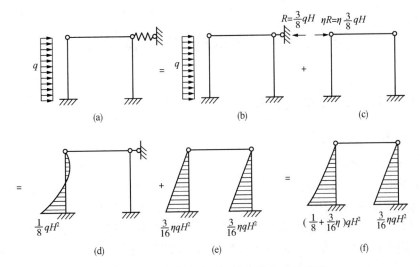

图 1.10 刚弹性方案房屋墙、柱内力分析图

注：R 为支座反力；η 为空间性能影响系数；H 为墙、柱高度；q 为受力构件所承受的荷载。

沿房屋高度的各层之间也有较强的空间作用。为简化计算，多层房屋的空间作用每层均采用空间影响系数 η_i，根据屋盖的类别由表 1.3 查取。

多层房屋刚弹性方案房屋墙、柱内力分析可按如下步骤进行，然后将两步结果叠加，即得最后内力：

（1）在平面计算简图中，各层横梁与柱连接处加水平铰支杆，计算其在水平荷载（风荷载）作用下无侧移时的内力与各支杆反力 R_i［图 1.11(a)］。

（2）考虑房屋的空间作用，将各支杆反力 R_i 乘以由表 1.3 查得的相应空间性能影响系数 η_i，并反向施加于节点上，计算其弯矩和剪力［图 1.11(b)］。

（3）将上述两步计算结果叠加，求出最后的内力值。

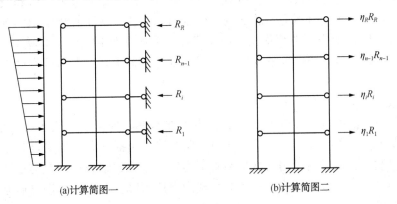

图 1.11 刚弹性方案房屋的静力计算简图

注：R 为反力；η 为空间性能影响系数。

第三节　砌体房屋墙体设计

一、无筋砌体构件承载力计算

（一）受压构件的承载力计算

1. 单向偏心受压构件

1）单向偏心受压构件试验

① 受压短柱（$\beta \leqslant 3$，$e \neq 0$）：

当受压构件的计算高度 H_0 与截面计算方向边长 h 之比，即高厚比 $\beta \leqslant 3$ 时，称为短柱，此时可不考虑构件纵向弯曲对承载力的影响。试验表明，短柱在轴向力作用下当偏心距不同时，其截面上的应力分布状态是变化的。

砌体短柱在轴心荷载作用下，砌体内横截面在各阶段的应力都是均匀分布的。而构件在偏心荷载作用下的受力特性将发生很大变化。当偏心距不大时，整个截面受压，由于砌体的弹塑性性能，截面中的应力呈曲线分布，靠近轴向力一侧压应力较大，远离轴向力一侧压应力较小。随着偏心距的不断增大，远离轴向力一侧截面边缘的应力逐步由受压过渡到受拉，但只要受拉边的拉应力尚未达到砌体沿通缝的抗拉强度，受拉边就不会出现开裂；当偏心距进一步增大，一旦截面受拉边的拉应力超过砌体沿通缝的抗拉强度时，受拉边将出现沿通缝截面的水平裂缝，这种情况属于正常使用极限状态，已开裂处的截面退出工作。在这种情况下，裂缝在开裂后和破坏前都不会无限制地增大而使构件发生受拉破坏，而是在剩余截面和已经减少了偏心距的荷载作用下达到新的平衡。这种平衡随裂缝的不断展开被打破，进而又达到一个新的平衡。剩余截面的压应力进一步加大，并出现竖向裂缝。最后由于受压承载能力耗尽而破坏。破坏时，虽然砌体受压一侧的极限变形和极限强度都比轴压构件高，但由于压应力不均匀的加剧和受压面的减少，截面所能承担的轴向压力将随偏心距的增大而明显下降。必须指出，由于砌体具有弹塑性性能，且具有局部受压性质，故在破坏时，砌体受压一侧的极限变形和极限强度均比轴压高，提高的程度随偏心距的增大而加大。

② 轴心受压长柱（$\beta > 3$，$e = 0$）：

细长柱和高而薄的墙，在轴心受压时，由于偶然偏心的影响，往往会产生侧向变形，并导致构件发生纵向弯曲从而降低其承载力。偶然偏心包括轴向力作用点与截面形心不完全对中（几何偏心），以及由于构件材料性质不均匀而导致的轴力作用点与截面形心的不对中（物理偏心）。长柱的承载力将比短柱的承载力有所下降，下降的幅度与砂浆的强度等级及构件的高厚比有关。

对于砌体构件，由于大量灰缝的存在以及块体和灰缝的匀质性较差，增加了偶然偏心的概率；砂浆的变形模量还随应力的增高而大幅度降低，这些都会导致砌体构件中纵向弯曲的不利影响比混凝土构件更为严重。试验表明，对于砌体构件，当其高厚比 $\beta > 3$ 时，应考虑纵向弯曲的影响。

③ 偏心受压长柱($\beta>3$，$e\neq0$)：

细长柱在偏心压力作用下，会由于纵向弯曲的影响在原有偏心距 e 的基础上产生附加偏心距 e_i，使荷载偏心距增大，而附加弯矩的存在又加大了柱的侧向变形，如此交互作用加剧了长柱的破坏。随着偏心压力的增大，柱中部截面水平裂缝逐步开展，同时受压面积缩小，压应力增大；当压应力达到抗压强度时，柱就会破坏。

为了准确地估计偏压长柱的承载能力，应当考虑砌体材料的非线性和几何非线性，进行全过程分析。但这种分析相当复杂，不便使用。因此，当前各国规范多采用基于试验的简化计算方法。我国砌体结构设计规范采用附加偏心距法进行偏压长柱的承载力计算。

2) 受压构件承载力计算

砌体的抗拉、抗弯和抗剪强度远低于其抗压强度，所以无筋砌体主要用作受压构件。对于无筋砌体受压构件，无论是轴心受压、偏心受压，还是长柱或短柱，都应采用式(1.10)的承载力设计计算公式：

$$N \leq \phi f A \tag{1.10}$$

式中：N 为轴向压力设计值，N；f 为砌体抗压强度设计值，MPa；A 为截面面积(对各类砌体均按毛面积计算)，mm^2；带壁柱墙的计算截面翼缘宽度，可按下列规定采用：①多层房屋，当有门窗洞口时，可取窗间墙宽度；当无门窗洞口时，每侧翼墙宽度可取壁柱高度(层高)的 1/3，但不应大于相邻壁柱间的距离；②单层房屋，可取壁柱宽加 2/3 墙高，但不应大于窗间墙宽度和相邻壁柱间的距离；③计算带壁柱墙的条形基础时，可取相邻壁柱间的距离；ϕ 为高厚比 β 和轴向力偏心距 e 对受压构件承载力的影响系数。

对矩形截面构件，当轴向力偏心方向的截面边长大于另一方向的边长时，除按偏心受压计算外，还应对较小边长方向按轴心受压进行验算。

(1) 受压构件的承载力影响系数：

受压构件承载力影响系数 ϕ 是高厚比 β 和轴向力偏心距 e 对受压构件承载力的影响系数，按照附加偏心距的分析方法并结合试验研究结果，计算公式(1.11)：

$$\phi = \frac{1}{1+12\left[\dfrac{e}{h} + \sqrt{\dfrac{1}{12}\left(\dfrac{1}{\phi_0}-1\right)}\right]^2} \tag{1.11}$$

式中：e 为荷载设计值产生的偏心距($e=M/N$，M、N 分别为作用在受压构件上的弯矩、轴向力设计值)，按内力设计值计算的轴向力的偏心距 e 不应超过 $0.6y$(y 为截面重心到轴向力所在偏心方向截面边缘的距离)；h 为矩形截面荷载偏心方向的边长，当计算 T 形截面时，应以折算厚度 $h_T=3.5i$(i 为 T 形截面的回转半径)代替截面在偏心方向上的高度 h；φ_0 为轴心受压构件的稳定系数，按式(1.12)计算：

$$\phi_0 = \frac{1}{1+\alpha\beta^2} \tag{1.12}$$

式中：β 为构件高厚比(当 $\beta\leq3$ 时，取 $\phi_0=1$)；α 为与砂浆强度等级有关的系数：当砂浆强度等级大于或等于 M5 时取 0.0015；当砂浆强度等级等于 M2.5 时取 0.002；当砂浆强度为 0 时取 0.009。

无筋砌体矩形截面单向偏心受压构件承载力影响系数，可按式(1.11)计算，也可依据表 1.4~表 1.6 查用。

表 1.4　影响系数 ϕ(砂浆强度等级≥M5)

β	e/h 或 e/h_r						
	0	0.025	0.05	0.075	0.1	0.125	0.15
≤3	1	0.99	0.97	0.94	0.89	0.84	0.79
4	0.98	0.94	0.90	0.85	0.80	0.74	0.69
6	0.95	0.91	0.86	0.80	0.75	0.69	0.64
8	0.91	0.86	0.81	0.76	0.70	0.64	0.59
10	0.87	0.82	0.76	0.70	0.65	0.60	0.55
12	0.82	0.77	0.71	0.66	0.60	0.55	0.51
14	0.77	0.72	0.66	0.61	0.56	0.51	0.47
16	0.72	0.67	0.61	0.56	0.52	0.47	0.44
18	0.67	0.62	0.57	0.52	0.48	0.44	0.40
20	0.63	0.57	0.53	0.48	0.44	0.41	0.37
22	0.58	0.53	0.49	0.45	0.41	0.38	0.35
24	0.54	0.49	0.45	0.41	0.38	0.35	0.32
26	0.50	0.46	0.42	0.38	0.35	0.33	0.30
28	0.46	0.42	0.39	0.36	0.33	0.30	0.28
30	0.43	0.39	0.36	0.33	0.31	0.28	0.26
β	e/h 或 e/h_r						
	0.175	0.2	0.225	0.25	0.275	0.3	—
≤3	0.73	0.68	0.62	0.57	0.52	0.48	—
4	0.63	0.58	0.53	0.49	0.45	0.41	—
6	0.59	0.54	0.49	0.45	0.42	0.38	—
8	0.54	0.50	0.46	0.42	0.39	0.35	—
10	0.50	0.46	0.42	0.39	0.36	0.33	—
12	0.47	0.43	0.39	0.36	0.33	0.31	—
14	0.43	0.40	0.36	0.34	0.31	0.29	—
16	0.40	0.37	0.34	0.31	0.29	0.27	—
18	0.37	0.34	0.31	0.29	0.27	0.25	—
20	0.34	0.32	0.29	0.27	0.25	0.23	—
22	0.32	0.30	0.27	0.25	0.23	0.22	—
24	0.30	0.28	0.26	0.24	0.22	0.21	—
26	0.28	0.26	0.24	0.22	0.21	0.19	—
28	0.26	0.24	0.22	0.21	0.19	0.18	—
30	0.24	0.23	0.21	0.20	0.18	0.17	—

表 1.5　影响系数 ϕ（砂浆强度等级 M2.5）

β	e/h 或 e/h_r						
	0	0.025	0.05	0.075	0.1	0.125	0.15
≤3	1	0.99	0.97	0.94	0.89	0.84	0.79
4	0.97	0.93	0.89	0.84	0.78	0.73	0.67
6	0.93	0.89	0.84	0.78	0.73	0.67	0.62
8	0.89	0.84	0.78	0.72	0.67	0.62	0.57
10	0.83	0.78	0.72	0.67	0.61	0.56	0.52
12	0.78	0.72	0.66	0.61	0.56	0.52	0.47
14	0.72	0.66	0.61	0.56	0.51	0.47	0.43
16	0.66	0.61	0.56	0.51	0.47	0.43	0.40
18	0.61	0.56	0.51	0.47	0.43	0.39	0.36
20	0.56	0.51	0.47	0.43	0.39	0.36	0.33
22	0.51	0.47	0.43	0.39	0.36	0.33	0.31
24	0.46	0.43	0.39	0.36	0.33	0.31	0.28
26	0.43	0.39	0.36	0.33	0.31	0.28	0.26
28	0.39	0.36	0.33	0.30	0.28	0.26	0.24
30	0.36	0.33	0.30	0.28	0.26	0.24	0.22

β	e/h 或 e/h_r						
	0.175	0.2	0.225	0.25	0.275	0.3	—
≤3	0.73	0.68	0.62	0.57	0.52	0.48	—
4	0.62	0.57	0.52	0.48	0.44	0.40	—
6	0.57	0.52	0.48	0.44	0.40	0.37	—
8	0.52	0.48	0.44	0.40	0.37	0.34	—
10	0.47	0.43	0.40	0.37	0.34	0.31	—
12	0.43	0.40	0.37	0.34	0.31	0.29	—
14	0.40	0.37	0.34	0.31	0.29	0.27	—
16	0.36	0.34	0.31	0.29	0.26	0.25	—
18	0.33	0.31	0.28	0.26	0.24	0.23	—
20	0.31	0.28	0.26	0.24	0.23	0.21	—
22	0.28	0.26	0.24	0.23	0.21	0.20	—
24	0.26	0.24	0.23	0.21	0.20	0.18	—
26	0.24	0.23	0.21	0.20	0.18	0.17	—
28	0.22	0.21	0.20	0.18	0.17	0.16	—
30	0.21	0.19	0.18	0.17	0.16	0.15	—

表1.6 影响系数 ϕ(砂浆强度0)

β	e/h 或 e/h_r						
	0	0.025	0.05	0.075	0.1	0.125	0.15
≤3	1	0.99	0.97	0.94	0.89	0.84	0.79
4	0.87	0.82	0.77	0.71	0.65	0.60	0.55
6	0.76	0.70	0.64	0.59	0.54	0.50	0.46
8	0.63	0.58	0.54	0.49	0.45	0.41	0.38
10	0.53	0.48	0.44	0.41	0.37	0.34	0.32
12	0.44	0.40	0.37	0.34	0.31	0.29	0.27
14	0.36	0.33	0.31	0.28	0.26	0.24	0.23
16	0.30	0.28	0.26	0.24	0.22	0.21	0.19
18	0.26	0.24	0.22	0.21	0.19	0.18	0.17
20	0.22	0.20	0.19	0.18	0.17	0.16	0.15
22	0.19	0.17	0.16	0.15	0.14	0.14	0.13
24	0.16	0.15	0.14	0.13	0.13	0.12	0.11
26	0.14	0.13	0.13	0.12	0.11	0.11	0.10
28	0.12	0.12	0.11	0.11	0.10	0.09	0.09
30	0.11	0.10	0.10	0.09	0.09	0.09	0.08

β	e/h 或 e/h_r						
	0.175	0.2	0.225	0.25	0.275	0.3	—
≤3	0.73	0.68	0.62	0.57	0.52	0.48	—
4	0.51	0.47	0.43	0.39	0.36	0.33	—
6	0.42	0.39	0.35	0.33	0.30	0.28	—
8	0.35	0.32	0.30	0.27	0.25	0.24	—
10	0.29	0.27	0.25	0.23	0.22	0.20	—
12	0.25	0.23	0.21	0.20	0.19	0.17	—
14	0.21	0.20	0.18	0.17	0.16	0.15	—
16	0.18	0.17	0.16	0.15	0.14	0.13	—
18	0.16	0.15	0.14	0.13	0.12	0.12	—
20	0.14	0.13	0.12	0.12	0.11	0.10	—
22	0.12	0.11	0.11	0.10	0.10	0.09	—
24	0.11	0.10	0.10	0.09	0.09	0.08	—
26	0.10	0.09	0.09	0.08	0.08	0.08	—
28	0.09	0.08	0.08	0.07	0.07	0.07	—
30	0.08	0.07	0.07	0.07	0.07	0.06	—

（2）高厚比及调整：

确定影响系数 ϕ 时，考虑不同类型砌体受压性能的差异，构件的高厚比 β 应乘以调整

系数 γ_β。构件高厚比 β 是指构件的计算高度 H_0 与截面在偏心方向上的高度 h 的比值。

① 矩形截面[式(1.13a)]：

$$\beta = \gamma_\beta \frac{H_0}{h} \qquad (1.13a)$$

② T形截面[式(1.13b)]

$$\beta = \gamma_\beta \frac{H_0}{h_T} \qquad (1.13b)$$

式中：γ_β 为不同材料砌体构件的高厚比修正系数，按表1.7采用；H_0 为受压构件的计算高度，按表1.8确定；h 为矩形截面轴向力偏心方向的边长，当轴心受压时为截面较小边长；h_T 为T形截面的折算厚度，可近似按 $2.5i$ 计算，其中 i 为截面回转半径。

表1.7　高厚比修正系数 γ_β

砌体类型	γ_β
烧结普通砖、烧结多孔砖、灌孔混凝土砌块	1.0
混凝土普通砖、混凝土多孔砖、混凝土及轻集料混凝土砌块	1.1
蒸压灰砂砖、蒸压粉煤灰砖、细料石、半细料石	1.2
粗料石和毛石砌体	1.5

表1.8　受压构件的计算高度 H_0

房屋类别			柱		带壁柱墙或周边拉结的墙		
			排架方向	垂直排架方向	$s>2H$	$2H \geqslant s \geqslant H$	$s<H$
有吊车的单层房屋	变截面柱上段	弹性方案	$2.5H_u$	$1.25H_u$	$2.5H_u$		
		刚性、刚弹性方案	$2.0H_u$	$1.25H_u$	$2.0H_u$		
	变截面柱下段		$1.0H_L$	$0.8H_L$	$1.0H_L$		
无吊车的单层和多层房屋	单跨	弹性方案	$1.5H$	$1.0H$	$1.5H$		
		刚弹性方案	$1.2H$	$1.0H$	$1.2H$		
	两跨或多跨	弹性方案	$1.25H$	$1.0H$	$1.25H$		
		刚弹性方案	$1.1H$	$1.0H$	$1.1H$		
	刚性方案		$1.0H$	$1.0H$	$1.0H$	$0.4s+0.2H$	$0.6s$

注：1. 表中 H_u 为变截面柱的上段高度，s 为周边拉结墙的水平距离，H_L 为变截面柱的下段高度；

　　2. 对于上端为自由端的构件，$H_0 = 2H$；

　　3. 独立砖柱，当纵向柱列无柱间支撑或柱间墙时，柱在垂直排架方向的 H_0，应按表中数值乘以1.25后采用；

　　4. 自承重墙的计算高度应根据周边支承或拉结条件确定。

（3）受压构件的计算高度：

受压构件的计算高度 H_0，应根据房屋类别和构件支承条件等按表1.8采用。表中的构件高度 H_0 应按下列规定采用。

① 在房屋底层，H_0 为楼板顶面到构件下端支点的距离。下端支点的位置可取在基础顶面。当埋置较深且有刚性地坪时，可取室外地面以下500mm处。

② 在房屋其他层，H_0 为楼板或其他水平支点间的距离。

③ 对于无壁柱的山墙，可取层高加山墙尖高度的 1/2；对于带壁柱的山墙可取壁柱处的山墙高度。

对于变截面柱，如无吊车，或者虽有吊车但不考虑吊车作用时，变截面柱上段的计算高度可按表 1.8 规定采用。变截面柱下段的计算高度可按下列规定采用：

① 当 $H_u/H \leqslant 1/3$ 时，取无吊车房屋的 H_0。

② 当 $1/3 < H_u/H < 1/2$ 时，取无吊车房屋的 H_0 乘以修正系数 μ：$\mu = 1.3 - 0.3 I_u/I_L$（I_u 为变截面柱上段的惯性矩；I_L 为下段的惯性矩）。

③ 当 $H_u/H \geqslant 1/2$ 时，取无吊车房屋的 H_0，但在确定 β 值时，应采用上柱的截面。

（二）局部受压验算

压力仅作用在砌体部分面积上的受力状态称为局部受压。局部受压是砌体结构中常见的受力形式。砌体局部受压强度不足可能导致砌体墙、柱破坏，危及整个结构的安全性。

1. 局部受压类型

按压力分布情况不同可分为两种情况：当砌体截面上作用局部均匀压力时，称为局部均匀受压；当砌体截面上作用局部非均匀压力时，则称为局部不均匀受压。砌体局部受压有多种形式。按局压面积 A_1 与其受压底面积 A_0 的相对位置不同，局部受压可分为中心局压、墙边缘局压、墙中部局压、墙端部局压及墙角部局压等。按局压应力的分布情况，可分为均匀局压及不均匀局压，前者如钢筋混凝土柱或砖柱支承于砌体基础上，后者如钢筋混凝土梁支承于砖墙上的情况。

这些情况的共同特点是砌体支承着比自身强度高的上层构件，上层构件的总压力通过局部受压面积传递给本层砌体构件。在这种受力状态下，不利的一面是在较小的承压面积上承受着较大的压力，有利的一面是砌体局部受压强度高于其抗压强度。其原因是在轴向压力作用下，由于力的扩散作用，不仅直接在承压面下的砌体发生变形，而且在它的四周也发生变形，离直接承压面愈远变形愈小。这样，由于砌体局部受压时未直接受压的四周砌体对直接受压的内部砌体的横向变形具有约束作用，即"套箍强化"作用，产生了三向或双向受压应力状态，因而其局部抗压强度比一般情况下的抗压强度有较大的提高。当砌体局压强度不足时，可在梁、柱下设置钢筋混凝土垫块，以扩大局压面积 A_1。垫块的形式有整浇刚性垫块、预制刚性垫块、柔性垫梁及调整局压力作用点位置的特殊垫块。

2. 局部均匀受压

局部均匀受压是局部受压的基本情况，在工程中并不多见，但它是研究其他局部受压类型的基础。根据大量的局部受压试验，可知局部受压强度的提高主要取决于砌体原有的轴心抗压强度和周围砌体对局部受压区的约束程度。局部均匀受压，随着 A_0/A_1 比值的不同，可能有竖向裂缝发展而破坏、劈裂破坏和局部压碎三种破坏形态。

竖向裂缝发展而破坏：初裂往往发生在与垫块直接接触的 1~2 皮砖以下的砌体，随着荷载的增加，纵向裂缝向上、向下发展，同时也产生新的竖向裂缝和斜向裂缝，一般来说它在破坏时有一条主要的竖向裂缝。在局部受压中，这是较常见的也是最基本的破坏形态。

劈裂破坏：这种破坏形态的特点是，在荷载作用下，纵向裂缝少而集中，一旦出现纵向裂缝，砌体将犹如刀劈而被破坏。试验表明，只有当局部受压面积与砌体面积之比相当小，才有可能产生这种破坏形态。砌体局压破坏时初裂荷载与破坏荷载十分接近。这种破坏为突然发生的脆性破坏，危害极大，在设计中应避免出现这种破坏。

局部压碎：这种情况较为少见，一般当墙梁的墙高与跨度之比较大，砌体强度较低时，有可能产生梁支承附近砌体被压碎的现象。

1）局部均匀受压承载力验算

砌体截面中受局部均匀压力时的承载力，应满足式（1.14）的要求：

$$N_l \leqslant \gamma f A_1 \qquad (1.14)$$

式中：N_l 为局部受压面积上的轴向力设计值，N；γ 为砌体局部抗压强度提高系数；f 为砌体的抗压强度设计值，MPa，局部受压面积小于 0.3m^2，可不考虑强度调整系数 γ_a 的影响；A_1 为局部受压面积，mm^2。

2）砌体局部抗压强度提高系数

砌体局部抗压强度提高系数 γ，可按式（1.15）计算：

$$\gamma = 1 + 0.35\sqrt{\frac{A_0}{A} - 1} \qquad (1.15)$$

式中：A_0 为影响砌体局部抗压强度的计算面积。

计算所得的 γ 值，尚应符合下列规定：

（1）在"中心"局部受压的情况下，$\gamma \leqslant 2.5$。

（2）在一般墙段"中部边缘"局部受压的情况下，$\gamma \leqslant 2.0$。

（3）在墙"角部"局部受压的情况下，$\gamma \leqslant 1.5$。

（4）在墙"端部"局部受压的情况下，$\gamma \leqslant 1.25$。

（5）按《砌体结构设计规范》要求灌孔的混凝土砌块墙体，在（1）（2）的情况下，尚应符合 $\gamma \leqslant 1.5$；未灌孔混凝土砌块砌体，$\gamma = 1.0$。

（6）对多孔砖砌体孔洞难以灌实时，应按 $\gamma = 1.0$ 取用；当设置混凝土垫块时，按垫块下的砌体局部受压计算。

3）影响砌体局部抗压强度的计算面积 A

可按下列规定采用：

（1）在"中心"局部受压的情况下，$A_0 = (a+d+h)h$

（2）在一般墙段"中部边缘"局部受压的情况下，$A_0 = (b+2h)h$

（3）在墙"角部"局部受压的情况下，$A_0 = (a+h)h + (b+h_1-h)h_1$

（4）在墙"端部"局部受压的情况下，$A_0 = (a+h)h$

式中：a、b 为矩形局部受压面积的边长；h、h_1 为墙厚或柱的较小边长；d 为矩形局部受压面积的外边缘至构件边缘的较小距离，当大于 h 时，应取为 h。

（三）梁端支承处砌体的局部受压

钢筋混凝土梁或屋架支承在砖墙上时，梁或屋架与砖墙的接触面只是墙体截面的一部分，这就是典型的梁端支承处砌体局部受压。梁端支承处砌体的局部受压面积上除了承受梁端传来的支撑压力 N_l 外，还承受由上部荷载产生的轴向力 N_0。

1. 局部受压承载力计算公式

梁端支承处砌体的局部受压承载力应按式（1.16）、式（1.17）、式（1.18）、式（1.19）、式(1.20)计算：

$$\psi N_0 + N_1 \leq \eta \gamma f A_1 \qquad (1.16)$$

$$\psi = 1.5 - 0.5 \frac{A_0}{A_1} \qquad (1.17)$$

$$N_0 = \sigma_0 A_1 \qquad (1.18)$$

$$A_1 = a_0 b \qquad (1.19)$$

$$a_0 = 10 \sqrt{\frac{h_c}{f}} \qquad (1.20)$$

式中：ψ 为上部荷载的折减系数，当 $A_0/A_1 \geq 3$ 时，应取 $\psi = 0$；N_0 为局部受压面积内上部轴向力设计值，N；N_1 为梁端支承压力设计值，N；σ_0 为上部平均压应力设计值，N/mm²；η 为梁端底面压应力图形的完整系数，应取 0.7，对于过梁和墙梁取 1.0；a_0 为梁端有效支承长度，mm，当 $a_0 > a$ 时，应取 $a_0 = a$，a 为梁端实际支承长度，mm；b 为梁的截面宽度，mm；h_c 为梁的截面高度，mm；f 为砌体的抗压强度设计值，MPa。

2. 梁的有效支承长度

当梁直接支承在砌体上时，由于梁的弯曲和支承处砌体压缩变形的影响，梁端与砌体接触的长度并不等于实际支承长度 a，而为有效支承长度 a_0，$a_0 \leq a$。此时砌体局部受压面积 $A_1 = a_0 b$。梁端有效支承长度 a_0 与 N_1 大小、支承情况、梁的刚度及梁端底面砌体的弹塑性有关。

经试验分析，为了便于工程应用，《砌体结构设计规范》(GB 50003—2011)给出梁的有效支承长度的计算公式，即式(1.20)。

3. 上部荷载对砌体局部抗压强度的影响

一般梁端支承处局部受压的砌体，除承受梁端支承压力 N_1 外，还可能有上部荷载产生的轴向力 N_0。

试验表明，当 N_0 较小、N_1 较大时，梁端底部的砌体将产生压缩变形，使梁端顶部与砌体接触面减少，甚至脱开，产生水平缝隙。原来由上部砌体传给梁端支承面上的压力 N_0 将转而通过上部砌体自身的内拱作用传给梁端周围的砌体。上部荷载 σ_0 的扩散对梁端下局部受压的砌体起了横向约束作用，对砌体的局部受压是有利的。上部荷载 σ_0 对梁端下局部受压砌体的影响主要与 A_0/A_1 比值有关。当 A_0/A_1 足够大时，内拱卸荷作用就可形成。《砌体结构设计规范》(GB 50003—2011)采用上部荷载折减系数 ψ 来反映这种有利因素的影响。

(四)梁端刚性垫块下砌体局部受压

1. 刚性垫块下的砌体局部受压承载力

刚性垫块下的砌体局部受压承载力，应按式(1.21)、式(1.22)、式(1.23)计算：

$$N_0 + N_1 \leq \varphi \gamma_1 f A_b \qquad (1.21)$$

$$N_0 = \sigma_0 A_b \qquad (1.22)$$

$$A_b = a_b b_b \qquad (1.23)$$

式中：N_0 为垫块面积 A_b 为上部轴向力设计值，N；σ_0 为上部平均压应力设计值，N/mm²；γ_1 为垫块外砌体面积的有利影响系数，γ_1 应为 0.8γ，但不小于 1.0，γ 为砌体局部抗压强度提高系数，以 A_b 代替 A_l 计算得出；A_b 为垫块面积，mm^2；a_b 为垫块伸入墙内的长度，mm；b_b 为垫块的宽度，mm；ϕ 为垫块上 N_0 及 N_1 合力的影响系数，采用表 1.4～表 1.6 中 $\beta \leqslant 3$ 时的 ϕ 值，e 为 N_0、N_1 合力对垫块形心的偏心距，N_1 距垫块边缘的距离可取 $0.4a_0$，e 按式(1.24)计算：

$$e = \frac{N_1\left(\dfrac{a_b}{2} - 0.4a_0\right)}{N_0 + N_1} \tag{1.24}$$

式中：a_0 为设刚性垫块时的梁端有效支承长度，mm。

2. 梁端有效支承长度

设刚性垫块时，梁端有效支承长度 a_0 应按式(1.25)确定：

$$a_0 = \delta_1 \sqrt{\frac{h_c}{f}} \tag{1.25}$$

式中：δ_1 为刚性垫块的影响系数，可按表 1.9 采用；h_c 为梁的截面高度，mm；f 为砌体的抗压强度设计值，MPa。

表 1.9　系数 δ_1

δ_1/f	0	0.2	0.4	0.6	0.8
δ_1	5.4	5.7	6.0	6.9	7.8

试验和有限元分析表明，垫块上表面 a_0 较小，这对于垫块下局部受压承载力计算影响不是很大(有垫块时局部压应力大为减小)，但可能对其下的墙体受力不利，增大了荷载偏心距，因此有必要给出垫块上表面梁端有效支承长度，可采用式(1.25)计算。对于采用与梁端现浇成整体的刚性垫块与预制刚性垫块下局部受压有些区别，但为简化计算，也可按后者计算。

3. 刚性垫块的构造要求

刚性垫块的构造，应符合下列规定：

(1) 刚性垫块的高度应大于 180mm，自梁边算起的垫块挑出长度应小于垫块高度 t_b。

(2) 在带壁柱墙的壁柱内设刚性垫块时，其计算面积应取壁柱范围内的面积，而不应计算翼缘部分，同时壁柱上垫块伸入翼墙内的长度应大于 120mm。

(3) 当现浇垫块与梁端整体浇筑时，垫块可在梁高范围内设置。

(五) 梁端垫梁下砌体局部受压

在实际工程中，常在梁或屋架端部下面的砌体墙上设置连续的钢筋混凝土梁，如圈梁等。此钢筋混凝土梁可把承受的局部集中荷载扩散到一定范围的砌体墙上，起到垫块的作用，故称为垫梁。柔性垫梁可视为弹性地基上的无限长梁，墙体即为弹性地基。如将局压破坏荷载 N_1 作用下按弹性地基梁理论计算出砌体中最大压应力 σ_{max} 与砌体抗压强度 f_m 的比值记作 γ，则试验发现 γ 均在 1.6 以上。这是因为柔性垫梁能将集中荷载传布于砌体的较大范围。应力分布可近似视为三角形，其长度 $l = \pi h_0$。h_0 为垫梁的折算高度。根据力的平衡条件可写出式(1.26)：

$$N_1 = \frac{1}{2}\pi h_0 \sigma_{max} b_b \tag{1.26}$$

则有式(1.27)：

$$\sigma_{max} = \frac{2N_1}{\pi b_b h_0} \tag{1.27}$$

根据试验结果，考虑垫梁上可能存在的上部荷载作用，取 $\gamma = 1.5$，则可写出式(1.28)：

$$\sigma_0 + \sigma_{max} \leq 1.5f \tag{1.28}$$

将式(1.27)代入得式(1.29)和式(1.30)：

$$\sigma_0 + \frac{2N_1}{\pi b_b h_0} \leq 1.5f \tag{1.29}$$

$$\sigma_0 \frac{\pi b_b h_0}{2} + N_1 \leq 2.4 h_0 b_b f \tag{1.30}$$

上式中还应考虑 N_1 沿墙厚方向产生不均匀分布压应力的影响，为此引入垫梁底面压应力分布系数 δ_2。综上所述，钢筋混凝土垫梁受上部荷载 N_0 和集中局部荷载 N_1 作用，且垫梁长度大于 πh_0 时，垫梁下的砌体局部受压承载力按式(1.31)、式(1.32)、式(1.33)计算：

$$N_0 + N_1 \leq 2.4\delta_2 h_0 b_b f \tag{1.31}$$

$$N_0 = \pi b_b h_0 \sigma_0 / 2 \tag{1.32}$$

$$h_0 = 2\sqrt[3]{\frac{E_b I_b}{Eh}} \tag{1.33}$$

式中：N_1 为垫梁上集中局部荷载设计值，N；N_0 为垫梁在 $\pi b_b h_0/2$ 范围内由上部荷载设计值产生的轴向力，N；b_b 为垫梁宽度，mm；δ_2 为当荷载沿墙厚方向均匀分布时 δ_2 取 1.0，不均匀时 δ_2 可取 0.8；f 为砌体的抗压强度设计值，MPa；h_0 为垫梁折算高度，mm；E_b、I_b 为垫梁的混凝土弹性模量，N/mm² 和截面惯性矩，mm⁴；E 为砌体的弹性模量，N/mm²；h 为墙厚，mm。

(三)轴心受拉构件的承载力计算

砌体在轴心拉力的作用下，一般是沿齿缝截面破坏，这时砌体的抗拉强度主要取决于块体材料与砂浆的黏结强度，同时也与破坏面砂浆的水平黏结面积有关。因为块体材料与砂浆间的黏结强度主要取决于砂浆的强度等级，所以砌体的轴心抗拉强度由砂浆的强度等级来确定。

轴心受拉构件的承载力，应满足式(1.34)的要求：

$$N_t \leq f_t A \tag{1.34}$$

式中：N_t 为轴心拉力设计值，N；f_t 为砌体轴心抗拉强度设计值，MPa；A 为砌体的截面面积，mm²。

(四)受弯构件的承载力计算

砌体结构中常出现受弯构件，如砌体过梁、带壁柱的挡土墙等。砌体受弯构件除要进行正截面受弯承载力计算外，还要进行斜截面受弯承载力计算。

1. 受弯承载力计算

砌体受弯构件承载力计算公式见式(1.35)：

$$M \leqslant f_{tm}W \tag{1.35}$$

式中：M 为弯矩设计值，N·mm；f_{tm} 为砌体沿齿缝截面的弯曲抗拉强度设计值；W 为截面抵抗矩，mm^3。

2. 受剪承载力计算

砌体受弯构件斜截面受剪承载力计算公式见式(1.36)：

$$V \leqslant f_v bZ \tag{1.36}$$

式中：V 为剪力设计值，N；f_v 为砌体的抗剪强度设计值，N/mm^2；b 为截面宽度，mm；Z 为内力臂，mm，$Z = I/S$，当截面为矩形时 $Z = 2h/3$。

其中：I 为截面惯性矩，mm^4；S 为截面面积矩，mm^3；h 为截面高度，mm。

（五）受剪构件的承载力计算

常见的砌体受剪构件如门、窗、墙体的过梁等。砌体结构中单纯受剪的情况很少，工程中大量遇到的是剪压复合受力情况，即砌体在竖向压力作用下同时受剪。例如在无拉杆拱的支座处，同时受到拱的水平推力和上部墙体对支座水平截面产生垂直压力而处于复合受力状态。试验研究表明，当构件水平截面上作用有压应力时，由于灰缝黏结强度和摩擦力的共同作用，砌体抗剪承载力有明显的提高，因此计算时应考虑剪、压的复合作用。

沿通缝或阶梯形截面破坏时受剪构件的承载力，应按下列公式计算：

$$V \leqslant (f_v + \alpha\mu\sigma_0)A \tag{1.37}$$

当 $\gamma_G = 1.2$ 时，修正系数 μ 为：

$$\mu = 0.26 - 0.082\sigma_0/f \tag{1.38}$$

当 $\gamma_G = 1.35$ 时，修正系数 μ 为：

$$\mu = 0.23 - 0.065\sigma_0/f \tag{1.39}$$

式中：V 为截面剪力设计值，N；A 为水平截面面积，mm^2，当有孔洞时，取净截面面积；f_v 为砌体抗剪强度设计值，MPa，对灌孔的混凝土砌块取 f_{vg}；α 为修正系数：当 $\gamma_G = 1.2$ 时，砖（含多孔砖）砌体取 0.60，混凝土砌块砌体取 0.64；当 $\gamma_G = 1.35$ 时，砖（含多孔砖）砌体取 0.64，混凝土砌块砌体取 0.66；σ_0 为永久荷载设计值产生的水平截面平均压应力，其值不应大于 $0.8f$；f 为砌体的抗压强度设计值，MPa。

二、墙、柱高厚比验算

（一）墙、柱允许高厚比

影响墙、柱允许高厚比 $[\beta]$ 取值的因素十分复杂，很难用一个理论推导的公式来表达。规范规定的允许高厚比 $[\beta]$ 值是结合我国工程实践经验，综合考虑下列因素确定的。

1. 砂浆强度等级

墙、柱的稳定性与刚度有关，而砂浆的强度直接影响砌体的刚度，所以砂浆强度越高，$[\beta]$ 值越大，反之，$[\beta]$ 值越小。

2. 砌体类型

空斗墙和毛石墙砌体较实心砖墙刚度差，[β]值应降低；组合砖砌体刚度好，[β]值应相应提高。

3. 横墙间距

横墙间距越小，墙体的稳定性和刚度就越好；反之，墙体的稳定性和刚度就差。规范采用改变墙体计算高度 H_0 的方法来考虑这一因素的影响。

4. 支承条件

刚性方案房屋的墙、柱在楼(屋)盖支承处变位小，刚度大，[β]值可以提高；弹性和刚弹性方案房屋的墙、柱的[β]值应减小，这一影响因素也在 H_0 中考虑。

5. 砌体的截面形式

截面惯性矩越大，构件的稳定性越好。有门窗洞口的墙较无门窗洞口的墙稳定性差，所以[β]值相应减小。

6. 构件重要性和房屋的使用情况

非承重墙、次要构件，且荷载为墙体自重，[β]值可适当提高；使用时有震动的房屋，[β]值应相应降低。

我国规范采用的允许高厚比[β]值见表 1.10 所示。

表 1.10 墙、柱的允许高厚比[β]值

砌体类型	砂浆强度等级	墙	柱
无筋砌体	M2.5	22	15
	M5.0 或 Mb5.0、Ms5.0	24	16
	≥M7.5 或 Mb7.5、Ms7.5	26	17
配筋砌块砌体	—	30	21

注：1. 毛石墙、柱的允许高厚比应按表中数值降低 20%；

2. 带有混凝土或砂浆面层的组合砖砌体构件的允许高厚比，可按表中数值提高 20%，但不得大于 28；

3. 验算施工阶段砂浆尚未硬化的新砌的砌体构件高厚比时，允许高厚比对墙取 14，对柱取 11。

(二) 矩形截面墙、柱高厚比验算

1. 高厚比验算公式

一般墙、柱高厚比应按式(1.40)进行验算：

$$[\beta] = \frac{H_0}{h} \leqslant \mu_1 \mu_2 [\beta] \tag{1.40}$$

式中：H_0 为墙、柱的计算高度，mm；h 为墙厚或矩形截面柱与 H_0 相对应的边长，mm；μ_1 为非承重墙允许高厚比的修正系数，对承重墙取 $\mu_1 = 1.0$；μ_2 为有门窗洞口墙允许高厚比的修正系数；[β]为墙、柱的允许高厚比。

当与墙连接的相邻两墙间的距离 $s \leqslant \mu_1 \mu_2 [\beta] h$ 时，墙的高度可不受式(1.40)限制。

2. 非承重墙允许高厚比的修正系数

厚度不大于 240mm 的自承重墙，允许高厚比修正系数 μ_1 应按下列规定采用：

（1）墙厚为 240mm 时，μ_1 取 1.2；墙厚为 90mm 时，μ_1 取 1.5；当墙厚小于 240mm 且大于 90mm 时，μ_1 按插入法取值。

（2）上端为自由端墙的允许高厚比，除按上述规定提高外，尚可提高 30%。

（3）对厚度小于 90mm 的墙，当双面采用不低于 M10 的水泥砂浆抹面，包括抹面层的墙厚不小于 90mm 时，可按墙厚等于 90mm 验算高厚比。

3. 有门窗洞口墙允许高厚比的修正系数

对有门窗洞口的墙，允许高厚比修正系数应符合下列要求。

允许高厚比修正系数，应按式（1.41）计算：

$$\mu_2 = 1 - 0.4\frac{b_s}{s} \tag{1.41}$$

式中：b_s 为在宽度 s 范围内的门窗洞口总宽度；s 为相邻窗间墙或壁柱之间的距离。

由表 1.10 可见，柱的 $[\beta]$ 值均为墙的 $[\beta]$ 值的 0.7 倍左右，当按公式（1.41）计算的 μ_2 的值小于 0.7 时，μ_2 取 0.7。由于 μ_2 是按 $H_1/H = 2/3$ 推算的，当洞口高度 H_1 等于或小于墙高 H 的 1/5 时，μ_2 取 1.0。当洞口高度大于或等于墙高的 4/5 时，可按独立墙段验算高厚比。

（三）带壁柱墙的高厚比验算

带壁柱墙的高厚比验算包括两部分内容，即对整片墙和壁柱间墙的高厚比分别进行验算。

1. 整片墙的高厚比验算

整片墙的高厚比验算，即相当于验算墙体的整体稳定，按式（1.42）进行

$$[\beta] = \frac{H_0}{h_T} \leqslant \mu_1\mu_2[\beta] \tag{1.42}$$

式中：H_0 为带壁柱墙的计算高度，计算 H_0 时墙体的长度 s 应取与之相交相邻墙之间的距离；h_T 为带壁柱墙的折算厚度 [式（1.43）]：

$$h_T = 3.5i = 3.5\sqrt{\frac{I}{A}} \tag{1.43}$$

2. 壁柱间墙的高厚比验算

壁柱间墙的高厚比验算相当于验算墙的局部稳定，可按式（1.40）进行计算。在确定壁柱间墙的计算高度 H_0 时，应注意下列各点：

（1）墙的长度 s 取壁柱间的距离。

（2）确定壁柱间墙的 H_0 时，可一律按刚性方案考虑。

（3）带壁柱墙设有钢筋混凝土圈梁，且当 $b/s \geqslant 1/30$ 时（b 为圈梁宽度），圈梁可看作壁柱间墙的不动铰支点，此时壁柱间墙的计算高度 H_0 为基础顶面或楼盖处到圈梁间的距离。这是由于圈梁的水平刚度较大，能够起到限制壁柱间墙体侧向变形的作用。如果具体条件不允许增加圈梁宽度，可按等刚度原则(即与墙体平面外刚度相等)增加圈梁高度，以满足壁柱间墙不动铰支点的要求。

（四）设置构造柱墙的高厚比验算

1. 整片墙高厚比验算

为了考虑设置构造柱后的有利作用，可将墙的允许高厚比$[\beta]$乘以提高系数μ_c，即见式（1.44）：

$$[\beta] = \frac{H_0}{h} \leqslant \mu_1\mu_2\mu_c[\beta] \tag{1.44}$$

式中：μ_c为带构造柱墙允许高厚比提高系数，可按式（1.45）计算：

$$\mu_c = 1 + \gamma\frac{b_c}{l} \tag{1.45}$$

式中：γ为系数：对细料石砌体，$\gamma = 0$；对混凝土砌块、混凝土多孔砖、粗料石、毛料石及毛石砌体，$\gamma = 1.0$；其他砌体，$\gamma = 1.5$；b_c为构造柱沿墙长方向的宽度，mm；l为构造柱的间距，mm。

当$b_c/l > 0.25$时，取$b_c/l = 0.25$；当$b_c/l < 0.05$时，取$b_c/l = 0$。

2. 构造柱间墙高厚比验算

构造柱间墙的高厚比验算相当于验算墙的局部稳定，可按式（1.40）进行计算。在确定构造柱间墙的计算高度H_0时，应注意下列要点：

（1）墙的长度s取构造柱间的距离。

（2）确定构造柱间墙的H_0时，可一律按刚性方案考虑。

（3）带构造柱墙设有钢筋混凝土圈梁，且当$b/s \geqslant 1/30$时（b为圈梁宽度），圈梁可看作构造柱间墙的不动铰支点，此时构造柱间墙的计算高度H_0为基础顶面或楼盖处到圈梁间的距离。这是由于圈梁的水平刚度较大，能够起到限制构造柱间墙体侧向变形的作用。如果具体条件不允许增加圈梁宽度，可按等刚度原则（即与墙体平面外刚度相等）增加圈梁高度，以满足构造柱间墙不动铰支点的要求。

三、墙体抗震承载力验算

对于多层砌体房屋，可选择不利截面验算，也可只选择承载面积较大或竖向应力较小的墙段进行截面抗剪承载力验算。

墙体抗剪强度验算的表达式，可从结构构件的截面抗震验算的设计表达式$S \leqslant R/\gamma_{RE}$中导出，公式左侧的$S$应为墙体所承受的地震剪力设计值，以$V$表示，$R$为墙体所能承受的极限剪力，以$V_u$表示，则墙体抗剪强度验算的表达式（1.46）：

$$V \leqslant \frac{V_u}{\gamma_{RE}} \tag{1.46}$$

式中：γ_{RE}为承载力抗震调整系数，自承重墙按0.75采用；对于承重墙，当两端均有构造柱、芯柱时，按0.9采用；其他墙按1.0采用。

V为墙体所承受的地震剪力设计值，按式（1.47）计算：

$$V = 1.3V_K \tag{1.47}$$

式中：V_K为墙体所承受的地震剪力标准值；V_u为墙体所能承受的极限剪力，对于不同类型的墙体，计算公式有所不同。

（一）普通砖、多孔砖墙体的截面抗震受剪承载力

（1）一般情况下，应按式（1.48）验算：

$$V \leqslant \frac{f_{vE}A}{\gamma_{RE}} \tag{1.48}$$

式中：A 为墙体横截面面积，多孔砖取毛截面面积；f_{vE} 为砖砌体沿阶梯形截面破坏的抗震抗剪强度设计值，按式（1.49）计算：

$$f_{vE} = \zeta_v f_v \tag{1.49}$$

式中：f_v 为非抗震设计的砌体抗剪强度设计值，按《砌体结构设计规范》（GB 50003—2011）取用；ζ_N 为砌体抗震抗剪强度的正应力影响系数，应按表 1.11 采用。

表 1.11　砌体强度的正应力影响系数 ζ_N

砌体类别	δ_0/f_v							
	0.0	1.0	3.0	5.0	7.0	10.0	12.0	≥16.0
普通砖、多孔砖	0.8	1.00	1.28	1.50	1.70	1.95	2.32	—
混凝土小砌块	—	1.23	1.69	3.15	2.57	3.02	3.32	3.92

注：σ_0 为对应于重力荷载代表值的砌体截面平均压应力。

（2）当按式（1.48）验算不满足要求时，可计入设置于墙段中部、截面不小于 240mm×240mm，且间距不大于 4m 的构造柱对受剪承载力的提高作用，按下列简化公式验算，见式（1.50）：

$$V \leqslant \frac{1}{\gamma_{RE}} \left[\eta_c f_{vE}(A-A_c) + \zeta_c f_t A_c + 0.08 f_{yc} A_{sc} + \zeta_s f_{yh} A_{sh} \right] \tag{1.50}$$

式中：A_c 为中部构造柱的横截面总面积（对于横墙和内纵墙，$A_c > 0.15A$ 时，取 $0.15A$；对于外纵墙，$A_c > 0.25A$ 时，取 $0.25A$）；f_t 为中部构造柱的混凝土轴心抗拉强度设计值；A_{sc} 为中部构造柱的纵向钢筋截面总面积（配筋率不小于 0.6%，大于 1.4% 时取 1.4%）；f_{yh}、f_{yc} 分别为墙体水平钢筋、构造柱钢筋抗拉强度设计值；ζ_c 为中部构造柱参与工作系数；居中设一根时取 0.5，多于一根时取 0.4；η_c 为墙体约束修正系数；一般情况下取 1.0，构造柱间距不大于 2.8m 时取 1.1；A_{sh} 为层间墙体竖向截面的总水平钢筋面积，无水平钢筋时取 0。

（二）水平配筋普通砖、多孔砖墙体的截面抗震受剪承载力

截面抗震受剪承载力验算见式（1.51）：

$$V \leqslant \frac{1}{\gamma_{RE}} (f_{vE}A + \zeta_s f_y A_{sh}) \tag{1.51}$$

式中：A 为墙体横截面面积，多孔砖取毛截面面积；f_y 为钢筋抗拉强度设计值；A_{sh} 为层间墙体竖向截面的钢筋总截面面积，其配筋率应不小于 0.07% 且不大于 0.17%；ζ_s 为钢筋参与工作系数。

（三）混凝土小砌块墙体的截面抗震受剪承载力

截面抗震受剪承载力验算见式（1.52）：

$$V \leqslant \frac{1}{\gamma_{RE}} [f_{vE}A + (0.3f_tA_c + 0.05f_yA_s)\zeta_c] \tag{1.52}$$

式中：f_t 为芯柱混凝土轴心抗拉强度设计值；A_c 为芯柱截面总面积；A_s 为芯柱钢筋截面总面积；ζ_c 为芯柱参与工作系数。

注：当同时设置芯柱和构造柱时，构造柱截面可作为芯柱截面，构造柱钢筋可作为芯柱钢筋。

四、砖砌体和钢筋混凝土构造柱组合墙

（一）组合墙受力性能

砖混结构墙体设计中，当砖砌体墙的竖向受压承载力不满足而墙体厚度又受到限制时，在墙体中设置一定数量的钢筋混凝土构造柱，形成砖砌体和钢筋混凝土构造柱组合墙。这种墙体在竖向压力作用下，由于构造柱和砖砌体墙的刚度不同，以及内力重分布的结果，构造柱分担较多墙体上的荷载；并且构造柱和圈梁形成的"构造框架"，约束了砖砌体的横向和纵向变形，不但使墙的开裂荷载和极限承载力提高，而且加强了墙体的整体性，提高了墙体的延性，增强了墙体抵抗侧向地震作用的能力。

组合墙从加载到破坏经历三个阶段。第一阶段：当竖向荷载小于极限荷载 40% 时，组合墙的受力处于弹性阶段，墙体竖向压应力分布不均匀，上部截面应力大，下部截面应力小；两构造柱之间中部砌体应力大，两端砌体的应力小。第二阶段：继续增加竖向荷载，在上部圈梁与构造柱连接的附近及构造柱之间中部砌体出现竖向裂缝，上部圈梁在跨中处产生自下而上的竖向裂缝；当竖向荷载约为极限荷载 70% 时，裂缝发展缓慢，裂缝走向大多数指向构造柱柱脚，中部构造柱为均匀受压，边构造柱为小偏心受压。第三阶段：随着竖向荷载的进一步增加，墙体内裂缝进一步扩展和增多，裂缝开始贯通，最终穿过构造柱的柱脚，构造柱内钢筋压屈，混凝土被压碎剥落，同时两构造柱之间中部的砌体产生受压破坏。

试验中未出现构造柱与砌体交接处竖向开裂或脱离现象。试验结果表明，在使用阶段，构造柱和砖墙体具有良好的整体工作性能。

（二）组合墙的受压承载力验算

设置构造柱砖墙与组合砖砌体构件有类似之处，试验研究表明，可采用组合砖砌体轴心受压构件承载力的计算公式，但引入强度系数以反映前者与后者的差别。《砌体结构规范》（ZBBZH/GJ 23）给出的轴心受压砖砌体和钢筋混凝土构造柱组合墙（图 1.12）承载力 N 计算公式如下，详见式（1.53）、式（1.54）：

$$N \leqslant \phi_{com}[fA + \eta(f_cA_c + f'_yA'_s)] \tag{1.53}$$

$$\eta = \left(\frac{1}{l/b_c - 3}\right)^{1/4} \tag{1.54}$$

式中：ϕ_{com} 为组合砖的稳定系数；f 为组合砖墙的抗压强度设计值，MPa；f'_y 为钢筋抗压强度设计值；f'_c 为构造柱抗压强度设计值；η 为强度系数，当 $l/b_c < 4$ 时，取 $l/b_c = 4$；l 为沿墙长方向构造柱的间距，mm；b_c 为沿墙长方向构造柱的宽度，mm；A 为扣除孔洞和构造柱的砖砌体截面面积，mm^2；A_c 为构造柱的截面面积，mm^2。

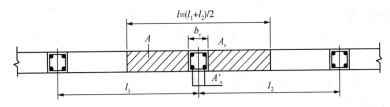

图 1.12　砖砌体和构造柱组合墙截面

砖砌体和钢筋混凝土构造柱组合墙，平面外的偏心受压承载力，可按偏心受压配筋砌体确定构造柱纵向钢筋，但截面宽度应改为构造柱间距 l；大偏心受压时，可不计受压区构造柱混凝土和钢筋的作用。

（三）组合墙的构造要求

砖砌体和钢筋混凝土构造柱组合墙的构造应符合下列规定：

（1）砂浆的强度等级不应低于 M5，构造柱的混凝土强度等级不宜低于 C20。

（2）构造柱的截面尺寸不宜小于 240mm×240mm，其厚度不应小于墙厚，边柱、角柱的截面宽度宜适当加大；柱内竖向受力钢筋，对于中柱，钢筋数量不宜少于 4 根，直径不宜小于 12mm；对于边柱、角柱，钢筋数量不宜少于 4 根，直径不宜小于 14mm。构造柱的竖向受力钢筋的直径也不宜大于 16mm；其箍筋一般部位宜采用直径 6mm、间距 200mm；楼层上下 500mm 范围内宜采用直径 6mm、间距 100mm；构造柱的竖向受力钢筋应在基础梁和楼层梁中锚固，并符合受拉钢筋的锚固要求。

（3）组合砖墙砌体结构房屋应在纵横墙交界处、墙端部和较大洞口的洞边设置构造柱，其间距不宜大于 4m；各层洞口宜设置相应位置，并宜上下对齐。

（4）组合砖墙砌体结构房屋应在基础顶面、有组合墙的楼层处设现浇钢筋混凝土圈梁；圈梁的截面高度不宜小于 240mm，纵向钢筋数量不宜少于 4 根，直径不宜小于 12mm；纵向钢筋伸入构造柱内，并应符合受拉钢筋的锚固要求；梁的箍筋直径宜采用 6mm，间距 200mm。

（5）砖砌体与构造柱的连接处应砌成马牙槎，并应沿墙高每隔 500mm 设 2 根直径 6mm 的拉结钢筋，且每边伸入墙内不宜小于 600mm。

（6）构造柱可不单独设置基础，但应伸入室外地坪下 500mm，或与埋深小于 500mm 的基础梁相连。

（7）组合砖墙的施工顺序应为先砌墙后浇混凝土构造柱。

第四节　砌体房屋水平构件设计

一、过梁设计

（一）过梁的类型及构造要求

过梁通常指的是墙体门、窗洞口上部的梁，用以承受洞口以上墙体和楼（屋）盖构件传来的荷载。常用的过梁有以下 4 种类型。

1. 砖砌平拱过梁

这种过梁可分为砖块竖放立砌和对称斜砌两种。将砖竖放砌筑的这部分高度不应小于240mm。砖砌平拱过梁跨度不宜超过1.2m，砖的强度等级不应低于MU10。这类过梁适用于无振动、地基土质较好不需做抗震验算的一般建筑物。

2. 砖砌弧拱过梁

砖砌弧拱过梁砌法同砖砌平拱过梁法一样，呈圆弧（或其他曲线）形，可用于对建筑外形有一定艺术要求的建筑物。将砖竖放砌筑的这部分高度不应小于120mm，其跨度与矢高 f 有关。当 $f=(1/12 \sim 1/8)l_0$ 时，最大跨度可达 $2.0 \sim 2.5$m；当 $f=(1/6 \sim 1/5)l_0$ 时，最大跨度可达 $3.0 \sim 4.0$m。

3. 钢筋砖过梁

这类过梁中，砖块的砌筑方法与墙体相同，仅在过梁底部放置纵向受力过梁，并铺放厚度不小于30mm的砂浆层。钢筋砖过梁的跨度不宜超过1.5m，过梁底面以上截面计算高度内的砖不应低于MU10，砂浆不应低于M5（Mb5，Ms5），底面砂浆的钢筋直径不应小于5mm，间距不应大于120mm，钢筋伸入支座砌体内的长度不宜小于240mm。

4. 钢筋混凝土过梁

同一般预制钢筋混凝土梁，通常在有较大振动荷载或可能产生不均匀沉降的房屋中采用，跨度较小时常做成预制。为满足门、窗洞口过梁的构造要求需要，可做成矩形截面或带挑口的"L"形截面。由于这种过梁施工方便，并不费模板，在实际的砌体结构中大量被采用，上述各种砖砌过梁已几乎被它所代替。

（二）过梁上的荷载

过梁既是"梁"，又是墙体的组成部分，过梁上的墙体在砂浆硬结后具有一定的刚度，可以将过梁以上的荷载部分地传递给过梁两侧墙体，所以在设计过梁时，确定过梁所承受的荷载十分重要。过梁上的荷载一般包括两部分：一部分为墙体自重；另一部分为楼（屋）盖板、梁或其他结构传来的荷载。

1. 墙体荷载

对砖砌体，当过梁上的墙体高度 $h_w < l_n/3$（l_n 为过梁的净跨）时，墙体荷载应按墙体的均布自重采用，否则应按高度为 $l_n/3$ 墙体的均布自重来采用。对砌块砌体，当过梁上的墙体高度 $h_w < l_n/2$ 时，墙体荷载应按墙体的均布自重采用；否则应按高度为 $l_n/2$ 墙体的均布自重采用。

2. 梁、板荷载

对砖和砌块砌体，当梁板下的墙体高度 $h_w < l_n$ 时，过梁应计入梁、板传来的荷载，否则可不考虑梁、板荷载。

（三）过梁承载力计算

1. 砖砌过梁的破坏特征

过梁在竖向荷载作用下和受弯构件相似，截面上产生弯矩和剪力。随着荷载的不断增大，当跨中正截面的拉应力超过砌体沿阶梯形截面抗剪强度时，在靠近支座处将出现45°的阶梯形斜裂缝。

对砖砌平拱过梁，正截面下部受拉区的拉力将由两端支座提供的推力来平衡；对钢筋砖过梁，正截面下部受拉区的拉力将由钢筋承受。平拱砖过梁和钢筋砖过梁在上部竖向荷载作用下，各个截面均产生弯矩和剪力，和一般受弯构件类似，下部受拉，上部受压。随着荷载的增大，一般先在跨中受拉区出现垂直裂缝，然后在支座处出现阶梯形裂缝。

2. 砖砌平拱过梁计算

砖砌平拱的受弯承载力可按式(1.35)计算，式中：f_{tm}为砌体沿齿缝截面的弯曲抗拉强度设计值。砖砌平拱的受剪承载力可按式(1.36)计算。

3. 钢筋砖过梁计算

钢筋砖过梁的受弯承载力可按设拉杆的三拱铰计算，内力臂系数近似取0.85，其计算公式(1.55)：

$$M \leq 0.85 h_0 f_y A_s \qquad (1.55)$$

式中：M为按简支梁计算的跨中弯矩设计值，$N \cdot mm$；h_0为过梁截面的有效高度，mm，$h_0 = h - a_s$；h为过梁的截面计算高度，mm，取过梁底面以上的墙体高度，但不大于$l_n/3$；当考虑梁、板传来的荷载时，则按梁、板下的高度采用；a_s为受拉钢筋重心至截面下边缘的距离，mm；f_y为钢筋的抗拉强度设计值，MPa；A_s为受拉钢筋的截面面积，mm。

钢筋砖过梁的受剪承载力可按式(1.36)计算。

4. 钢筋混凝土过梁计算

混凝土过梁的承载力，应按混凝土受弯构件计算。验算过梁下砌体局部受压承载力时，可不考虑上层荷载的影响；梁端底面压应力图形完整系数可取1.0，梁端有效支承长度可取实际支承长度，但不应大于墙厚。

5. 过梁的构造要求

(1) 砖砌过梁截面计算高度内的砂浆不宜低于M5(Mb5、Ms5)。

(2) 砖砌平拱用竖砖砌筑部分的高度不应小于240mm。

(3) 钢筋砖过梁底面砂浆层处的钢筋，其直径不应小于5mm，间距不宜大于120mm，钢筋伸入支座砌体内的长度不宜小于240mm，砂浆层的厚度不宜小于30mm。

(4) 钢筋混凝土过梁端部的支承长度，不宜小于240mm。

二、墙梁设计

由支承墙体的钢筋混凝土梁及其上计算高度范围内墙体所组成的能共同工作的组合构件称为墙梁。其中的钢筋混凝土梁称为托梁。在多层砌体结构房屋中，为了满足使用要求，往往要求底层有较大的空间，如底层为商店、饭店等，而上层为住宅、办公室、宿舍等小房间的多层房屋，可用托梁承托以上各层的墙体，组成墙梁结构，上部各层的楼面及屋面荷载将通过砖墙及支撑在砖墙上的钢筋混凝土楼面梁或框架梁(托梁)传递给底层的承重墙或柱。此外，单层工业厂房中外纵墙与基础梁、承台梁与其上墙体等也构成墙梁。与钢筋混凝土框架结构相比，采用墙梁可节约钢材60%、水泥25%，节省人工25%，降低造价

20%，并可加快施工进度，经济效益较好。

墙梁按承受荷载不同可分为承重墙梁和自承重墙梁两类；按支承条件不同分为简支墙梁、框支墙梁和连续墙梁；根据墙梁上是否开洞，墙梁又可分为无洞口墙梁和有洞口墙梁。承重墙梁除了承受自重外，尚需承受计算高度范围以上各层墙体以及楼盖、屋盖或其他结构传来的荷载。非承重墙梁仅承受墙梁自重，即托梁和砌筑在上面的墙体自重，工业厂房围护墙的基础梁、连系梁是典型的非承重墙梁的托梁。

（一）简支墙梁的受力性能和破坏形态

墙梁中的墙体不仅作为荷载作用在钢筋混凝土托梁上，而且与托梁共同工作形成组合构件，作为结构的一部分与托梁共同工作。墙梁的受力性能与支承情况、托梁和墙体的材料、托梁的高跨比、墙体的高跨比、墙体上是否开洞、洞口的大小与位置等因素有关。墙梁的受力较为复杂，其破坏形态是墙梁设计的重要依据。

1. 无洞口墙梁

1）无洞口墙梁的受力特点

试验表明，墙梁在出现裂缝之前如同由砖砌体和钢筋混凝土两种材料组成的深梁一样地工作。墙梁在荷载作用下的应力包括正截面上的水平正应力 σ_x、水平截面上的法向正应力 σ_y、剪应力 τ_{xy} 和相应的主应力。σ_x 沿正截面的分布情况大体上是墙体截面大部分受压，托梁截面全部受拉；σ_y 的分布情况大体上是愈接近墙顶水平截面应力分布愈均匀，愈接近托梁底部水平截面应力愈向托梁支座集中；剪应力 τ_{xy} 的分布情况大体上是在托梁支座和托梁与墙体界面附近变化较大，而且剪力由托梁和墙体共同承担。在荷载作用下，无洞口墙梁中裂缝开展过程如下：

（1）当托梁的拉应力超过混凝土的极限拉应力时，在其中段出现多条竖向裂缝 A，并很快上升到梁顶，随着荷载的增大，也可能穿过托梁和墙体的界面，向墙体伸延，如图 1.13（a）所示。

（2）托梁刚度随之削弱，并引起墙体内力重分布，使主压应力进一步向支座附近集中，当墙体中主拉应力超过砌体的抗拉强度时，将出现呈枣核形的斜裂缝 B，如图 1.13（b）所示。

（3）随着荷载的增大，斜裂缝向上、下方延伸，形成托梁端部较陡的上宽下窄的斜裂缝，临近破坏时，由于界面中段存在较大的垂直拉应力且出现水平裂缝 C，如图 1.13（c）所示。

（4）但支座附近区段，托梁与砌体始终保持紧密相连，共同工作。临近破坏时，墙梁将形成以支座上方斜向砌体为拱肋、以托梁为拉杆的组合拱受力体系，如图 1.13（d）所示。

2. 无洞口墙梁的破坏形态

影响墙梁破坏形态的因素较多，如墙体高跨比 h_w/l，托梁高跨比 h_b/l_0，砌体抗压强度 f，混凝土抗压强度 f_c，托梁配筋率，受荷载作用，集中力的剪高比 aF/h_w，有无纵向翼墙，等等。由于这些因素的不同，墙梁可能发生弯曲破坏、斜拉破坏、斜压破坏、劈裂破坏以及局压破坏 5 种破坏形态。

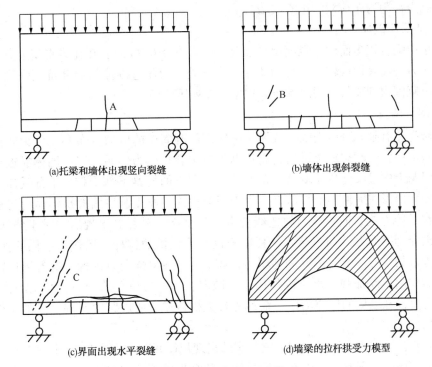

图 1.13　墙梁裂缝及受力模型

1）弯曲破坏

当托梁中的配筋较少，而砌体强度却相对较高，且 h_w/l_0 也较小时，墙梁在荷载作用下首先在托梁中段出现竖向裂缝。随着荷载的增加，竖向裂缝穿过托梁和墙体界面迅速向上延伸，并穿过梁与墙的界面进入墙体，最后托梁的下部和上部纵向钢筋先后达到屈服，墙梁沿跨中垂直截面而发生弯曲破坏。破坏时受压区仅有 3~5 皮砖高，但砌体没有沿水平方向压坏。

2）剪切破坏

当托梁配筋率较高而砌体强度相对较低时，一般 h_w/l_0 适中，易在支座上部的砌体中出现因主拉应力或主压应力过大而引起的斜裂缝，发生墙体的剪切破坏。

由于影响因素的变化，剪切破坏一般有斜拉破坏、斜压破坏和劈裂破坏三种形式。

（1）斜拉破坏。当 $h_w/l_0<0.35$，砂浆强度等级较低时，砌体因主拉应力超过沿齿缝的抗拉强度，产生沿齿缝截面比较平缓的斜裂缝而被破坏；或当墙梁顶部作用有集中力，且剪跨比较大时，也易产生斜拉破坏。

（2）斜压破坏。当 $h_w/l_0>0.35$，或集中荷载作用剪跨比较小时，支座附近的砌体中主压应力超过抗拉强度而产生沿斜向的斜压裂缝。这种破坏裂缝较多且穿过砖和灰缝，裂缝倾角一般为 55°~60°，斜裂缝较多且穿过砖和水平灰缝，破坏时有被压碎的砌体碎屑，开裂荷载和破坏荷载均较大。

（3）劈裂破坏。在集中荷载的作用下，临近破坏时墙梁突然在集中力作用点与支座连线上出现一条通长的裂缝，并伴发响声，墙体发生劈裂破坏。这种破坏形态的开裂荷载和破坏荷载比较接近，破坏突然，因无预兆而较危险，属脆性破坏。在集中荷载作用下，墙梁的承载能力仅为均布荷载的 1/6~1/2。

3）局部受压破坏

当托梁中钢筋较多而砌体强度相对较低，且 $h_w/l_0 \geq 0.75$ 时，在托梁支座上方的砌体由于竖向正应力的集聚形成较大的应力集中。当该处应力超过砌体的局部抗压强度时，在支座上方较小范围内砌体将出现局部压碎现象，即局压破坏。

3. 有洞口墙梁

试验研究和有限元分析表明，墙体跨中段有门洞墙梁的应力分布和主应力轨迹线与无洞口墙梁基本一致。斜裂缝出现后也将逐渐形成组合拱受力体系。当在墙体靠近支座处开门洞时，门洞上的过梁受拉而墙体顶部受压，门洞下的托梁下部受拉、上部受压。说明托梁的弯矩较大而形成大偏心受拉状态。由于门洞侵入，原无洞口墙梁拱形压力传递线改为上传力线和下传力线，使主应力轨迹线变得极为复杂。斜裂缝出现后，对于偏开洞墙梁，荷载呈大拱套小拱的方式向下传递，托梁不仅作为大拱的拉杆，还作为小拱的弹性支座，承受小拱传来的压力。因此偏开洞墙梁可模拟为梁-拱组合受力机构。随着洞口向跨中移动，大拱的作用不断加强，小拱的作用逐渐减弱，当洞口位于跨中时，小拱的作用消失，由于此时洞口设在墙体的低应力区，荷载通过大拱传递，所以跨中开洞墙梁的工作特征与无洞墙梁相似。

试验表明，墙体跨中段有门洞墙梁的裂缝出现规律和破坏形态与无洞口墙梁基本一致。当墙体靠近支座开门洞时，将先在门洞外侧墙肢沿界面出现水平裂缝 A，不久在门洞内侧出现阶梯形斜裂缝 B，随后在门洞顶侧墙肢出现水平裂缝 C。加荷至 0.6~0.8 倍破坏荷载时，门洞内侧截面处的托梁出现竖向裂缝 D，最后在界面出现水平裂缝 E，如图 1.14 所示。

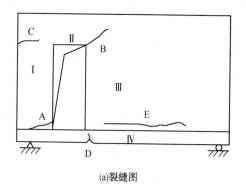
(a)裂缝图

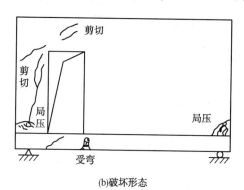
(b)破坏形态

图 1.14　偏开门洞墙梁

偏开门洞墙梁将发生弯曲破坏、剪切破坏和局部破坏三种破坏形态。

（1）弯曲破坏：墙梁沿门洞内侧边截面发生弯曲破坏，即托梁在拉力和弯矩共同作用下，沿裂缝 D 形成大偏心受拉破坏。

（2）墙体剪切破坏形态有：门洞外侧墙肢斜剪破坏、门洞上墙体产生阶梯形斜裂缝的斜拉破坏或在集中荷载作用下的斜剪破坏。托梁剪切破坏除发生在支座斜截面外，门洞处斜截面尚有可能在弯矩、剪力的联合作用下发生拉剪破坏。

（3）局部受压破坏：托梁支座上部砌体发生的局部受压破坏和无洞口墙梁基本相同。

（二）框支墙梁的受力性能和破坏形态

由钢筋混凝土框架支承的墙梁结构体系称为框支墙梁。框支墙梁可以适应较大的跨度和较重的荷载并有利于抗震。框支墙梁在弹性阶段的应力分布与简支墙梁和连续墙梁类似。约在40%的破坏荷载时托梁的跨中截面先出现竖向裂缝，并迅速向上延伸至墙体中。在70%~80%的破坏荷载时，在墙体或托梁端部出现斜裂缝，经过延伸逐渐形成框架组合受力体系。临近破坏时，在梁和墙体的界面可能出现水平裂缝，在框架柱中出现竖向或水平裂缝。

框支墙梁的破坏形态有弯曲破坏、剪切破坏、弯剪破坏和局部受压破坏四类破坏形态。

1. 弯曲破坏

当h_w/l_0稍小，框架梁、柱配筋较少而砌体强度较高时，易于发生这种破坏。此时梁的纵向钢筋先屈服，在跨中形成一个拉弯塑性铰，随后可能在托梁端部负弯矩处钢筋屈服形成塑性铰，或在框架柱上端截面外侧纵筋屈服产生大偏心受压破坏形成压弯塑性铰，最后使框支墙梁形成弯曲破坏机构。

2. 剪切破坏

当框架梁、柱配筋较多，承载力较强而墙砌体强度较低时，在一般的高跨比情况下，靠近支座的墙体会出现斜裂缝而发生剪切破坏。根据破坏成因的不同，可分为两种：

（1）当墙梁的高跨比较小，墙体的主拉应力超过墙体复合抗拉强度时，墙体会沿灰缝发生阶梯形斜向裂缝，倾角一般小于45°，为斜拉破坏。

（2）当墙梁的高跨比较大时，主应力易超过砌体的复合抗压强度，在墙体上形成斜裂缝，裂缝的倾角一般为55°~60°，成为斜压破坏；若斜压裂缝延伸入框架的梁柱节点，则产生劈裂破坏。

3. 弯剪破坏

当框架梁与墙砌体强弱相当，即梁受弯承载力和墙体受剪承载力接近时，梁跨中竖向裂缝开展后纵筋屈服，同时墙体斜裂缝展开导致斜压破坏，梁端上部钢筋或柱顶外侧钢筋屈服，框支墙梁发生弯剪破坏。弯剪破坏其实是弯曲破坏和剪切破坏两者间的界限破坏。

4. 局部受压破坏

当墙体高跨比较大，支座上方应力较集中时，会发生支座上方墙体的局部受压破坏或框架梁柱节点区的局部受压破坏。

（三）连续墙梁的受力性能及破坏形态

由混凝土连续托梁及支承在连续托梁上的计算高度范围内的墙体所组成的组合构件，称为连续墙梁。连续墙梁是多层砌体房屋中常见的墙梁形式，在单层厂房建筑中也应用较多。它的受力特点与单跨墙梁有共同之处。

现以两跨连续墙梁为例简单介绍连续墙梁的受力特点，两跨连续墙梁的受力体系如图1.15所示。

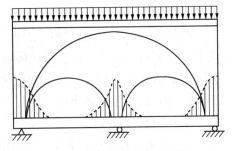

图 1.15 连续墙梁的受力性能

墙梁顶面处应按构造要求设置圈梁并宜在墙梁上拉通，称为顶梁。在弹性阶段，连续墙梁如同由托梁、墙体和顶梁组合而成的连续深梁，其应力分布及弯矩、剪力和支座反力均反映连续深梁的受力特点。有限元分析表明，与一般连续梁相比，由于墙梁的组合作用，托梁的弯矩和剪力均有一定程度的降低；同时，托梁中却出现了轴力，在跨中区段出现了较大的轴拉力，在支座附近则受轴压力作用。

随着裂缝的出现和开展，连续托梁跨中段出现多条竖向裂缝，且很快上升到墙中；但对连续梁受力影响并不显著，随后，在中间支座上方顶梁出现通长竖向裂缝，且向下延伸至墙中。当边支座或中间支座上方墙体中出现斜裂缝且延伸至托梁时，将对连续墙梁受力性能产生重大影响，连续墙梁的受力逐渐转为连续组合拱机制；临近破坏时，托梁与墙体界面将出现水平裂缝，托梁的大部分区段处于偏心受拉状态，仅在中间支座附近的很小区段，由于拱的推力而使托梁处于偏心受压和受剪的复合受力状态。顶梁的存在使连续墙梁的受剪承载力有较大提高。无翼墙或构造柱时，中间支座上方的砌体中竖向压应力过于集中，会使此处的墙体发生严重的局部受压破坏。中间支座处也比边支座处更容易发生剪切破坏。

连续深梁的破坏形态和简支墙梁相似，也有正截面受弯破坏、斜截面受剪破坏和砌体局部受压破坏。

1. 弯曲破坏

连续墙梁的弯曲破坏主要发生在跨中截面，托梁处于小偏心受拉状态而使下部和上部钢筋先后屈服。随后发生的支座截面弯曲破坏将使顶梁钢筋受拉屈服。由于跨中和支座截面先后出现塑性铰，而使连续墙梁形成弯曲破坏机构。

2. 剪切破坏

连续墙梁墙体剪切破坏的特征和简支墙梁相似，墙体剪切多发生斜压破坏或集中荷载作用下的劈裂破坏。由于连续托梁分担的剪力比简支托梁更大些，故中间支座处托梁剪切破坏比简支墙梁更容易发生。

3. 局部受压破坏

中间支座处托梁上方砌体比边支座处托梁上方砌体更易发生局部受压破坏。破坏时，中支座托梁上方砌体产生向斜上方辐射状斜裂缝，最终导致局部砌体压碎。

（四）墙梁的计算

1. 墙梁的适用条件

试验研究和理论分析表明，为保证墙梁的组合作用，托梁上的墙体高度不能太小，当墙梁的 $h_w/l_0 < 0.35 \sim 0.4$ 时，墙砌体和钢筋混凝土托梁的组合作用明显减弱，为防止出现上述斜拉破坏现象，根据试验、理论分析和工程实践经验，《砌体结构设计规范》(ZBBZH/GJ 23)规定采用烧结普通砖砌体、混凝土普通砖砌体、混凝土多孔砖砌体和混凝土砌块砌体的墙梁设计应符合下列规定：

（1）墙梁设计应符合表 1.12 的规定，参数如图 1.16 所示。

表 1.12 墙梁的一般规定

墙梁类别	墙体总高度/m	跨度/m	墙体高跨比(h_w/l_{oi})	托梁高跨比(h_p/l_{oi})	洞宽比(b_h/l_{oi})	洞高 h_h
承重墙梁	≤18	≤9	≥0.4	≥1/10	≤0.3	≤$5h_w/6$ 且 h_w-h_h≥0.4m
非承重墙梁	≤18	≤12	≥1/3	≥1/15	≤0.8	—

注：墙体总高度指托梁顶面到檐口的高度，带阁楼的坡屋面应算到山尖墙 1/2 高度处。

（2）墙梁计算高度范围内每跨只允许设置一个洞口，洞口高度为窗洞顶至托梁顶面距离。对自承重墙梁，洞口至边支座中心的距离不应小于 $0.10l_{0i}$，门窗洞上口至墙顶的距离不应小于 0.5m。

（3）洞口边缘至支座中心的距离，距边支座不应小于墙梁计算跨度的 0.15 倍，距中支座不应小于墙梁计算跨度的 0.07 倍。托梁支座处上部墙体设置混凝土构造柱，且构造柱边缘至洞口边缘的距离不小于 240mm 时，洞口边至支座中心距离的限值可不受本规定限制。

（4）托梁高跨比。对无洞口墙梁不宜大于 1/7，对靠近支座有洞口的墙梁不宜大于 1/6。配筋砌块砌体墙梁的托梁高跨比可适当放宽，但不宜小于 1/14；当墙梁结构中的墙体均为配筋砌块砌体时，墙体总高度可不受本规定限制。

2. 墙梁的计算简图

墙梁的计算简图应按图 1.16 采用，各计算参数应符合下列规定：

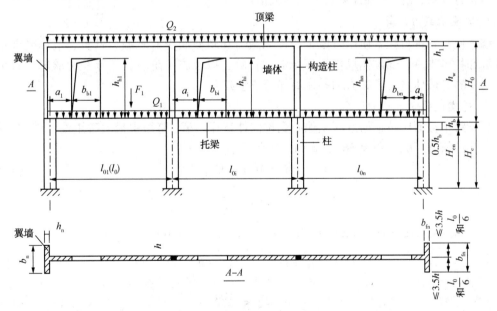

图 1.16 墙梁的计算参数

注：$l_0(l_{0i})$ 为墙梁计算跨度；h_w 为墙体计算高度；h 为墙体厚度；H_0 为墙梁跨中截面计算高度；b_{fl} 为翼墙计算宽度；H_c 为框架柱计算高度；b_{hi} 为洞口宽度；h_{hi} 为洞口高度；a_i 为洞口边缘至支座中心的距离；Q_1、F_1 为承重墙梁的托梁顶面的荷载设计值；Q_2 为承重墙梁的墙梁顶面的荷载设计值。

（1）墙梁计算跨度，对简支墙梁和连续墙梁取净跨的 1.1 倍或支座中心线距离的较小值；框支墙梁支座中心线距离，取框架柱轴线间的距离。

（2）墙体计算高度，取托梁顶面上一层墙体（包括顶梁）高度，当 $h_w > 10$ 时，取 $h_w = l_0$（对连续墙梁和多跨框支墙梁，l_0 取各跨的平均值）。

（3）墙梁跨中截面计算高度，取 $H_0 = h_w + 0.5h_b$。

（4）翼墙计算宽度，取窗间墙宽度或横墙间距的 2/3，且每边不大于 3.5 倍的墙体厚度和墙梁计算跨度的 1/6。

（5）框架柱计算高度，取 $H_c = H_{cn} + 0.5h_b$，H_{cn} 为框架柱的净高，取基础顶面至托梁底面的距离。

3. 墙梁的计算荷载

1）使用阶段墙梁上的荷载

（1）承重墙梁的托梁顶面的荷载设计值，取托梁自重及本层楼盖的恒荷载和活荷载。

（2）承重墙梁的墙梁顶面的荷载设计值，取托梁以上各层墙体自重，以及墙梁顶面以上各层楼（屋）盖的恒荷载和活荷载；集中荷载可沿作用的跨度近似化为均布荷载。

（3）自承重墙梁的墙梁顶面的荷载设计值，取托梁自重及托梁以上墙体自重。

2）施工阶段托梁上的荷载

（1）托梁自重及本层楼盖的恒荷载。

（2）本层楼盖的施工荷载。

（3）墙体自重，可取高度为 $l_{0max}/3$ 高度的墙体自重；开洞时尚应按洞顶以下实际分布的墙体自重复核；l_{0max} 为各计算跨度的最大值。

4. 墙梁承载力计算

墙梁应分别进行托梁使用阶段正截面承载力和斜截面受剪承载力计算、墙体受剪承载力计算和托梁支座上部砌体局部受压承载力计算，以及施工阶段托梁承载力验算。自承重墙梁可不验算墙体受剪承载力和砌体局部受压承载力。

1）托梁正截面承载力计算

托梁跨中截面应按钢筋混凝土偏心受拉构件计算。第 i 跨跨中最大弯矩设计值 M_{bi} 及轴心拉力设计值 N_{bti} 可按式（1.56）、式（1.57）计算：

$$M_{bi} = M_{1i} + a_M M_{2i} \qquad (1.56)$$

$$N_{bti} = \eta_N \frac{M_{2i}}{H_0} \qquad (1.57)$$

（1）当为简支墙梁时，见式（1.58）、式（1.59）、式（1.60）：

$$\alpha_M = \psi_M \left(\frac{1.7h_b}{l_{0i}} - 0.08 \right) \qquad (1.58)$$

$$\psi_M = 4.5 - \frac{10a}{l_0} \qquad (1.59)$$

$$\eta_N = 0.44 + 2.1 \frac{h_w}{l_0} \qquad (1.60)$$

（2）当为连续梁和框支墙梁时，见式（1.61）、式（1.62）、式（1.63）

$$\alpha_M = \psi_M \left(\frac{2.7h_b}{l_{0i}} - 0.08 \right) \qquad (1.61)$$

$$\psi_M = 3.8 - \frac{8a_i}{l_{0i}} \tag{1.62}$$

$$\eta_N = 0.8 + 2.6 \frac{h_w}{l_0} \tag{1.63}$$

式中：M_1 为荷载设计值 Q_1、F_1 作用下的简支梁跨中弯矩或按连续梁、框架分析的托梁第 i 跨跨中最大弯矩，N·mm；M_{2i} 为荷载设计值 Q_2 作用下的简支梁跨中弯矩或按连续梁、框架分析的托梁第 i 跨跨中弯矩中的最大值，N·mm；α_M 为考虑墙梁组合作用的托梁跨中弯矩系数，可按公式(1.58)或公式(1.61)计算，但对自承重简支墙梁应乘以折减系数 0.8；当公式(1.58)中的 $h_b/l_0 > 1/6$ 时，取 $h_b/l_0 = 1/6$；当公式(1.61)中 $h_b/l_{0i} > 1/7$ 时，取 $h_b/l_{0i} = 1/7$；当 $\alpha_M > 1.0$ 时，取 $\alpha_M = 1.0$；η_N 为考虑墙梁组合作用的托梁跨中轴力系数，可按公式(1.60)或公式(1.63)计算，但对自承重简支墙梁应乘以折减系数 0.8；式中，当 $h_w/l_0 > 1$ 时，取 $h_w/l_{0i} = 1$；ψ_M 为洞口对托梁弯矩的影响系数，对无洞口墙梁取 1.0，对有洞口墙梁按公式(1.59)或公式(1.62)计算。

2）托梁支座截面计算

托梁支座截面应按混凝土受弯构件计算，第 j 支座的弯矩设计值 M_{bj} 可按式(1.64)、式(1.65)计算：

$$M_{bj} = M_{1j} + a_M M_{2j} \tag{1.64}$$

$$\alpha_M = 0.75 - \frac{a_i}{l_{0i}} \tag{1.65}$$

式中：M_{1j} 为荷载设计值 Q_1、F_1 作用下按连续梁或框架分析的托梁第 j 支座截面的弯矩设计值，N·mm；M_{2j} 为荷载设计值 Q_2 作用下按连续梁或框架分析的托梁第 j 支座截面的弯矩设计值，N·mm；α_M 为考虑墙梁组合作用的托梁支座弯矩系数，无洞口墙梁取 0.4，有洞口墙梁可按式(1.65)计算；当支座两边的墙体均有洞口时，a_i 取两者的较小值。

3）托梁斜截面受剪承载力计算

墙梁的托梁斜截面受剪承载力应按混凝土受弯构件计算，第 j 支座边缘截面的剪力设计值 V_{bj} 可按式(1.66)计算：

$$V_{bj} = V_{1j} + \beta_v V_{2j} \tag{1.66}$$

式中：V_{1j} 为荷载设计值 Q_1、F_1 作用下按简支梁、连续梁或框架分析的托梁第 j 支座边缘截面剪力设计值，N；V_{2j} 为荷载设计值 Q_2 作用下按简支梁、连续梁或框架分析的托梁第 j 支座边缘截面剪力设计值，N；β_v 为考虑组合作用的托梁剪力系数，无洞口墙梁边支座取 0.6，中支座取 0.7；有洞口墙梁边支座取 0.7，中支座取 0.8；对自承重墙梁，无洞口时取 0.45，有洞口时取 0.5。

4）墙梁墙体受剪承载力计算

近年的试验研究表明，墙体抗剪承载力不仅与墙体砌体抗压强度设计值 f、墙厚 h、墙体计算高度 h_w 及托梁的高跨比 h_b/l_0 有关，还与墙梁顶面圈梁（简称顶梁）的高跨比 h_t/l_0 有关。另外，由于翼墙或构造柱的存在，多层墙梁楼盖荷载向翼墙或构造柱卸荷而减小墙体剪力，改善墙体的受剪性能，故采用了翼墙或构造柱影响系数 ξ_1。考虑洞口对墙梁的抗剪能力的减弱，采用了洞口影响系数 ξ_2。《砌体规范》给出墙梁墙体的受剪承载力计算公式如式(1.67)：

$$V_2 \leqslant \xi_1 \xi_2 \left(0.2 + \frac{h_0}{l_{0i}} + \frac{h_t}{l_{0i}} \right) fhh_w \qquad (1.67)$$

式中：V_2 为在荷载设计值 Q_2 作用下墙梁支座边缘截面剪力的最大值，N；ξ_1 为翼墙影响系数；对单层墙梁取 1.0；对多层墙梁，当 $b_f/h = 3$ 时取 1.3，当 $b_f/h = 7$ 时取 1.5，当 $3 < b_f/h < 7$ 时按线性插入取值；ξ_2 为洞口影响系数，无洞口墙梁取 1.0，多层有洞口墙梁取 0.9，单层有洞口墙梁取 0.6；h_t 为墙梁顶面圈梁截面高度，mm。

当墙梁支座处墙体中设置上、下贯通的落地混凝土构造柱，且其截面不小于 240mm×240mm 时，可不验算墙梁的墙体受剪承载力。

5）托梁支座上部砌体局部受压承载力计算

托梁上部砌体局部受压承载力计算公式(1.68)、式(1.69)：

$$Q_2 \leqslant \zeta fh \qquad (1.68)$$

$$\zeta = 0.25 + 0.08 \frac{b_f}{h} \qquad (1.69)$$

式中：ζ 为局部系数。

当墙梁的墙体中设置上、下贯通的落地混凝土构造柱，且其截面不小于 240mm×240mm 时，或当 $b_f/h \geqslant 5$ 时，可不验算托梁支座上部砌体局部受压承载力。

6）施工阶段托梁承载力验算

在施工阶段，托梁与墙体的组合拱作用还没有完全形成，因此不能按墙梁计算。施工阶段的荷载应由托梁单独承受。托梁应按钢筋混凝土受弯构件进行正截面抗弯和斜截面抗剪承载力验算。

（五）墙梁的构造要求

墙梁在满足表 1.12 规定并经计算后尚需满足下列构造要求(也是能进行验算的前提和措施)。

1. 材料

（1）托梁和框支柱的混凝土强度等级不应低于 C30。

（2）承重墙梁的块体强度等级不应低于 MU10，计算高度范围内墙体的砂浆强度等级不应低于 M10(Mb10)。

2. 墙体

（1）框支墙梁的上部砌体房屋，以及设有承重的简支墙梁或连续墙梁的房屋，应满足刚性方案房屋的要求。

（2）墙梁的计算高度范围内的墙体厚度，对砖砌体不应小于 240mm，对混凝土砌块砌体不应小于 190mm。

（3）墙梁洞口上方应设置混凝土过梁，其支承长度不应小于 240mm；洞口范围内不应施加集中荷载。

（4）承重墙梁的支座处应设置落地翼墙，翼墙厚度对砖砌体不应小于 240mm，对混凝土砌块砌体不应小于 190mm，翼墙宽度不应小于墙梁墙体厚度的 3 倍，并与墙梁墙体同时砌筑。当不能设置翼墙时，应设置落地且上、下贯通的构造柱。

（5）当墙梁墙体在靠近支座 1/3 跨度范围内开洞时，支座处应设置落地且上、下贯通的构造柱，并应与每层圈梁连接。

（6）墙梁计算高度范围内的墙体，每天可砌高度不应超过 1.5m，否则，应加设临时支撑。

3. 托梁

（1）托梁两侧各两个开间的楼盖间应采用现浇混凝土楼盖，楼板厚度不宜小于 120mm，当楼板厚度大于 150mm 时，应采用双层双向钢筋网，楼板上应少开洞，洞口尺寸大于 800mm 时应设洞口边梁。

（2）托梁每跨底部的纵向受力钢筋应通长设置，不得在跨中段弯起或截断。钢筋接长应采用机械连接或焊接。

（3）托梁跨中截面纵向受力钢筋总配筋率不应小于 0.6%。

（4）托梁上部通常布置的纵向钢筋面积与跨中下部纵向钢筋面积之比值不应小于 0.4；连续墙梁或多跨框支墙梁的托梁中支座上部附加纵向钢筋从支座边算起每边延伸不少于 $l_0/4$。

（5）承重墙梁的托梁在砌体墙、柱上的支承长度不应小于 350mm。纵向受力钢筋伸入支座应符合受拉钢筋的锚固要求。

（6）当托梁高度 $h_b \geqslant 450$mm 时，应沿梁高设置直径不小于 12mm，间距不大于 200mm 的腰筋。

（7）对于偏开洞口的墙梁，其托梁的箍筋加密区范围应延伸到洞口外，距洞口的距离大于等于托梁截面高度宽度 h_b，箍筋直径不应小于 8mm，间距不大于 100mm。

三、挑梁设计

在砌体结构房屋中，由于使用和建筑艺术上的要求，往往将钢筋混凝土的梁或板悬挑在墙体外面，形成屋面挑檐、凸阳台、雨篷和悬挑楼梯、悬挑外廊等。这种一端嵌入砌体墙体内、一端挑出的梁或板，称为悬挑构件，简称挑梁。

当埋入墙内的长度较大且梁相对于砌体的刚度较小时，即 $l_1 \geqslant 2.2h_b$（l_1 为挑梁埋入砌体墙中的长度，h_b 为挑梁的截面高度），梁发生明显的挠曲变形，这种挑梁称为弹性挑梁；当埋入墙内的长度较短时，即 $l_1 < 2.2h_b$ 埋入墙的梁相对于砌体刚度较大，挠曲变形很小，主要发生刚体转动变形，这种挑梁称为刚性挑梁。

（一）挑梁的受力性能及破坏形态

挑梁是埋设在墙体中的悬臂构件，承受挑出于墙体的阳台或走廊等各种荷载，通过自身受弯、受剪、受扭将荷载安全可靠地传递给承重墙体。在多层砌体房屋中，挑梁的一般嵌固方式是埋入墙体内一定长度，或置于顶层水平承重体系内一定长度。该长度内的竖向压力作用可以平衡挑梁挑出端承受的荷载，使得挑梁不致在挑出荷载作用下发生倾覆破坏。此外，在挑梁设计中，还要保证挑梁本身承载力和变形的要求以及保证挑梁下端的砌体不致因局部受压承载力不足而发生局部受压破坏。

试验表明，挑梁在挑出荷载作用下经历以下 3 个阶段：弹性阶段、界面水平方向裂缝发展阶段和破坏阶段。3个阶段的应力状态、裂缝分布及破坏形态如图 1.17 所示。由图可见，挑梁犹如埋设在墙体中的一根撬棍，受力后使得靠近悬臂端根部的墙体上部受拉、下部受压，而埋入端墙体则上部受压、下部受拉。因而，裂缝先在墙体的受拉处出现水平裂缝 A、B，继之在埋入端角部墙体上出现向斜上方发展的阶梯形裂缝 C。此外，在悬挑端根部还可能因砌体局部受压承载力不足而产生多条竖向裂缝 D。

挑梁的破坏形态可分为 3 种：①因抗倾覆力矩不足引起绕 O 点转动的倾覆力矩破坏；②因局部受压承载力不足引起的局部受压破坏；③因挑梁本身承载力不足的破坏或因挑梁端部变形过大影响正常使用。

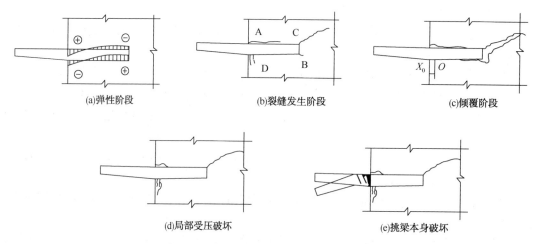

(a)弹性阶段　　　　　(b)裂缝发生阶段　　　　　(c)倾覆阶段

(d)局部受压破坏　　　　　　(e)挑梁本身破坏

图 1.17　挑梁的受力和破坏形态

（二）挑梁的计算

挑梁的计算包括挑梁抗倾覆验算、挑梁悬挑端根部砌体局部受压承载力验算和挑梁自身承载力计算三部分。在工程设计中，如果挑梁的截面高度与挑出长度的比值小于 1/6，可以不必进行正常使用极限状态下的变形验算。

1. 挑梁抗倾覆验算

砌体墙中混凝土挑梁的抗倾覆，应按式（1.70）进行验算：

$$M_{0v} \leqslant M_r \tag{1.70}$$

式中：M_{0v} 为挑梁的荷载设计值对计算倾覆点产生的倾覆力矩，N·mm；M_r 为挑梁的抗倾覆力矩设计值，N·mm。

挑梁的抗倾覆力矩设计值，可按式（1.71）计算：

$$M_r = 0.8G_r(l_2 - x_0) \tag{1.71}$$

式中：G_r 为挑梁的抗倾覆荷载，N，为挑梁尾端上部 45° 扩散角的阴影范围（其水平长度为 l_3）内本层的砌体与楼面恒荷载标准值之和（图 1.18）；当上部楼层无挑梁时，抗倾覆荷载中可计及上部楼层的楼面永久荷载；l_2 为 G_r 作用点至墙体外边缘的距离，mm；x_0 为挑梁计算倾覆点至墙外边缘的距离，mm：当 $l_1 \geqslant 2.2h_b$ 时，$x_0 = 0.3h_b$，且其结果不应大于 $0.13l_1$；当 $l_1 < 2.2h_b$ 时，取 $x_0 = 0.3l_1$；当挑梁下有混凝土构造柱或垫梁时，计算倾覆点至墙外边缘的距离可取 $0.5x_0$。

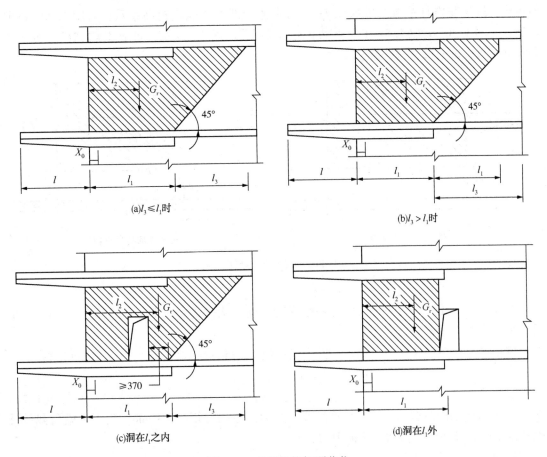

(a)$l_3 \leqslant l_1$时

(b)$l_3 > l_1$时

(c)洞在l_1之内

(d)洞在l_1外

图 1.18　挑梁的抗倾覆荷载

　　雨篷的抗倾覆计算仍按照上述公式进行计算，抗倾覆荷载 G_r 按图 1.19 取用，l_2 为 G_r 距墙边缘的距离，为墙厚的 $1/2$，l_3 为门窗洞口净跨的 $1/2$。

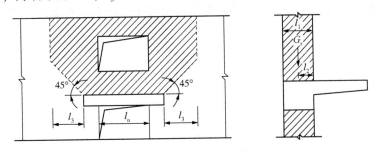

图 1.19　雨篷的抗倾覆荷载

注：G_r 为抗倾覆荷载；l_1 为墙厚；l_2 为 G_r 距墙外边缘的距离。

　　2. 挑梁下砌体的局部受压承载力验算

　　可按式(1.72)进行验算：

$$N_1 \leqslant \eta \gamma f A_1 \tag{1.72}$$

式中：N_1 为挑梁下的支承压力，可取 $N_1 = 2R$，R 为挑梁的倾覆荷载设计值，N；η 为梁端底面压应力图形完整性系数，可取 0.7；γ 为砌体局部抗压强度提高系数，对图 1.20（a）取 1.25，对图 1.20（b）取 1.5；A_l 为挑梁下砌体局部受压面积，mm^2，可取 $A_l = 1.2bh_b$；b 为挑梁截面宽度，mm；h_b 为挑梁截面高度，mm。

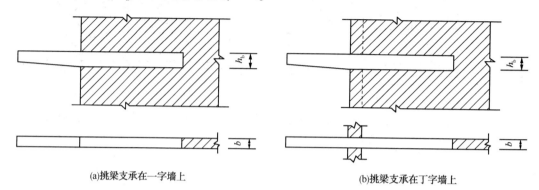

(a)挑梁支承在一字墙上　　　　　　　　(b)挑梁支承在丁字墙上

图 1.20　挑梁下砌体局部受压

3. 挑梁自身设计

挑梁自身的受弯、受剪承载力与一般混凝土受弯构件进行正截面受弯承载力和斜截面受剪承载力的计算相同。

挑梁最大弯矩设计值 M_{max} 和最大剪力设计值 V_{max} 分别按式（1.73）、式（1.74）计算：

$$M_{max} = M_0 \tag{1.73}$$

$$V_{max} = V_0 \tag{1.74}$$

式中：M_0 为挑梁的荷载设计值对计算倾覆点截面产生的弯矩，$N \cdot mm$；V_0 为挑梁荷载设计值在挑梁的墙外边缘处截面产生的剪力，N。

4. 挑梁的构造要求

（1）挑梁埋入砌体长度 l_1 与挑出长度 l 之比宜大于 1.2；当挑梁上无砌体时，l_1/l 宜大于 2.0。

（2）挑梁纵筋至少应有 1/2 的钢筋面积伸入梁尾端，且不少于 $2\phi12$。其余钢筋伸入支座的长度不应小于 $2l_1/3$。

第二章　混凝土结构设计

第一节　梁板结构设计

一、梁、板的一般构造要求

各种类型的梁、板是工程结构中典型的受弯构件，受弯构件通常指截面上作用弯矩和剪力的构件。梁一般指承受垂直于其纵轴方向荷载的线形构件，它的截面尺寸小于其跨度。板是一个具有较大平面尺寸，但却有相对较小厚度的面形构件。

构造要求是结构设计的一个重要组成部分，它是在长期工程实践经验以及试验研究等基础上对结构计算的必要补充条件，以考虑结构计算中没有计及的因素(如混凝土收缩、徐变、温度效应等)。结构计算和构造措施是相互配合的，在受弯构件承载力计算之前，有必要了解其有关的构造要求。

(一) 截面形式和尺寸

1. 截面形式

跨度较小的板一般采用实心平板，施工方便；大跨度板为了减少自重、节约材料，可采用空心板、槽形板；梁的常用截面形式有矩形、T 形、工字形、箱形等，此外，还可根据需要做成 T 形、L 形、圆形等。

2. 截面尺寸

在梁的设计中，截面尺寸的选用既要满足承载力条件，又要满足刚度要求，还应便于施工。梁的截面高度常用高跨比(h/l)来估计，简支梁取高跨比 $1/12 \sim 1/8$，连续梁取 $1/14 \sim 1/10$；截面的宽度常用高宽比(h/b)来估计，在矩形截面中，一般为 $2.0 \sim 3.5$，在 T 形截面中为 $2.5 \sim 4.0$，有些预制的薄腹梁高宽比(h/b)达到 6 左右，并应在此范围内根据常用的模数尺寸取整。常用的尺寸为：矩形截面的宽度及 T 形截面的腹板宽度为 120mm、150mm、180mm、200mm、220mm、250mm，250mm 以上按 50mm 为模数递增；常用的梁高有：250mm、300mm、350mm……800mm，以 50mm 为模数递增，800mm 以上以 100mm 为模数递增。

板的厚度选用时，为保证刚度、满足挠度控制要求，楼板厚度对于单向板一般不少于跨度的 1/30，双向板一般不少于跨度的 1/40。在设计钢筋混凝土楼盖时，由于板的混凝土用量占整个楼盖的混凝土用量多达一半甚至更多，从经济方面考虑宜采取较小的板厚。在房屋建筑工程中板的常用厚度有 60mm、70mm、80mm、100mm、120mm。预制板可薄一些，且可以 5mm 为模数增减。板的宽度一般较大，设计时取单位宽度 $b = 1000mm$ 进行计算。

（二）钢筋的配置

1. 梁中钢筋的配置

在混凝土梁中配置的钢筋主要有纵向钢筋（简称纵筋）、箍筋、架立筋和弯起钢筋。若遇梁高较大时还需设置腰筋、拉结筋等。

在梁中配置的纵向受力筋，推荐采用 HRB400、HRB500、HRBF400 和 HRBF500 级钢筋，也可采用 HPB300、HRB335、HRBF335 和 RRB400 级钢筋。常用的钢筋直径有 12mm、14mm、16mm、18mm、20mm、22mm、25mm、28mm，必要时也可采用更粗直径的钢筋。在设计中，如需采用不同直径时，其直径差至少为 2mm，以便于在施工中识别，但也不宜超过 4~6mm。梁中受力钢筋的根数不宜太多，否则会增加浇筑混凝土的困难；但也不宜太少，最少为 2 根。为便于混凝土的浇捣和保证混凝土与钢筋之间有足够的黏结力，梁内下部纵向钢筋的净距不应小于钢筋的直径和 25mm，上部纵向钢筋的净距不应小于钢筋直径的 1.5 倍，同时不得小于 30mm。纵向钢筋应尽可能布置成一排，如遇根数较多，也可排成两排，但此时因钢筋重心上移，内力臂减小了。

2. 板中钢筋的配置

板内的配筋一般有受力钢筋和分布钢筋两种。板内的受力钢筋沿跨度方向布置在截面受拉一侧，通常用 HPB300、HRB335、HRB400、HRBF400 级；板中钢筋的常用直径有：6mm、8mm、10mm、12mm。板内配筋不宜过稀。钢筋的间距一般取 70~200mm。钢筋间距太大，传力不均匀，容易造成裂缝宽度增大或混凝土局部破坏。

当按单向板设计时，还应在垂直于受力钢筋的方向布置分布钢筋。分布钢筋的作用是将板面荷载更均匀地传给受力钢筋，同时还起到固定受力钢筋、抵抗温度变化和混凝土收缩应力的作用。常用直径有：6mm、8mm、10mm，且规定每米板宽中分布钢筋的面积不少于受力钢筋面积的 15%，且配筋率不宜小于 0.15%；分布钢筋宜采用 HPB300、HRB335 级；间距不宜大于 250mm，直径通常采用 6mm 和 8mm；当集中荷载较大时，分布钢筋的配筋面积应适当加大，钢筋间距宜取不大于 200mm；分布钢筋应布置在受力钢筋的内侧。

3. 配筋率

梁中配置钢筋数量的多少通常用配筋率 ρ 来衡量，纵向受拉钢筋的配筋率是指截面中纵向受拉钢筋的截面面积与截面有效面积之比，见式（2.1）

$$\rho = \frac{A_s}{b h_0} \qquad (2.1)$$

式中：ρ 为配筋率，按百分比计；A_s 为纵向受拉钢筋的截面面积；b 为梁的截面宽度；h_0 为梁的截面有效高度，为受拉钢筋截面重心（合力作用点中心）至混凝土受压边缘的距离，$h_0 = h - a_s$；a_s 为纵向受拉钢筋合力点至混凝土受拉边缘的距离。

二、混凝土受弯构件正截面承载力计算

（一）单筋矩形截面的正截面承载力计算

1. 几个基本假定

1）截面应变保持平面（平截面假定）

对于钢筋混凝土受弯构件，从加载开始直到最终破坏，截面上的平均应变均保持为直

线分布，即符合平截面假定——截面上任意点的应变与该点到截面中和轴的距离成正比。

2）不考虑混凝土的抗拉强度

对极限状态承载力计算来说，在裂缝截面处，受拉区混凝土大部分已退出工作，剩下靠近中和轴的混凝土虽仍承担拉力，但因其总量及内力臂都很小，完全可将其忽略，对最终计算结果几乎可以忽略不计。

3）受压区混凝土的应力-应变关系采用理想化曲线

将混凝土的应力-应变关系理想化，由抛物线上升段和水平段两部分组成，如图2.1所示曲线。

图中，σ_c 为混凝土压应变为 ε_c 时的压应力。当 $\varepsilon_c \leq \varepsilon_0$ 时（上升段），$\sigma_c = f_c\left[1-\left(1-\dfrac{\varepsilon_c}{\varepsilon_0}\right)^n\right]$，

当 $\varepsilon_0 < \varepsilon_c \leq \varepsilon_{cu}$ 时（水平段），$\sigma_c = f_c$；ε_0 为受压区的混凝土压应力刚达到轴心抗压强度设计值 f_c 时的压应变，按 $\varepsilon_0 = 0.002 + 0.5(f_{cu,k}-50) \times 10^{-5}$ 计，小于 0.002 时取 0.002；ε_{cu} 为正截面的混凝土极限压应变，按 $\varepsilon_{cu} = 0.0033 - (f_{cu,k}-50) \times 10^{-5}$ 计，大于 0.0033 时取 0.0033，其中，$f_{cu,k}$ 为混凝土立方体抗压强度标准值；高强混凝土的应力-应变关系曲线上升比较陡，ε_{cu} 比较小，反映高强混凝土的脆性加大；轴心受压时取为 ε_0；n 为计算系数，按 $n = 2 - 1/60(f_{cu,k}-50)$ 计，大于 2.0 时，取为 2.0。

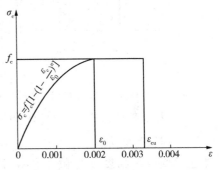

图 2.1　受压区混凝土应力-应变
关系理想化曲线

4）纵向受拉钢筋的极限拉应变取为 0.01

这一假定规定纵向受拉钢筋的极限拉应变为 0.01，将其作为构件达到承载能力极限状态的标志之一。即混凝土的极限压应变达到 ε_{cu} 或者受拉钢筋的极限拉应变达到 0.01，这两个极限应变中只要具备其中一个，就标志着构件达到了承载能力的极限状态。纵向受拉钢筋的极限拉应变为 0.01，对有物理屈服点的钢筋，该值相当于钢筋应变进入了屈服台阶；对无屈服点的钢筋，设计所用的强度是以条件屈服点为依据的。极限拉应变的规定是限制钢筋的强化强度，同时，也表示设计采用的钢筋的极限拉应变不得小于 0.01，以保证结构构件具有必要的延性。

5）纵向钢筋的应力-应变曲线关系理想化

纵向钢筋的应力取钢筋的应变与其弹性模量的乘积，但其绝对值不大于其相应的强度设计值。

2. 等效应力图形

如前所述，钢筋混凝土受弯构件的正截面承载力应该以适筋梁的破坏阶段的应力图形为依据进行计算。但图中混凝土的应力是曲线分布的，即使根据混凝土的应力-应变关系的理想化曲线简化后的理论应力图形，欲求压区混凝土的压力合力也很困难。为简化计算，《混凝土结构设计规范（2015 年版）》（GB 50010—2010）规定可以将受压混凝土的应力图形简化为等效的矩形应力图形，如图2.2所示。进行等效代换的条件是：等效应力图形的压力合力与理论应力图形的压力合力大小相等，且合力作用点位置不变。图中，a_1 为矩形应力

图形中混凝土的抗压强度与混凝土轴心抗压强度的比值，β_1 为等效受压区高度 x 与实际受压区高度 x_a 的比值。根据等效代换的条件以及利用基本假设，理论上可以得出等效应力图形中的参数 α_1 和 β_1。为简化《混凝土结构设计规范（2015 年版）》（GB 50010—2010）规定：混凝土强度在 C50 及以下时，取 $\alpha_1 = 1.0$ 和 $\beta_1 = 0.8$；C80 时，取 $\alpha_1 = 0.94$ 和 $\beta_1 = 0.74$，其他强度等级混凝土则按直线内插法确定。

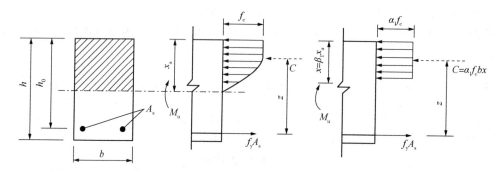

图 2.2 受弯构件理论应力图与等效应力图

3. 界限相对受压区高度与最小配筋率

1）相对受压区高度 ξ 与界限相对受压区高度 ξ_b

为研究问题方便，引入受压区相对高度的概念。把经等效代换后的等效应力图形中混凝土的受压区高度 x 与截面有效高度 h_0 之比称为相对受压区高度，并用 ξ 表示，见式（2.2）：

$$\xi = \frac{x}{h_0} \tag{2.2}$$

当截面中的受拉钢筋达到屈服，受压区混凝土也同时达到其抗压强度（受压区边缘混凝土的压应变达到其极限压应变 ε_{cu}）时，称这种破坏为界限破坏。所谓"界限"是指适筋与超筋的分界，界限破坏时的相对受压区高度用 ξ_b 表示。

根据不同的钢筋强度、弹性模量和混凝土强度等级，可推算出配置热轧钢筋时对应的界限相对受压区高度 ξ_b，见表 2.1。

表 2.1　界限相对受压区高度 ξ_b

钢筋	混凝土强度等级			
	≤C50	C60	C70	C80
HPB300	0.576	0.556	0.537	0.518
HRB335 HRBF335	0.550	0.531	0.512	0.493
HRB400 HRBF400 RRB400	0.518	499	0.481	0.429
HRB500 HRBF500	0.482	0.464	0.447	0.429

由表2.1可见，在其他条件不变的情况下，钢筋强度越高，ξ_b值越小；混凝土的极限应变 ε_{cu} 越大，ξ_b值越大。当配筋数量超过界限状态破坏的配筋量时（发生超筋破坏），因钢筋的应力要小于其设计强度，相应的混凝土受压区高度也较之于界限状态破坏的为大，则其相对受压区高度 $\xi\left(\xi=\dfrac{x}{h_0}\right)$ 也大于界限状态破坏时的 ξ_b。同理，当配筋数量少于界限状态破坏的配筋量时，钢筋的应变则要大于界限状态破坏时的应变，相对受压区高度 ξ 也就小于界限状态破坏时的 ξ_b。因此，可以用相对受压区高度 ξ 与界限状态破坏时的 ξ_b 关系来判别是否超筋：若 $\xi>\xi_b$（即 $x>\xi_b h_0$），则截面超筋；反之，若 $\xi\leqslant\xi_b$（即 $x\leqslant\xi_b h_0$），则截面不超筋。

2）适筋与少筋的界限及最小配筋率

由于在钢筋混凝土构件的设计中，不允许出现少筋截面，因此，《混凝土结构设计规范（2015年版）》(GB 50010—2010)规定：配筋截面必须保证配筋率不小于最小配筋率，即满足 $\rho\geqslant\rho_{min}$ 的条件。否则，认为将出现少筋破坏。注意，验算最小配筋量时应采用全部截面 bh，而不是用 bh_0。

3）截面的经济配筋率

在截面设计时，截面尺寸可以有多种不同的选择，相应的配筋率也就不同。显然，配筋率是否恰当，无疑对结构的经济性有着直接的影响。钢筋混凝土梁的常用配筋率（也称经济配筋率）范围：矩形截面梁为 0.6%～1.5%，T 形截面梁为（相对于梁肋）0.9%～1.8%，钢筋混凝土板为 0.4%～0.6%。

对于有特殊要求的情况，可不必拘泥于上述范围，如需减轻自重，则可选择较小的截面尺寸，使配筋率略高于上述范围；又如对要求抗裂的构件，则截面尺寸会相对较大，配筋率就会低于上述范围。

4. 承载力计算基本公式

1）基本公式

单筋截面是指仅在构件的受拉区配置纵向受力钢筋的截面。根据适筋梁破坏时的应力状态，单筋矩形截面在承载力极限状态下的计算应力图形如图 2.3 所示。

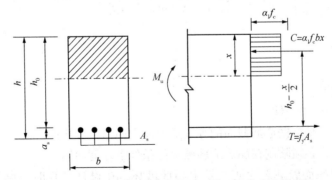

图 2.3 单筋矩形截面受弯构件的正截面承载力计算简图

注：M_u 为正截面极限抵抗弯矩；f_c 为混凝土轴心抗压强度设计值；f_y 为纵向受拉钢筋抗拉强度设计值；A_s 为纵向受拉钢筋的截面面积；α_1 为等效图形的混凝土抗压强度与 f_c 的比值；b 为矩形截面的宽度；h_0 为截面的有效高度；x 为按等效矩形应力图形计算的混凝土受压区高度；α_s 为截面抵抗矩系数。

根据计算简图和截面内力平衡条件，即可得出计算单筋矩形截面受弯构件正截面承载力的基本公式：

由水平力平衡 $C=T$，所以有：

$$\alpha_1 f_c bx = f_y A_s \tag{2.3}$$

由力矩平衡有：

$$M \leq M_u = \alpha_1 f_c bx \left(h_0 - \frac{x}{2} \right) \tag{2.4a}$$

或

$$M \leq M_u = f_y A_s \left(h_0 - \frac{x}{2} \right) \tag{2.4b}$$

将 $\xi = x/h_0$ 代入以上各式，得式（2.5）：

$$\alpha_1 f_c bh_0 \xi = f_y A_s \tag{2.5}$$

$$M \leq M_u = \alpha_1 f_c bh_0^2 \xi (1-0.5\xi) = \alpha_s \alpha_1 f_c bh_0^2 \tag{2.6a}$$

或

$$M \leq M_u = f_y A_s h_0 (1-0.5\xi) = f_y A_s h_0 \gamma_s \tag{2.6b}$$

式中：M 为弯矩设计值，按承载能力极限状态荷载效应组合计算，并考虑结构重要性系数 γ_0 在内；M_u 为正截面极限抵抗弯矩；f_c 为混凝土轴心抗压强度设计值；f_y 为纵向受拉钢筋抗拉强度设计值；A_s 为纵向受拉钢筋的截面面积；α_1 为等效图形的混凝土抗压强度与 f_c 的比值；b 为矩形截面的宽度；h_0 为截面的有效高度；x 为按等效矩形应力图形计算的混凝土受压区高度；α_s 为截面抵抗矩系数，$\alpha_s = \xi(1-0.5\xi)$；γ_s 为内力臂系数，$\gamma_s = 1-0.5\xi$。

由式（2.3）可得：

$$x = \frac{f_y A_s}{\alpha_1 f_c b} \tag{2.7}$$

相对受压区高度可表示为：

$$\xi = \frac{x}{h_0} = \frac{f_y A_s}{\alpha_1 f_c bh_0} = \rho \frac{f_y}{\alpha_1 f_c} \tag{2.8}$$

式中：ρ 为配筋率。

由式（2.8）可得：

$$\rho = \xi \frac{\alpha_1 f_c}{f_y} \tag{2.9}$$

2）基本公式的适用条件

上述的基本公式是根据适筋截面的等效矩形应力图形推导出的，故仅适用于适筋截面。因此，基本公式必须限制在满足适筋破坏的条件下才能使用。

（1）防止发生超筋破坏。为防止发生超筋破坏，在设计计算时应满足式（2.10）、式（2.11）、式（2.12）：

$$\xi \leq \xi_b \tag{2.10}$$

或

$$x \leq \xi_b h_0 \tag{2.11}$$

或

$$\rho \leqslant \rho_{\max} = \xi_b \frac{\alpha_1 f_c}{f_y} \qquad (2.12)$$

（2）防止发生少筋破坏。为防止发生少筋破坏，设计时应满足式(2.13)：

$$A_s \geqslant A_{s,\min} = \rho_{\min} bh \qquad (2.13)$$

式中：$\rho_{\min}$ 为纵向受力钢筋的最小配筋率。

5. 基本计算公式的应用

钢筋混凝土受弯构件的正截面承载力计算包括截面设计和承载力复核两类问题。

1）截面设计

所谓截面设计，是指根据已知截面所需承担的弯矩设计值等条件，满足前述的构造要求，选择截面尺寸，确定材料等级，计算配筋用量并确定其布置。一般步骤如下：

（1）确定截面尺寸：

如前述的构造规定，并根据使用要求，选择适当的高跨比、高宽比，进而确定截面的高度 h 和宽度 b。梁高也可根据经济配筋率 $\rho = (0.6 \sim 1.5)\%$ 按式(2.14)估取：

$$h_0 = (1.05 \sim 1.1)\sqrt{\frac{M}{\rho f_y b}} \qquad (2.14)$$

（2）计算 α_s：

由基本公式(2.6a)有：$\alpha_s = \dfrac{M}{\alpha_1 f_c bh_0^2}$。

（3）计算 ξ 或 γ_s：

若 $\alpha_s \leqslant \alpha_{s,\max} = \xi_b(1 - 0.5\xi_b)$，则必有 $\xi \leqslant \xi_b$，即截面不超筋，则可计算 $\xi = 1 - \sqrt{1 - 2\alpha_s}$ 或 $\gamma_s = 0.5\left(1 + \sqrt{1 - 2\alpha_s}\right)$。

（4）计算 A_s：

$$A_s = \xi \alpha_1 f_c bh_0 / f_y \text{ 或 } A_s = M/(\gamma_s f_y h_0)$$

（5）验算最小配筋率

$$A_s \geqslant \rho_{\min} bh$$

（6）选配钢筋。根据以上配筋计算的结果 A，和规定的钢筋间距、直径等构造要求，选择合适的钢筋直径、根数，实际配筋的面积与计算面积的误差宜控制在5%以内。

（7）画截面配筋图。按制图要求绘制截面的配筋图，标注各部分尺寸和配筋。

如果在上述的计算中出现 $\alpha_s \geqslant \alpha_{s,\max} = \xi_b(1 - 0.5\xi_b)$ 的情况，则说明截面尺寸选择过小，梁将发生超筋的脆性破坏，故应加大截面尺寸，或提高混凝土的强度等级进行调整，直到满足。

由前述可知，正截面承载力计算系数 α_s、γ_s 仅与相对受压区高度 ξ 有关，三者间存在一一对应关系，在具体应用时，既可应用上述公式计算，也可编制成计算表格直接查得。

2）截面承载力复核

截面承载力复核是对已确定的截面(可能是已建成或已完成的设计)进行计算，以校核截面承载力是否满足要求。一般是已知材料的设计强度 $\alpha_1 f_c$、f_y、截面尺寸 $b \times h$ 及 h_0 和纵向

钢筋的截面面积 A_s，要求计算该截面的极限抵抗弯矩 M_u，并与已知的弯矩设计值 M 比较，以确定截面是否安全，如不安全则应采取加固措施或重新进行设计。

首先，按式（2.7）计算受压区高度 x，并验算是否满足 $x \leq \xi_b h_0$。若满足 $x \leq \xi_b h_0$，则按式（2.4）或式（2.6）计算 M_u，并与已知的 M 比较，若 $M_u \geq M$，则截面的承载力满足要求，否则，不安全；若 $x > \xi_b h_0$，则说明截面超筋，应取 $\xi = \xi_b$（或 $x = x_b = \xi_b h_0$），再按式（2.6a）或式（2.4）计算 M_u。

（二）T 形截面正截面承载力计算

1. T 形截面的应用及其受压翼缘计算宽度 b'_f

矩形截面受弯破坏时，在计算中没有考虑受拉区的抗拉作用，因此可以将其中和轴以下的受拉区混凝土去掉部分，即形成 T 形，这并不改变其受弯承载力的大小，却减小了混凝土的用量和结构的自重，故在工程中广为应用，通常把这种由受压翼缘和梁肋（亦称腹板）组成的截面称为 T 形截面。

T 形截面的受压区很大（梁肋的上部和受压翼缘），混凝土承压一般足够，不需要设置受压钢筋，故大多为单筋截面。

根据试验和理论分析得知，T 形梁受弯以后，受压翼缘上的压应力分布是不均匀的，压应力由梁肋向两边逐渐减小。当翼缘宽度很大时，远离梁肋的一部分翼缘则受力很小，因而在计算中，从受力角度讲，也就不必将离梁肋较远受力很小的翼缘作为 T 形梁的部分进行计算。为了计算方便，《混凝土结构设计规范（2015 年版）》（GB 50010—2010）假设，距梁肋一定宽度范围内的翼缘全部参加工作，且在此范围内压应力均匀分布，并按 $\alpha_1 f_c$ 计。而该范围以外部分的混凝土，则不参与受力。这"一定宽度范围"称为受压翼缘计算宽度，并用 b'_f 表示。由实验和理论分析可知，翼缘计算宽度 b'_f 与梁的工作情况（整体肋形梁或独立梁）、梁的跨度、翼缘厚度等有关。具体翼缘计算宽度 b'_f 的取值参见表 2.2。计算时取表中三项中的最小值。

表 2.2　T 形、I 形及倒 L 形截面受压翼缘计算宽度 b'_f

情　况		T 形、I 形截面		倒 L 形截面
		肋形梁、肋形板	独立梁	肋形梁、肋形板
1	按计算跨度 l_0 考虑	$l_0/3$	$l_0/3$	$l_0/6$
2	按梁（肋）净距 s_n 考虑	$b+s_n$	—	$b+s_n/2$
3	按翼缘高度 h'_f 考虑　$h'_f/h_0 \geq 0.1$	—	$b+12h'_f$	—
	$0.1 > h'_f/h_0 \geq 0.05$	$b+12h'_f$	$b+6h'_f$	$b+5h'_f$
	$h'_f/h_0 < 0.05$	$b+12h'_f$	b	$b+5h'_f$

注：1. 表中 b 为腹板宽度；

2. 肋形梁在梁跨内设有间距小于纵肋间距的横肋时，则可不遵守表中所列情况 3 的规定；

3. 加腋的 T 形和倒 L 形截面，当受压区加腋的高度 $h_h > h'_f$（翼缘计算高度）且加腋的长度 b_h 不大于 $3h_h$ 时，其翼缘计算宽度可按表列第 3 种情况分别增加 $2b_h$（T 形、I 形截面）和 b_h（倒 L 形截面）；

4. 独立梁受压区的翼缘板在荷载作用下，经验算沿纵肋方向可能产生裂缝时，则计算宽度仍取用腹板宽度 b。

2. 基本计算公式和公式的适用条件

1）两类 T 形梁的判别

T 形截面受弯后，随中和轴位置的不同，可分为两种不同的情况：一种为中和轴在梁的翼缘内，如图 2.4(a)所示，即 $x \leqslant h'_f$，称为第一类 T 形截面；另一类为中和轴在梁肋中，如图 2.4(b)所示，即 $x > h'_f$，称为第二类 T 形截面；两类 T 形截面的分界即如图 2.4(c)所示，中和轴刚好位于翼缘下边缘($x = h'_f$)时的情况。

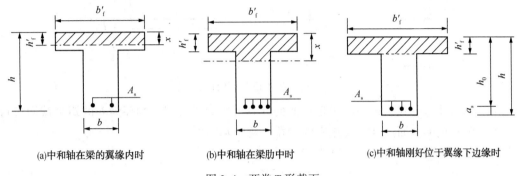

(a)中和轴在梁的翼缘内时　　　　(b)中和轴在梁肋中时　　　　(c)中和轴刚好位于翼缘下边缘时

图 2.4　两类 T 形截面

根据图 2.4(c)可列出界限情况下 T 形截面的平衡方程，见式(2.15)、式(2.16)：

$$\alpha_1 f_c b'_f h'_f = f_y A_s \tag{2.15}$$

$$M = \alpha_1 f_c b'_f h'_f \left(h_0 - \frac{h'_f}{2} \right) \tag{2.16}$$

式中：b'_f 为 T 形截面受压区翼缘计算宽度；h 为 T 形截面受压翼缘高度。其他符号与单筋矩形截面同。

由此，若满足下列条件：

$$f_y A_s \leqslant \alpha_1 f_c b'_f h'_f \tag{2.17}$$

或

$$M \leqslant \alpha_1 f_c b'_f h'_f \left(h_0 - \frac{h'_f}{2} \right) \tag{2.18}$$

则一定满足 $x \leqslant h'_f$，即属于第一类 T 形截面。反之，若

$$f_y A_s > \alpha_1 f_c b'_f h'_f \tag{2.19}$$

或

$$M > \alpha_1 f_c b'_f h'_f \left(h_0 - \frac{h'_f}{2} \right) \tag{2.20}$$

则必有 $x > b'_f$，即属于第二类 T 形截面。

式(2.18)和式(2.20)适用于截面设计时的判别，因为截面设计时的钢筋面积尚未得知；而式(2.17)和式(2.19)适用于截面承载力复核时的判别，此时的钢筋面积及截面的其他情况均为已知。

2）第一类 T 形截面的计算公式及适用条件

这类 T 形截面的中和轴位于翼缘内，受压区为矩形，在受力上它与梁宽为 b'_f、梁高为 h

的矩形截面完全一样，因受拉区的形状与它的受弯承载力无关，如图 2.5 所示。

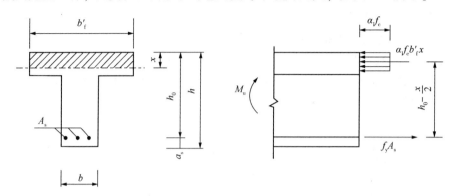

图 2.5　第一类 T 形截面的计算简图

（1）基本计算公式。第一类 T 形截面的计算可按梁宽为 b'_f、梁高为 h 的矩形截面进行，只需将原单筋矩形截面的计算公式中的梁宽 b 换成 b'_f 即可。

由图 2.5 可列出平衡方程，见式（2.21）、式（2.22）：

$$\alpha_1 f_c b'_f x = f_y A_s \qquad (2.21)$$

$$M \leqslant M_u = \alpha_1 f_c b'_f x \left(h_0 - \frac{x}{2} \right) \qquad (2.22)$$

（2）公式的适用条件。与单筋矩形截面相似，应用基本公式也应满足相应的适用条件。为防止发生超筋破坏，应满足条件 $x \leqslant \xi_b h_0$，由于是第一类 T 形截面，$x \leqslant h'_f$，一般 h'_f / h_0 较小，故通常均能满足这一条件，而不需验算；为防止发生少筋破坏，应满足条件 $\rho \geqslant \rho_{min}$，验算该条件时需注意，此情况下的 ρ 是相对梁肋部混凝土面积计算的，仍然用 $\rho = \dfrac{A_s}{bh}$ 计算，而不用 b'_f 计算。

3）第二类 T 形截面的计算公式及适用条件

第二类 T 形截面的计算简图如图 2.6 所示。

（1）基本计算公式。根据计算应力图形列出平衡方程即可得第二类 T 形截面基本计算公式：

由水平力平衡有：

$$\alpha_1 f_c bx + \alpha_1 f_c (b'_f - b) h'_f = f_y A_s \qquad (2.23)$$

由力矩平衡有：

$$M \leqslant M_u = \alpha_1 f_c bx \left(h_0 - \frac{x}{2} \right) + \alpha_1 f_c (b'_f - b) h'_f \left(h_0 - \frac{h'_f}{2} \right) \qquad (2.24)$$

由式（2.24）可以看出，第二类 T 形截面受弯承载力设计值 M_u 可视为由两部分组成：一部分是由受压翼缘挑出部分的混凝土和相应的受拉钢筋 A_{s1} 所承担的弯矩 M_{u1}，如图 2.6（b）所示；另一部分是由腹板受压混凝土和相应的受拉钢筋 A_{s2} 所承担的弯矩 M_{u2}，如图 2.6（c）所示。即：

$$M_u = M_{u1} + M_{u2} \qquad (2.25)$$

$$A_s = A_{s1} + A_{s2} \qquad (2.26)$$

根据图 2.6(b)列平衡方程可得式(2.27)、式(2.28)：

$$f_y A_{s1} = \alpha_1 f_c (b'_f - b) h'_f \tag{3.27}$$

$$M_{u1} = \alpha_1 f_c (b'_f - b) h'_f \left(h_0 - \frac{h'_f}{2} \right) \tag{2.28}$$

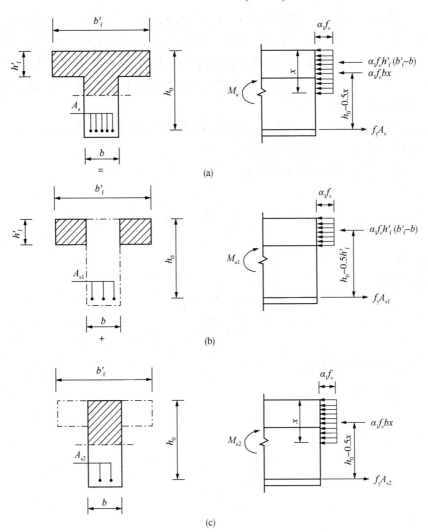

图 2.6 第二类 T 形截面计算简图

根据图 2.6(c)列平衡方程可得式(2.29)、式(2.30)：

$$f_y A_{s2} = \alpha_1 f_c b x \tag{2.29}$$

$$M_{u2} = \alpha_1 f_c b x \left(h_0 - \frac{x}{2} \right) \tag{2.30}$$

(2) 公式的适用条件。防止超筋破坏条件仍为 $x \leqslant \xi_b h_0$，由于 T 形截面的受压区较大，一般不会发生超筋破坏情况；防止少筋破坏，仍应满足最小配筋率的要求。但由于一般第二类 T 形截面的配筋数量较多，该条件会自然满足，可不必验算。

3. 基本公式的应用

1）T形截面的截面设计

截面设计是已知 T 形截面的尺寸、材料强度等级和弯矩设计值 M，求所需的受拉钢筋 A_s。

首先应根据已知条件，并利用式（2.18）或式（2.20）判别截面属于第一类还是第二类 T 形截面：满足式（2.18）者为第一类 T 形截面；满足式（2.20）者为第二类 T 形截面。

（1）第一类 T 形截面。第一类 T 形截面的截面设计方法，与截面尺寸为 $b'_f \times h$ 的单筋矩形截面的设计方法完全相同，应用式（2.21）和式（2.22）进行计算，在验算最小配筋率时注意截面宽度应取 b 而不是用 b'_f。

（2）第二类 T 形截面。取 $M = M_{u1}$，由已知条件可知，在两个基本式（2.23）及式（2.24）中有 x 和 A_s 两个未知数，可直接进行求解。

也可根据图 2.6 并利用计算表格求解：

由式（2.27）有：

$$A_{s1} = \frac{\alpha_1 f_c (b'_f - b) h'_f}{f_y} \tag{2.31}$$

由式（2.28）可求得 M_{u1}。

由式（2.25）有：

$$M_{u2} = M - M_{u1} \tag{2.32}$$

$$\alpha_{s2} = \frac{M_{u2}}{\alpha_1 f_c b h_0^2} \tag{2.33}$$

由此可查表（或计算）得 γ_{s2} 及 ξ。

若满足 $\xi \leqslant \xi_b$，则：

$$A_{s2} = \frac{\alpha_1 f_c b h_0 \xi}{f_y} \tag{2.34}$$

或

$$A_{s2} = \frac{M_{u2}}{\gamma_{s2} f_y h_0} \tag{2.35}$$

最终求得：

$$A_s = A_{s1} + A_{s2} \tag{2.36}$$

若 $\xi > \xi_b$，则应采取措施加大截面尺寸或提高混凝土强度等级，直到满足 $\xi \leqslant \xi_b$。

2）T形截面的承载力复核

截面承载力复核时，是已知 T 形截面的尺寸、所用材料的强度设计值、纵向受拉钢筋截面面积 A_s。要求计算截面的受弯承载力极限值 M_u，或验算承载设计弯矩 M 时是否安全。

首先应根据已知条件，并利用式（2.17）或式（2.19）判别属于第一类还是第二类 T 形截面：满足式（2.17）者为第一类 T 形截面；满足式（2.19）者为第二类 T 形截面。

（1）第一类 T 形截面。直接将 b'_f 替代单筋矩形截面公式中的 b，按单筋矩形截面的承载力复核的方法进行。

（2）第二类 T 形截面。利用公式（2.23）确定 x，见式（2.37）：

$$x=\frac{f_yA_s-\alpha_1f_c(b'_f-b)h'_f}{\alpha_1f_cb}\tag{2.37}$$

若满足 $x\leqslant\xi_bh_0$，则按式（2.24）计算 M_u。若 $x>\xi_bh_0$，则取 $x=\xi_bh_0$，再代入式（2.24）计算 M_u。然后与设计弯矩 M 比较，检验是否满足承载力要求。

（三）双筋矩形截面的正截面承载力计算

1. 双筋截面及适用情况

在钢筋混凝土结构中，钢筋不但可以设置在构件的受拉区，而且也可以配置在受压区与混凝土共同抗压。这种在受压区和受拉区同时配置纵向受力钢筋的截面，称为双筋截面。

在一般情况下，用钢筋帮助混凝土抗压虽能提高截面的承载力，但因用钢量偏大，而不够经济。

但在以下几种情况时，就需要采用双筋截面计算：

（1）截面承受的弯矩很大，而截面的尺寸受到限制不能增大，混凝土的强度等级也受到施工条件的限制不便提高，按单筋截面考虑，就会发生超筋 $(x>\xi_bh_0)$ 破坏。

（2）同一截面在不同荷载组合下，所承受的弯矩可能变号，则会发生受拉区和受压区互换。

（3）因抗震等原因，在截面的受压区必须配置一定数量的受压钢筋，如在计算中考虑钢筋的受压作用，则也应按双筋截面计算。

2. 基本计算公式和公式的适用条件

1）计算应力图形

双筋截面破坏时的受力特点与单筋截面相似：只要纵向受拉钢筋数量不过多，双筋矩形截面的破坏仍然是纵向受拉钢筋先屈服（达到其抗拉强度 f_y），然后受压区混凝土达到其抗压强度被压坏。此时压区边缘混凝土的应变已达极限压应变 ε_{cu}。由于压区混凝土的塑性变形的发展，设置在受压区的受压钢筋的应力一般也达到其抗压强度 f_y。

采用与单筋矩形截面相同的方法，也用等效的计算应力图形替代实际的应力图形，如图 2.7（a）所示。

2）基本计算公式

根据计算应力图形 [图 2.7（a）] 所列平衡方程即可得双筋矩形截面的基本计算公式。

由水平力平衡有：

$$\alpha_1f_cbx+f'_yA'_s=f_yA_s\tag{2.38}$$

由力矩平衡有：

$$M\leqslant M_u=\alpha_1f_cbx\left(h_0-\frac{x}{2}\right)+f'_yA'_s(h_0-a'_s)\tag{2.39}$$

式中：f'_y 为钢筋的抗压强度设计值；A'_s 为受压钢筋的截面面积；a'_s 为受压钢筋的合力点至受压区边缘的距离。其他符号同单筋矩形截面。

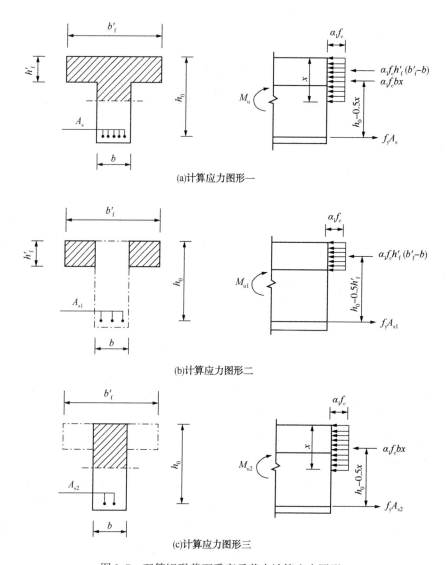

(a)计算应力图形一

(b)计算应力图形二

(c)计算应力图形三

图 2.7 双筋矩形截面受弯承载力计算应力图形

由图 2.7 可以看出，双筋矩形截面受弯承载力 M_u 及纵向受拉钢筋 A_s 可视为由两部分组成：一部分是由受压混凝土和相应的受拉钢筋 A_{s1} 所承担的弯矩 M_{u1}［图 2.7（b）］；另一部分则是由受压钢筋 A'_s 和相应的受拉钢筋 A_{s2} 所承担的弯矩 M_{u2}［图 2.7（c）］。即，见式（2.40）、式（2.41）：

$$M_u = M_{u1} + M_{u2} \tag{2.40}$$

$$A_s = A_{s1} + A_{s2} \tag{2.41}$$

根据图 2.7（b）列平衡方程可得式（2.42）、式（2.43）：

$$f_y A_{s1} = \alpha_1 f_c b x \tag{2.42}$$

$$M_{u1} = \alpha_1 f_c b x \left(h_0 - \frac{x}{2} \right) \tag{2.43}$$

根据图 2.7（c）列平衡方程可得式（2.44）、式（2.45）

$$f_y A_{s2} = f'_y A'_s \tag{2.44}$$

$$M_{u2} = f'_y A'_s (h_0 - a'_s) \tag{2.45}$$

3）计算公式的适用条件

在应用双筋的基本计算公式时，必须满足下列适用条件：

（1）$\xi \leqslant \xi_b$。与单筋矩形截面相似，该限制条件也是为了防止发生超筋的脆性破坏。此条件亦可表示为，见式（2.46）：

$$\rho = \frac{A_{s1}}{bh_0} \leqslant \xi_b \frac{\alpha_1 f_c}{f_y} \tag{2.46}$$

②$x \geqslant 2a'_s$。该条件是为保证在截面达到承载力极限状态时受压钢筋能达到其抗压强度设计值f'_y，以与基本公式符合。在实际的设计计算中，若出现$x < 2a'_s$，表明受压钢筋达不到其抗压强度设计值，此时亦可近似地取$x = 2a'_s$，即假设混凝土的压力合力点与受压钢筋的合力点重合，按这样的假设所计算的结果是偏于安全的。此时双筋截面的计算公式则简化为式（2.47）：

$$M \leqslant M_u = f_y A_s (h_0 - a'_s) \tag{2.47}$$

双筋截面因钢筋配置较多，通常都能满足最小配筋率的要求，可不再进行最小配筋率ρ_{min}验算。但在构造方面，《混凝土结构设计规范（2015年版）》（GB 50010—2010）规定，双筋截面应配置封闭式箍筋，且弯钩直线段长度不小于5倍箍筋直径；箍筋的间距不应大于15倍受压纵向钢筋的最小直径及不大于400mm。当一层内纵向受压钢筋多于5根且直径大于18mm时，则箍筋间距不应大于10倍受压纵向钢筋的最小直径；同时箍筋的直径不应小于受压钢筋最大直径的1/4。当梁宽大于400mm且一层内的受压纵筋多于3根时，或梁宽不大于400mm但一层内的受压纵筋多于4根时，还应设复合箍筋。

3. 基本公式的应用

1）双筋截面的截面设计

根据已知条件的不同，双筋截面在设计时，可能遇到两种情况：

（1）A_s和A'_s均为未知。即已知计算截面的弯矩设计值M，尺寸$b \times h$，材料强度设计值，求受拉及受压钢筋面积。在此类情况下，首先应验算是否需要配置成双筋截面。若能满足式（2.48）：

$$M \leqslant \alpha_1 f_c bh_0^2 \xi_b (1 - 0.5\xi_b) \tag{2.48}$$

则表明仅按单筋截面计算即可；反之，即：

$$M > \alpha_1 f_c bh_0^2 \xi_b (1 - 0.5\xi_b) \tag{2.49}$$

则应按双筋截面进行设计。

由已知条件知，在两个基本式，式（2.38）及式（2.39）中有x、A_s和A'_s三个未知数，需补充一个条件，方程组才能有定解。为使钢筋的总用量（$A_s + A'_s$）为最小，充分利用混凝土的抗压作用，可取$x = \xi_b h_0$，代入式（2.39）并取$M = M_u$，经整理得式（2.50）

$$A'_s = \frac{M - \alpha_1 f_c bh_0^2 \xi_b (1 - 0.5\xi_b)}{f'_y (h_0 - a'_s)} \tag{2.50}$$

由式（2.38）可得式（2.51）：

$$A_s = A'_s \frac{f'_y}{f_y} + \xi_b \frac{\alpha_1 f_c b h_0}{f_y} \tag{2.51}$$

（2）已知受压钢筋 A'_s，求受拉钢筋 A_s。此类问题往往是由于变号弯矩的需要，或由于构造要求，已在受压区配置了受压钢筋 A'_s，要求根据弯矩设计值 M、截面尺寸 $b×h$ 和材料强度设计值，求解受拉钢筋的面积 A_s。

由于 A'_s 已知，由式（2.45）可求得式（2.52）：

$$M_{u2} = f'_y A'_s (h_0 - a'_s) \tag{2.52}$$

取 $M = M_u$，由式（2.40）可得式（2.53）

$$M_{u1} = M - M_{u2} = M - f'_y A'_s (h_0 - a'_s) \tag{2.53}$$

由式（2.44）可得式（2.54）：

$$A_{s2} = \frac{f'_y}{f_y} A'_s \tag{2.54}$$

再按与单筋矩形截面相同的方法，计算相应于 M_{u1} 所需的钢筋截面 A_{s1}，最后按式（2.41）求得总的受拉钢筋 A_s。注意，此时的 M_{u1} 是根据 A 求得的，与之相对应的受压区高度 x 不一定等于 $\xi_b h_0$，不能简单地用式（2.51）来计算 A_s。求解这类问题时，还有可能会遇到如下两种情况：

一是求得的 $x > \xi_b h_0$，说明原有的受压钢筋 A'_s 数量太少，不符合公式的适用条件，此时应按 A'_s 为未知的情况重新进行求解。

二是求得的 $x < 2a'_s$，说明 A'_s 数量过多，受压钢筋应力不能达到设计强度，则可取 $x = 2a'_s$，根据式（2.47）求得式（2.55）：

$$A_s = \frac{M}{f_y (h_0 - a'_s)} \tag{2.55}$$

2）双筋截面的承载力复核

双筋截面承载力复核，是已知截面的尺寸、所用材料的强度设计值、受拉钢筋截面面积 A_s 和受压钢筋截面面积 A'_s，求截面所能承受的极限值弯矩 M_u。

首先利用基本式（2.38）解出受压区高度 x，见式（2.56），再根据不同情况计算截面的受弯承载力极限值 M_u。

$$x = \frac{f_y A_s - f'_y A'_s}{\alpha_1 f_c b} \tag{2.56}$$

若满足 $\xi_b h_0 \geq x \geq 2a'_s$ 的条件，则直接利用式（2.39），将已知条件代入即可解得截面的受弯承载力极限值 M_u。

若求得的 $x < 2a'_s$，则直接利用式（2.47）进行计算，见式（2.57）：

$$M_u = A_s f_y (h_0 - a'_s) \tag{2.57}$$

若求得的 $x > \xi_b h_0$，说明截面处于超筋状态，属于脆性破坏。应将最大的受压区高度 $x_b = \xi_b h_0$ 代入基本式（2.39）得式（2.58）：

$$M_u = \alpha_1 f_c b h_0^2 \xi_b \left(1 - \frac{\xi_b}{2}\right) + f'_y A'_s (h_0 - a'_s) \tag{2.58}$$

将截面的受弯承载力极限值 M 与弯矩设计值进行比较，即可判断所复核的截面是否安全。

三、混凝土受弯梁斜截面承载力计算

(一)混凝土梁斜截面受力性能

在实际工程中,受弯构件除了承受弯矩外,还会同时承受剪力的作用,在剪力和弯矩共同作用的剪弯区段还会产生斜向裂缝,并可能发生斜截面的剪切或弯曲破坏。此时剪力 V 将成为控制构件性能和设计的主要因素。斜截面破坏往往带有脆性破坏的性质,缺乏明显的预兆,因此在实际工程中应当避免,在设计时必须进行斜截面承载力的计算。为了防止构件发生斜截面强度破坏,通常是在梁内设置与梁轴线垂直的箍筋,也可同时设置与主拉应力方向平行的斜向钢筋来共同承担剪力。斜向钢筋通常由纵向钢筋弯起而成,称为弯起钢筋。箍筋和弯起钢筋统称为腹筋或横向钢筋。腹筋、纵向钢筋和架立钢筋构成钢筋骨架。

为研究钢筋混凝土梁的斜截面破坏形态,引进一个无量纲参数——剪跨比,其定义为梁内同一截面所承受的弯矩与剪力两者的相对比值。它反映了截面上弯曲正应力与剪应力的相对比值。由力学知识有,正应力和剪应力决定主应力的大小和方向,因此剪跨比也影响斜截面的受剪承载力和破坏形态。根据定义,如图 2.8 所示荷载作用下的梁,其截面的剪跨比为式(2.59):

$$\lambda = \frac{M}{Vh_0} = \frac{R_A a}{R_A h_0} = \frac{a}{h_0} \tag{2.59}$$

式中:a 为集中荷载作用点至邻近支座的距离,称为剪跨。

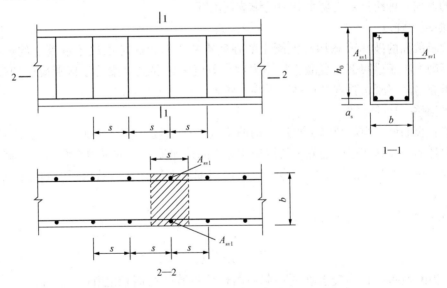

图 2.8 配箍率示意图

1. 斜截面破坏的主要形态

斜截面的破坏主要有斜拉破坏、剪压破坏和斜压破坏三种形态。

1)斜拉破坏

当剪跨比较大(一般 $\lambda>3$)且箍筋配置过少、间距太大时,会发生斜拉破坏。其破坏特征是:斜裂缝一旦出现,很快形成一条主要斜裂缝,并迅速向集中荷载作用点延伸,梁被

分成两部分而破坏。这种破坏是由于混凝土斜向拉坏引起的，破坏前梁的变形很小，属于突然发生的脆性破坏，承载力较低。

2）剪压破坏

剪跨比较适中（$1 \leqslant \lambda \leqslant 3$）且配箍量适当、箍筋不太大时，发生剪压破坏。其破坏特征是：斜裂缝出现后，随着荷载继续增长，将出现一条延伸较长，相对开展较宽的主要斜裂缝，称为临界斜裂缝。荷载继续增大，临界斜裂缝上端剩余截面逐渐缩小，最终剩余的受压区混凝土在剪压复合应力作用下被剪压破坏。这种破坏仍为脆性破坏。

3）斜压破坏

当剪跨比较小（$\lambda < 1$），或箍筋配置过多、箍筋间距太密时，发生斜压破坏。其破坏特征是：在剪弯区段内，梁的腹部出现一系列大体互相平行的斜裂缝，将梁腹分成若干斜向短柱，最后由于混凝土斜向压酥而破坏。这种破坏也属于脆性破坏。

2. 影响斜截面受剪承载力的主要因素

影响斜截面受剪承载力的因素很多，主要有剪跨比、混凝土强度、箍筋强度及配箍率、纵向钢筋配筋率等。

1）剪跨比 λ

试验表明，剪跨比 λ 是影响集中荷载作用下梁的破坏形态和受剪承载力的最主要的因素之一。对无腹筋梁，随着剪跨比的增大，破坏形态发生显著变化，梁的受剪承载力明显降低。但当剪跨比大于 3 后，剪跨比对梁的受剪承载力无显著影响。对于有腹筋梁，随着配箍率的增加，剪跨比对受剪承载力的影响逐渐变小。

2）混凝土强度

梁的斜截面的破坏形态均与混凝土的强度有关。斜拉破坏取决于混凝土的抗拉强度；斜压破坏则取决于梁腹部的混凝土抗压强度；剪压破坏取决于梁剪压区混凝土的强度。梁的受剪承载力随混凝土强度的提高而提高，两者大致呈线性关系。

3）配箍率和箍筋强度

对于有腹筋梁，当斜裂缝出现后，箍筋不仅可以直接承受部分剪力，还能抑制斜裂缝的开展和延伸，提高剪压区混凝土的抗剪能力，间接地提高梁的受剪承载力。配箍率越大，箍筋强度越高，斜截面的抗剪能力也越高，但当配箍率超过一定数值后，斜截面受剪承载力就不再提高。

钢筋混凝土梁的配箍率按式（2.60）计算：

$$\rho_{sv} = \frac{A_{sv}}{bs} = \frac{nA_{sv1}}{bs} \tag{2.60}$$

式中：ρ_{sv} 为配箍率；A_{sv} 为配置在同一截面内箍筋各肢的截面积之和，$A_{sv} = nA_{sv1}$；n 为同一截面内箍筋的肢数；A_{sv1} 为单肢箍筋的截面面积；b 为梁的截面宽度（或肋宽）；s 为沿梁长度方向箍筋的间距。

由式（2.60）可见，所谓配箍率是指单位水平截面面积上的箍筋截面面积，如图 2.8 所示。

4）纵筋配筋率

由于纵筋的增加相应地加大了压区混凝土的高度，间接地提高了梁的抗剪能力，故纵筋配筋率对无腹筋梁的受剪承载力也有一定影响。纵筋配筋率越大，无腹筋梁的斜截面抗剪能力也愈大，二者大致成线性关系，但对有腹筋梁，其影响就相对不太大。在目前我国《混凝土结构设计规范（2015 年版）》（GB 50010—2010）的斜截面受剪承载力计算公式中，尚没有考虑纵筋配筋率的影响。

除上述的主要影响因素以外，梁的截面形状、尺寸等对斜截面的承载力也有一定影响。如带有翼缘的 T 形、I 形截面的承载力就略高于矩形截面，但目前这种影响在计算中也未做考虑。

（二）混凝土梁斜截面承载力计算

1. 计算公式

考虑到钢筋混凝土受剪破坏的突然性以及试验数据的离散性相当大，因此从设计准则上应该保证构件抗剪的安全度高于抗弯的安全度（即保证强剪弱弯），故《混凝土结构设计规范（2015 年版）》（GB 50010—2010）采用抗剪承载力试验的下限值以保证安全，且计算公式是根据剪压破坏形态的受力特征建立的，对于斜拉和斜压破坏，则是在设计时通过构造措施予以限制和避免。

1）无腹筋的一般板类受弯构件

对没有配置腹筋的一般板类受弯构件，其斜截面受剪承载力按式（2.61）计算：

$$V \leqslant V_c = 0.7\beta_h f_t b h_0 \tag{2.61}$$

式中：V 为构件斜截面上的最大剪力设计值；β_h 为截面高度影响系数，$\beta_h = (800/h_0)^{1/4}$。当 $h_0 < 800\text{mm}$，取为 800mm；当 $h_0 > 2000\text{mm}$ 时，取为 2000mm；f_t 为混凝土轴心抗拉强度设计值。

2）有腹筋梁

工程中除板类构件外，一般受弯构件均配置有腹筋。《混凝土结构设计规范（2015 年版）》（GB 50010—2010）中斜截面的受剪承载力计算公式是根据剪压破坏形态，在实验结果和理论研究分析基础上建立的。取出临界斜裂缝至支座间的一段脱离体进行分析，如图 2.9 所示；并假设受剪承载力主要由斜裂缝上端剪压区混凝土承担的剪力 V_c、与斜裂缝相交的箍筋承担的剪力 V_{sv} 以及与斜裂缝相交的弯起钢筋承担的剪力 V_{sb} 这三部分组成。即式（2.62）：

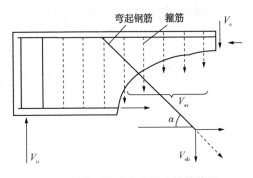

图 2.9　斜截面的受剪承载力计算简图

$$V \leqslant V_u = V_c + V_{sv} + V_{sb} = V_{cs} + V_{sb} \tag{2.62}$$

式中：V_u 为构件斜截面受剪承载力极限值；V_c 为构件剪压区混凝土承担的剪力；V_{sv} 为与斜裂缝相交的箍筋承担的剪力；V_{sb} 为与斜裂缝相交的弯起钢筋承担的剪力；V_{cs} 为构件斜截面上混凝土和箍筋承担的剪力之和。

（1）当仅配有箍筋时。矩形、T 形和 I 形截面受弯构件的斜截面受剪承载力计算公式（2.63）：

$$V \leqslant V_{u} = V_{cs} = \alpha_{cv} f_{t} b h_{0} + f_{yv} \frac{A_{sv}}{s} h_{0} \tag{2.63}$$

式中：V_{u} 为构件斜截面受剪承载力极限值；α_{cv} 为斜截面混凝土受剪承载力系数，对于一般受弯构件取 0.7；对集中荷载作用下（包括作用有多种荷载，其中集中荷载对支座截面或节点边缘所产生的剪力值占总剪力的 75% 以上的情况）的独立梁，取 α_{cv} 为 $\frac{1.75}{\lambda + 1}$，λ 为计算截面的剪跨比，可取 $\lambda = a/h_{0}$，当 $\lambda < 1.5$ 时，取 1.5，当 $\lambda > 3$ 时，取 3；f_{yv} 为箍筋的抗拉强度设计值；A_{sv} 为配置在同一截面内箍筋各肢的截面之和，$A_{sv} = n A_{sv1}$；s 为沿构件长度方向箍筋的间距。

（2）同时配有箍筋和弯起钢筋时。矩形、T 形和 I 形截面的受弯构件，其斜截面受剪承载力计算公式（2.64）、式（2.65）：

$$V \leqslant V_{u} = V_{cs} + V_{sb} \tag{2.64}$$

$$V_{sb} = 0.8 f_{y} A_{sb} \sin \alpha_{s} \tag{2.65}$$

式中：A_{sb} 为同一弯起平面内的弯起钢筋截面面积；f_{y} 为弯起钢筋的抗拉强度设计值；α_{s} 为弯起钢筋与梁纵向轴线的夹角；当 $h \leqslant 800\text{mm}$ 时，α_{s} 常取为 45°；当 $h \geqslant 800\text{mm}$ 时，α_{s} 常取为 60°；0.8 为考虑到弯起钢筋与破坏斜截面相交位置的不确定性，其应力可能达不到屈服强度时的应力不均匀系数。

2. 适用范围

受弯构件斜截面承载力计算公式是根据剪压破坏的受力特点推出的，不适用于斜压破坏和斜拉破坏的情况，为此《混凝土结构设计规范（2015 年版）》（GB 50010—2010）规定了受弯构件斜截面承载力计算公式的上下限值。

1）上限值——最小截面尺寸限制条件

为了避免斜压破坏的发生，梁的截面尺寸应满足式（2.66）、式（2.67）、式（2.68）要求，否则配置再多箍筋也不能提高斜截面受剪承载力：

当 $h_{w}/b \leqslant 4$ 时，

$$V \leqslant 0.25 \beta_{c} f_{c} b h_{0} \tag{2.66}$$

当 $h_{w}/b \geqslant 6$ 时，

$$V \leqslant 0.2 \beta_{c} f_{c} b h_{0} \tag{2.67}$$

当 $4 < h_{w}/b < 6$ 时，按线性内插法确定，即

$$V \leqslant 0.025 \left(14 - \frac{h_{w}}{b} \right) \beta_{c} f_{c} b h_{0} \tag{2.68}$$

式中：V 为剪力设计值；b 为矩形截面的宽度，T 形截面或 I 形截面的腹板宽度；h_{0} 为截面的有效高度；h_{w} 为截面腹板高度，矩形截面取有效高度 h_{0}；T 形截面取有效高度减去翼缘高度；I 形截面取腹板净高；β_{c} 为混凝土强度影响系数，当混凝土强度等级不超过 C50 时，取为 1.0；当混凝土强度等级为 C80 时，取为 0.8；其间按线性内插法确定。

2）下限值——最小配箍率

为了避免斜拉破坏的发生，梁中抗剪箍筋的配箍率应满足式（2.69）：

$$\rho_{sv} = \frac{A_{sv}}{bs} = \frac{nA_{sv1}}{bs} \geq \rho_{sv,min} = \frac{0.24f_t}{f_{yv}} \qquad (3.69)$$

此外，梁中箍筋的间距不应过大，以保证可能出现的斜裂缝能与足够数量的箍筋相交。在配筋时，梁中箍筋的最大间距和最小直径应满足表 2.3 的要求。

表 2.3　梁中箍筋最大间距和最小直径

梁截面高度，h	最大间距		最小直径
	$V > 0.7f_t bh$	$V \leq 0.7f_t bh$	
$150 < h \leq 300$	150	200	6
$300 < h \leq 500$	200	300	6
$500 < h \leq 800$	250	350	6
$h > 800$	300	400	8

注：梁中配有计算需要的纵向受压钢筋时，箍筋直径尚不应小于 $d/4$，d 为受压钢筋最大直径。

3. 计算截面位置的确定

如图 2.10 所示，在计算斜截面的受剪承载力时，其剪力设计值的计算截面应按下列规定采用：计算支座边缘处的截面（图中 1-1 截面）时，取支座边缘的剪力设计值；计算弯起钢筋弯起点处的截面（图中 2-2、3-3 截面）时，取前一排（对支座而言）弯起钢筋弯起点处的剪力值；计算箍筋数量（面积或间距）改变处的截面（图中 4-4 截面）时，取箍筋数量开始改变处的剪力设计值。

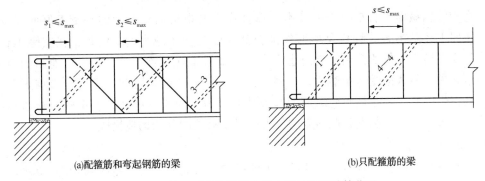

(a)配箍筋和弯起钢筋的梁　　　　　　　　　(b)只配箍筋的梁

图 2.10　斜截面受剪承载力剪力设计值的计算位置

4. 斜截面受剪承载力的计算方法步骤

1）截面设计

已知剪力设计值 V，截面尺寸 b、h、a_s，材料强度 f_c、f_t、f_y、f_{yv}，要求配置腹筋。计算步骤如下：

（1）验算截面尺寸。依据式（2.66）、式（2.58）或式（2.68），验算构件的截面是否满足要求。若不满足，应加大截面尺寸或提高混凝土强度等级，直至满足。

（2）验算是否需要按计算配置腹筋。若满足 $V \leq 0.7f_t bh_0$ 或 $V \leq \dfrac{1.75}{\lambda+1}f_t bh_0$，仅需按构造要求确定箍筋的直径和间距；若不满足，则应按计算配置腹筋。

（3）仅配箍筋。按构造规定初步选定箍筋直径 d 和箍筋肢数 n，依据式（2.63）求出箍筋间距 s。所取箍筋间距 s 应满足最小配箍率的要求，即：$\rho_{sv} = \dfrac{nA_{sv1}}{bs} \geqslant \rho_{sv,min}$，同时还应满足梁内箍筋最大间距的构造要求，即，$s \leqslant s_{max}$，$s_{max}$ 见表 2.3。

（4）同时配置箍筋和弯起钢筋。先根据已配纵向受力钢筋确定弯起钢筋的截面面积 A_{sb}，按式（2.65）计算出弯起钢筋的受剪承载力 V_{sb}，再由式（2.64）及式（2.63）计算出 V_{cs} 和所需箍筋的截面面积 A_{sv}，并据之确定箍筋的直径、间距和肢数。

2）截面复核

已知截面尺寸 b、h、a_s，箍筋配置量 n、A_{sv1}、s、弯起钢筋的截面面积 A_{sb} 及与梁纵向轴线的夹角 α_s，材料强度设计值 f_c、f_t、f_y、f_{yv}。要求：①求斜截面受剪承载力 V_u；②若已知斜截面剪力设计值 V 时，复核梁斜截面承载力是否满足。计算步骤如下：

（1）复核截面尺寸限制条件。按式（2.66）、式（2.67）或式（2.68）验算截面尺寸的限制条件，如不满足，则应根据截面限制条件所确定的 V 作为 V_u。

（2）复核配箍率，并根据表 2.3 的规定复核箍筋最小直径、箍筋间距等是否满足构造要求。

（3）计算 V_u。将已知条件代入式（2.63）、式（2.64），计算斜截面承载力 V_u。

（4）验算斜截面受剪承载力。若已知剪力设计值 V，当 $V_u/V \geqslant 1$，则表示满足要求，否则不满足。

（三）梁中纵向钢筋的弯起、截断、锚固和其他构造要求

受弯构件斜截面受剪承载力的基本计算公式主要是根据竖向力的平衡条件而建立的。显然，按照上述基本公式计算是能够保证斜截面的受剪承载力的。但是，在实际工程中，纵筋往往要在恰当的位置截断，有时也会弯起，如果钢筋布置不当，就有可能影响斜截面的受剪承载力和斜截面受弯承载力。同时，由于纵筋的截断和弯起，还可能影响正截面的受弯承载力。因此，还必须研究纵筋弯起或截断对斜截面受弯承载力、正截面受弯承载力的影响，确定纵筋的弯起点和截断点的位置，以及有关的配筋构造措施。

1. 抵抗弯矩图

为了研究纵筋弯起或截断对构件承载力的影响，首先介绍一下抵抗弯矩图（M_R 图）。所谓抵抗弯矩图，是指在弯矩图上用同一比例尺，按实际布置的纵向钢筋绘出的各截面所能抵抗的弯矩图形。由于它反映了梁的各正截面上材料的抗力，故也称之为材料图。

通常梁中的纵向受力钢筋是根据控制截面的弯矩计算确定的，若在控制截面处实际选定的纵向钢筋的面积为 A_s，由式（2.3）和式（2.4）可得式（2.70）：

$$M_R = f_y A_s h_0 \left(1 - \frac{A_s f_y}{2\alpha_1 f_c b h_0}\right) \tag{2.70}$$

A_s 一般由多根钢筋组成，其中每根钢筋的抵抗弯矩值，可近似按相应的钢筋截面面积与总受拉钢筋面积比分配，即式（2.71）：

$$M_{Ri} = \frac{A_{si}}{A_s} \cdot M_R \tag{2.71}$$

式中：A_{si}为任意一根纵筋的截面面积；M_{Ri}为任意一根纵筋的抵抗弯矩值。

1）纵向钢筋沿梁长不变化情况下的抵抗弯矩图

如图 2.11 所示为一承受均布荷载的简支梁，设计弯矩图为 aob，根据 o 点最大弯矩计算所需纵向受拉钢筋需要 $4\phi20$，钢筋若是通长布置，则按照定义，矩形 $aa'b'b$ 即为抵抗弯矩图。由图可见，抵抗弯矩图完全包住了设计弯矩图，所以梁各截面的正截面和斜截面受弯承载力都满足。显然在设计弯矩图与抵抗弯矩图之间钢筋强度有富余，且受力弯矩越小，钢筋强度富余就越多。为了节省钢材，可以将其中一部分纵向受拉钢筋在保证正截面和斜截面受弯承载力的条件下弯起或截断。

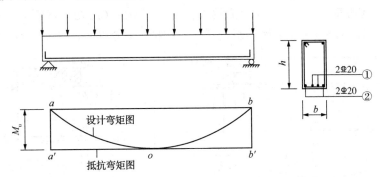

图 2.11　纵向钢筋沿梁长不变化时抵抗弯矩图的画法

如图 2.12 所示，根据钢筋面积比划分出各钢筋所能抵抗的弯矩。分界点为 l 点，$l\sim n$ 是①号钢筋（$2\phi20$）所抵抗的弯矩值；$l\sim m$ 是②号钢筋（$2\phi20$）所抵抗的弯矩值；现拟将①号钢筋截断，首先过点 l 画一条水平线，该线与设计弯矩图的交点为 e、f，其对应的截面为 E、F，在 E、F 截面处为①号钢筋的理论断点，因为剩下②号钢筋已足以抵抗设计弯矩，e、f 称为①号钢筋的"理论截断点"。同时 e、f 也是余下的②号钢筋的"充分利用点"，因为在 e、f 处的抵抗弯矩恰好与设计弯矩值相等，②号钢筋的抗拉强度被充分利用。值得注意的是，e、f 虽然为①号钢筋的"理论截断点"，实际上①号钢筋是不能在 e、f 点切断的，还必须再延伸一段锚固长度后，才能切断；而且一般在梁的下部受拉区是不切断钢筋的。

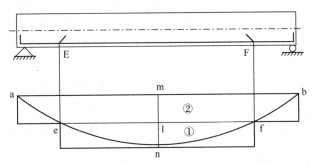

图 2.12　钢筋的"理论截断点""充分利用点"

2）纵向钢筋部分弯起时的抵抗弯矩图

如图 2.13 所示，若将①号钢筋在 K 和 H 截面处开始弯起，由于该钢筋是从弯起点开始逐渐由受拉区进入受压区，逐渐脱离受拉工作，所以其抵抗弯矩也是自弯起点处逐渐减小，直至弯起钢筋与梁轴线相交截面(I、J 截面)处，此时①号钢筋进入了受压区，其抵抗弯矩消失。故该钢筋在弯起部分的抵抗弯矩值成直线变化，即斜线段 k_i 和 h_j。在 i 点和 j 点之外，①号钢筋不再参加正截面受弯工作。其抵抗弯矩图如图 2.13 中点 aciknhjdb 所连接起来的截面图所示。

3）纵向钢筋部分切断时的抵抗弯矩图

如图 2.14 所示一支座承受负弯矩的纵向钢筋为①号、②号、③号共六根钢筋，假定③号纵筋抵抗控制截面 A-A 部分的弯矩为 ef，则 A-A 截面即为③号纵筋的强度充分利用点，而通过 f 点引出的水平线与弯矩图的交点 b、c 即为③号钢筋的理论切断点，也就是可以在 B-B 和 C-C 将其切断。当然，为了可靠锚固，③号钢筋的实际切断点还需向外延伸一段锚固长度。同理，②钢筋也可以切断。纵筋切断时的抵抗弯矩图见图 2.14 所示。

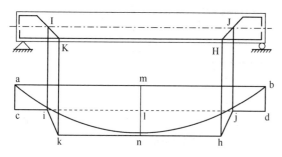

图 2.13　部分纵筋弯起时抵抗弯矩图的画法

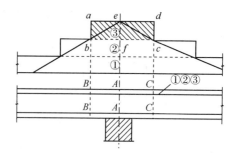

图 2.14　纵筋切断时抵抗弯矩图的画法

2. 纵向受拉钢筋的截断和锚固

一般情况下，梁中承受弯矩的纵向受力钢筋不宜在受拉区截断。这是因为截断处受力钢筋面积突然减小，引起混凝土拉应力突然增大，从而导致在纵筋截断处过早出现裂缝，故对梁底承受正弯矩的钢筋不宜采取截断方式。有时会将计算上不需要的钢筋弯起作为抗剪钢筋或作为承受支座负弯矩的钢筋，不弯起的钢筋则直接伸入支座内锚固。

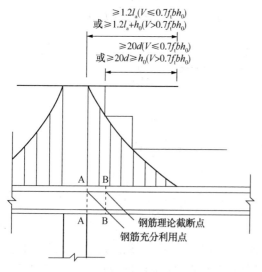

图 2.15　连续梁支座处钢筋的截断位置

连续梁支座截面承受负弯矩的纵向受拉钢筋，有时可截断部分钢筋，以节约钢材，但应符合如图 2.15 所示的规定。

当按上述规定确定的截断点仍位于负弯矩对应的受拉区内时，应延伸至按正截面受弯承载力计算不需要该钢筋的截面以外不小于 $1.3h_0$ 且不小于 $20d$ 处截断，且从该钢筋强度充分利用截面伸出的长度不应小于 $1.2l_a+1.7h_0$。

如图 2.15 所示，简支端的下部纵向受力钢筋，在支座内应有足够的锚固长度，以防止斜裂缝形成后纵向钢筋被拔出。简支梁和连续梁简支端的下部纵向受力钢筋伸入梁支座范围内的锚固长度 l_{as} 应符合表 2.4 的规定。

表 2.4　简支端支座钢筋的锚固

钢筋类型	$V \leqslant 0.7f_t bh$	$V > 0.7f_t bh$
光面钢筋	$\geqslant 5d$	$\geqslant 15d$
戴肋钢筋	$\geqslant 5d$	$\geqslant 15d$

在钢筋混凝土悬臂梁中的悬臂部分，应有不少于 2 根上部钢筋伸至悬臂梁外端，在端部向下弯折，弯折长度不应小于 $12d$；其余钢筋不应在梁的上部截断，而应按纵向钢筋弯起的规定向下弯折，并按弯起钢筋的锚固规定进行锚固。

3. 其他构造要求

1）箍筋的形式和肢数

箍筋的形式有封闭式和开口式两种，一般采用封闭式。对现浇 T 形梁，当不承受扭矩和动荷载时，在跨中截面上部为受压区的梁段内，可采用开口式。若梁中配有计算的受压钢筋时，均应采用封闭式，且弯钩直线段长度不应小于 $5d$，d 为箍筋直径；箍筋的间距不应大于 $15d$（d 为纵向受压钢筋的最小直径），同时不应大于 400mm；当一层内纵向受压钢筋多于 5 根且直径大于 18mm 时，箍筋间距不应大于 $10d$（d 为纵向受压钢筋的最小直径）。箍筋的肢数有单肢、双肢和四肢等。一般采用双肢，当梁宽 $b > 400$mm 且一层内的纵向受压钢筋多于 3 根时，或当梁的宽度不大于 400mm 但一层内的纵向受压钢筋多于 4 根时，应设置复合箍（如 4 肢箍、6 肢箍）。单肢箍只在梁宽很小时采用。

2）腰筋和拉结钢筋

当梁的腹板高度 $h_w \geqslant 450$mm 时，在梁的两侧面沿高度还需配置纵向构造钢筋——腰筋，且每侧纵向构造钢筋（不包括梁上下受力钢筋和架立钢筋）的面积不小于腹板面积的 0.1%，间距亦不宜大于 200mm，直径为 8~14mm，并用拉结钢筋连接。拉结钢筋的直径与箍筋相同，间距为箍筋间距的一倍。

四、混凝土梁受扭承载力计算

扭转是混凝土构件的一种基本受力状态。在工程中常见的受扭构件如雨篷梁、承受吊车横向刹车力作用的吊车梁、框架的边梁和螺旋楼梯等均承受扭矩作用，而且大都处于弯矩、剪力、扭矩共同作用下的复合受力状态，纯扭的情况极少。

（一）钢筋混凝土纯扭梁的受力性能

1. 纯扭梁的受力性能

根据力学知识，在扭矩作用下，钢筋混凝土构件截面上的应力分布如图 2.16 所示。受扭矩作用后，构件截面上产生剪应力 τ，相应的在与构件纵轴呈 45°方向产生主拉应力 σ_{tp} 和主压应力 σ_{cp}。当主拉应力达到混凝土抗拉强度时，在构件长边中某个薄弱部位首先开裂，裂缝将沿主压应力迹线迅速延伸，形成三面开裂。对于素混凝土构件，一旦开裂就会导致构件破坏，破坏面呈一空间扭曲面。

若将混凝土视为弹性材料，按弹性理论，当主拉应力 $\sigma_{tp} = \tau_{max} = f_t$ 时，构件开裂。即：

$$\tau_{max} = \frac{T_{cr,e}}{W_{te}} = f_t \tag{2.72}$$

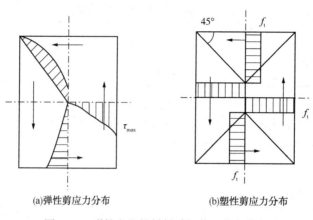

(a)弹性剪应力分布　　　　　　　(b)塑性剪应力分布

图 2.16　弹性和塑性材料受扭截面应力分布

$$T_{cr,e} = f_t W_{te} \tag{2.73}$$

式中：$T_{cr,e}$ 为弹性开裂扭矩；f_t 为混凝土的抗拉强度；W_{te} 为截面受扭弹性抵抗矩。

按塑性理论，对理想弹塑性材料，截面上某一点应力达到材料极限强度时并不会立即破坏，而是保持极限应力继续变形，扭矩仍可继续增加，直到截面上各点应力均达到极限强度，才达到极限承载力。此时截面上的剪应力分布如图 2.16（b）所示分为四个区。分别计算各区合力及其对截面形心的力偶之和，可求得塑性极限开裂扭矩为式（2.74）：

$$T_{cr,p} = f_t \frac{b^2}{6}(3h-b) = f_t W_t \tag{2.74}$$

式中：$T_{cr,p}$ 为塑性开裂扭矩；f_t 为混凝土的抗拉强度；W_t 为截面受扭塑性抵抗矩。

混凝土材料既非完全弹性，也不是理想弹塑性，而是介于两者之间的材料，达到开裂极限状态时截面的应力分布介于弹性和理想弹塑性之间，因此开裂扭矩也介于 $T_{cr,e}$ 和 $T_{cr,p}$ 之间。为简便实用，《混凝土结构设计规范（2015 年版）》（GB 50010—2010）规定，钢筋混凝土纯扭构件的开裂扭矩可按塑性应力分布的方法进行计算，再引入修正系数以考虑应力非完全塑性分布的影响。根据实验结果，该修正系数为 0.87 ~ 0.97，《混凝土结构设计规范（2015 年版）》（GB 50010—2010）为安全起见，取为 0.7。则开裂扭矩的计算公式（2.75）：

$$T_{cr} = 0.7 f_t W_t \tag{2.75}$$

其中系数 0.7 综合反映了混凝土塑性发挥程度和双轴应力下混凝土强度降低的影响。W_t 为受扭塑性抵抗矩，对矩形截面，按式（2.76）计算：

$$W_t = \frac{b^2}{6}(3h-b) \tag{2.76}$$

2. 破坏特征和配筋强度比 ζ

1）破坏特征

受扭构件的破坏形态及极限扭矩与构件的配筋情况密切相关。对于箍筋和纵筋配置都合适的情况，与临界（斜）裂缝相交的钢筋都能先达到屈服，然后混凝土压坏，与受弯适筋梁的破坏类似，具有一定的延性；当配筋数量过少时，由于所配钢筋不足以承担混凝土开裂后释放的拉应力，构件一旦开裂，将导致扭转角迅速增大而破坏，这与受弯构件中的少筋梁类似，呈脆性破坏特征，此时受扭构件的承载力取决于混凝土的抗拉强度；当箍筋和纵筋配置都过多时，钢筋屈服前混凝土砼就压坏，为受压脆性破坏，受扭构件的这种超筋破坏称为"完全超筋"，受扭承载力取决于混凝土的抗压强度。由于受扭钢筋是由箍筋和受扭纵筋两部分钢筋组成的，当两者配筋量不相匹配时，就会出现一个未达到屈服、另一个达到屈服的"部分超筋"破坏情况。

2）配筋强度比

为使抗扭箍筋和抗扭纵筋都能充分发挥作用，两种钢筋的配置比例应该适当。用配筋强度比 ζ 来表示受扭箍筋和受扭纵筋两者之间的强度关系，见式（2.77）：

$$\zeta = \frac{A_{stl} \cdot s}{A_{st1} \cdot u_{cor}} \cdot \frac{f_y}{f_{yv}} \tag{2.77}$$

式中：A_{stl} 为受扭构件沿截面周边布置的全部受扭纵筋的截面面积；A_{st1} 为受扭构件沿截面周边所配箍筋的单肢截面面积；f_y、f_{yv} 为受扭纵筋、受扭箍筋的抗拉强度设计值；s 为抗扭箍筋的间距，如图 2.17 所示；u_{cor} 为截面核心部分的周长，$u_{cor} = 2(b_{cor}+h_{cor})$，其中 b_{cor}、h_{cor} 为从箍筋内表面计算的截面核心部分的短边和长边尺寸，如图 2.17 所示。

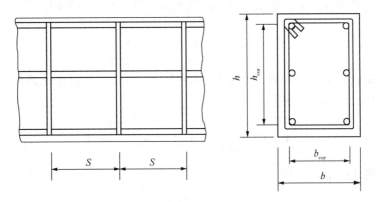

图 2.17　受扭构件截面尺寸及钢筋

试验表明，当 $0.5 \leqslant \zeta \leqslant 2.0$ 范围时，受扭破坏时纵筋和箍筋基本上都能达到屈服强度。但由于配筋量的差别，屈服的次序是有先后的。《混凝土结构设计规范（2015 年版）》（GB 50010—2010）建议取 $0.6 \leqslant \zeta \leqslant 1.7$，设计中通常可取 $\zeta = 1.0 \sim 1.3$，当 $\zeta > 1.7$ 时，取 $\xi = 1.7$。

（二）钢筋混凝土梁受扭承载力计算

当受扭构件同时存在剪力作用时，构件的受扭承载力将有所降低；同理，由于扭矩的存在，也将使构件的抗剪承载力降低。这就是剪力和扭矩的相关性。此外，在弯矩和扭矩的共同作用下，各项承载力也是相互关联的，其相互影响十分复杂。为了简化也为了安全，《混凝土结构设计规范（2015 年版）》（GB 50010—2010）建议采用叠加法计算。即将受弯所需的纵筋与受扭所需纵筋分别计算后进行叠加配置；箍筋也按受剪和受扭做相关考虑并计算后，再叠加配置。

1. 纯扭构件承载力计算

《混凝土结构设计规范（2015 年版）》（GB 50010—2010）规定纯扭构件的承载力按式（2.78）计算：

$$T \leqslant T_u = 0.35 f_t W_t + 1.2 \sqrt{\zeta} \cdot \frac{f_{yv} A_{st1}}{s} \cdot A_{cor} \tag{2.78}$$

式中：ζ 为配筋强度比，按公式(2.77)计算；T 为扭矩设计值；W_t 为截面受扭塑性抵抗矩，矩形截面按式(2.76)计算；A_{cor} 为截面核心部分的面积，$A_{cor} = b_{cor} \times h_{cor}$。

2. 矩形截面剪扭梁承载力计算

如前所述，由于剪扭相关性的存在，在计算中是以剪扭构件受扭承载力降低系数 β_t 体现的。剪扭构件混凝土的受扭承载力降低系数 β_t 按式(2.79)计算：

$$\beta_t = \frac{1.5}{1 + 0.5 \dfrac{V}{T} \cdot \dfrac{W_t}{bh_0}} \tag{2.79}$$

当 $\beta_t < 0.5$ 时，取 $\beta_t = 0.5$；$\beta_t > 1.0$ 时，取 $\beta_t = 1.0$。

1) 剪扭梁的受剪承载力

考虑了剪扭构件混凝土的受扭承载力降低系数 β_t 后，其受剪承载力式(2.80)计算：

$$V \leqslant V_u = 0.7(1.5 - \beta_t) f_t bh_0 + f_{yv} \frac{A_{sv}}{s} h_0 \tag{2.80}$$

对于集中荷载作用为主的独立矩形剪扭构件，在考虑了混凝土承载力降低系数 β_t 后，其受剪承载力按式(2.81)计算：

$$V \leqslant V_u = \frac{1.75}{\lambda + 1}(1.5 - \beta_t) f_t bh_0 + f_{yv} \frac{A_{sv}}{s} h_0 \tag{2.81}$$

此时，式中 β_t 按式(2.82)计算：

$$\beta_t = \frac{1.5}{1 + 0.2(\lambda + 1)\dfrac{V}{T} \cdot \dfrac{W_t}{bh_0}} \tag{2.82}$$

式中：λ 为计算截面的剪跨比，与式(2.59)中 λ 的取值规定相同。

2) 剪扭梁的受扭承载力

考虑了剪扭混凝土梁的受扭承载力降低系数 β_t 后，由式(2.78)有，其受扭承载力按式(3.83)计算：

$$T \leqslant T_u = 0.35 \beta_t f_t W_t + 1.2 \sqrt{\zeta} f_{yv} \frac{A_{st1}}{s} A_{cor} \tag{2.83}$$

3. 矩形截面弯扭梁承载力计算

在同时受弯和受扭的构件中，纵向钢筋就要同时受到弯矩产生的拉应力和压应力以及扭矩产生的拉应力，《混凝土结构设计规范(2015年版)》(GB 50010—2010)规定采用叠加法进行设计，即按受弯正截面承载力和受扭承载力分别计算出各自所需要的纵向钢筋截面面积，并按图2.18所示方法将相同位置处的钢筋进行叠加。配筋时，可将相重叠部位的受弯纵筋和受扭纵筋面积叠加后，再选配钢筋。

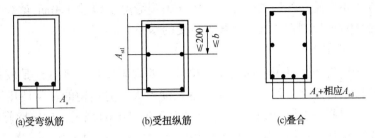

(a)受弯纵筋　　　　　　(b)受扭纵筋　　　　　　(c)叠合

图 2.18　受弯扭构件纵向钢筋叠加

4. 构造要求

按受扭承载力计算得出的纵向钢筋面积 A_{stl} 应沿构件的周边均匀对称布置，其间距不应大于200mm及梁截面短边长度；并在梁截面四角应设置受扭纵向钢筋，受扭纵向钢筋应按受拉钢筋锚固在支座内。梁内受扭纵向钢筋的最小配筋率 $\rho_{tl,min}$ 应符合式（2.84）规定。

$$\rho_{stl} = \frac{A_{stl}}{bh} \geqslant \rho_{tl,min} = 0.6\sqrt{\frac{T}{VB}}\frac{f_t}{f_y} \tag{2.84}$$

受扭箍筋除应满足强度要求和最小配筋率的要求以外，其形状还应满足如图2.19所示的要求。即箍筋必须做成封闭式，箍筋的末端必须做成135°弯钩，弯钩的端头平直端长度不得小于10d（d 为箍筋直径）。箍筋间距应满足受剪最大箍筋间距要求，且不大于截面短边尺寸。若采用复合箍筋时，在计算时不应考虑位于截面内部箍筋的作用。

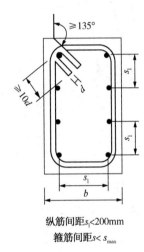

纵筋间距$s_1 < 200mm$
箍筋间距$s < s_{max}$

图 2.19　受扭构件
配筋构造

五、钢筋混凝土梁的变形及裂缝宽度验算

钢筋混凝土梁按前述进行承载能力极限状态设计计算，是保证其安全可靠的前提，必须首先予以满足。同时，为了使构件具有预期的适用性和耐久性，还必须进行正常使用极限状态的验算。验算内容包括裂缝宽度、变形等，要求其计算值不得超过《混凝土结构设计规范（2015 年版）》（GB 50010—2010）规定的限值。

（一）裂缝宽度验算

形成裂缝的原因是多方面的，其中有由于温度变化、混凝土收缩、地基不均匀沉降、钢筋锈蚀等非荷载因素引起的；另一类则是由于荷载作用，所产生的主拉应力超过混凝土的抗拉强度造成的。对于非荷载引起的裂缝，目前还没有完善的可供实际应用的计算方法，只能通过构造和施工措施予以保证。目前《混凝土结构设计规范（2015 年版）》（GB 50010—2010）有关裂缝控制的验算，主要是针对荷载作用下的裂缝进行验算。

1. 裂缝控制的目的

裂缝控制的目的主要有两个：一是耐久性的要求，这是长期以来被广泛认为控制裂缝宽度的理由。如果构件所处环境湿度过大，将引起钢筋锈蚀，钢筋的锈蚀是一种膨胀过程，最终将导致混凝土产生沿顺筋方向的锈蚀裂缝，甚至混凝土保护层的剥落。水利、给排水结构中的水池、管道等结构的开裂，将会引起渗漏。另一方面，裂缝开展过宽，有损结构外观，会令人产生不安感。经调查研究，一般认为裂缝宽度超过 0.4mm 就会引起人们的关注，因此应将裂缝宽度控制在能被大多数人接受的水平。

2. 裂缝宽度验算要求

在工业与民用建筑中，对于钢筋混凝土构件，要求限制不出现裂缝是较难实现的，一般在正常使用阶段是带裂缝工作的，只要裂缝宽度不大，对结构的正常使用则不会有什么影响。《混凝土结构设计规范(2015 年版)》(GB 50010—2010)规定，构件按荷载的准永久组合计算，并考虑荷载长期作用的影响所求得最大裂缝宽度 $\omega_{\max}$ 不应超过《规范》规定的钢筋混凝土构件最大裂缝宽度限值 $\omega_{\lim}$。

3. 裂缝宽度验算

由于混凝土的非匀质性，抗拉强度离散性大，因而构件裂缝的出现和开展宽度也带有随机性，计算裂缝宽度比较复杂，对裂缝宽度和裂缝间距的计算至今仍为半理论半经验的方法。

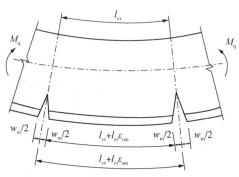

图 2.20　平均裂缝宽度计算简图

1) 平均裂缝宽度 ω_m 的计算

现行的计算方法认为，裂缝的开展宽度是由于钢筋与混凝土之间的黏结遭到破坏，发生相对滑移，引起裂缝处的混凝土回缩而产生的。引入平均裂缝宽度和平均裂缝间距的概念，并认为平均裂缝宽度应等于平均裂缝间距区段内，沿钢筋水平位置处钢筋的伸长值与混凝土伸长值之差，如图 2.20 所示。

(1) 平均裂缝间距 l_{cr}。《混凝土结构设计规范(2015 年版)》(GB 50010—2010)规定，当混凝土最外层纵向受拉钢筋外边缘至受拉区底边的距离 c_s 不大于 65mm 时，混凝土梁的平均裂缝间距可按式(2.85)计算：

$$l_{cr} = 1.9c_s + 0.08\frac{d_{eq}}{\rho_{te}} \tag{2.85}$$

式中：c_s 为最外层纵向受拉钢筋外边缘至混凝土受拉区底边的距离，mm，当 $c_s < 20$mm 时，取 $c_s = 20$mm；当 $c_s > 65$mm 时，取 $c_s = 65$mm；d_{eq} 为配置不同钢种，不同直径的钢筋时，受拉区纵向受拉钢筋的等效直径，mm，$d_{eq} = \dfrac{\sum n_i d_i^2}{\sum n_i v_i d_i}$；$d_i$ 为受拉区第 i 种纵向钢筋的公称直径，mm；n_i 为受拉区第 i 种纵向钢筋的根数；v_i 受拉区第 i 种纵向受拉钢筋的相对黏结特性系数，见表 2.5；ρ_{te} 为按有效受拉混凝土截面面积 A_{te} 计算的纵向受拉钢筋配筋率，$\rho_{te} = \dfrac{A_s}{A_{te}}$，当 $\rho_{te} < 0.01$ 时，取 $\rho_{te} = 0.01$；A_{te} 为有效受拉混凝土截面面积，按下列规定取用：对轴心受拉构件，A_{te} 取构件截面面积；对受弯、偏心受压和偏心受拉构件，取 $A_{te} = 0.5bh + (b_f - b)h_f$。

表 2.5 钢筋的相对黏结特性系数

钢筋类别	非预应力钢筋		先张法预应力钢筋			后张法预应力钢筋		
	光面钢筋	带肋钢筋	带肋钢筋	螺旋肋钢丝	钢绞线	带肋钢筋	钢绞线	光面钢丝
v_i	0.7	1.0	1.0	0.8	0.6	0.8	0.5	0.4

注：对环氧树脂涂层带肋钢筋，其黏结特性系数应按表中系数的80%取用。

（2）平均裂缝宽度。如前所述，由图 2.20 可见，裂缝的平均宽度 ω_m 可由式（2.86）得到：

$$\omega_m = \varepsilon_{sm} l_{cr} - \varepsilon_{cm} l_{cr} = \varepsilon_{sm} l_{cr} \left(1 - \frac{\varepsilon_{cm}}{\varepsilon_{sm}} \right) \tag{2.86}$$

令其中 $1 - (\varepsilon_{cm}/\varepsilon_{sm}) = \alpha_c$，裂缝间纵向钢筋的平均应变 ε_{sm} 与裂缝截面处的钢筋应变 ε_s 之比为钢筋应变不均匀系数 ψ，$\psi = \varepsilon_{sm}/\varepsilon_s$，裂缝的平均宽度则可表示为式（2.87）：

$$\omega_m = \alpha_c \psi \frac{\sigma_{sq}}{E_s} l_{cr} \tag{2.87}$$

式中：σ_{sq} 为按荷载效应的准永久组合计算的钢筋混凝土构件纵向受拉钢筋在裂缝截面处的应力；对于受弯构件，$\sigma_{sq} = \dfrac{M_q}{0.87 h_0 A_s}$；$E_s$ 为钢筋的弹性模量；l_{cr} 为平均裂缝间距；ψ 为钢筋应变不均匀系数，ψ 的物理意义反映了裂缝间混凝土参与抗拉的能力。$\psi = 1.1 - 0.65 \dfrac{f_{tk}}{\sigma_{sp} \rho_{te}}$，当 $\psi < 0.2$ 时，取 $\psi = 0.2$；$\psi > 1.0$ 时，取 $\psi = 1.0$。

2）最大裂缝宽度 ω_{max} 的计算

由于裂缝宽度的离散性比较大，对结构影响最大的是其中宽度最大的裂缝。而基于平均裂缝宽度计算最大裂缝宽度时，还需要考虑两个因素。一是加载时最大裂缝宽度的扩大系数 τ_s，二是构件长期使用后的扩大系数 τ_1。故最大裂缝宽度的计算式可写成式（2.88）：

$$\omega_{max} = \tau_s \tau_1 \omega_m = \alpha_c \tau_s \psi \frac{\sigma_{sq}}{E_s} \left(1.9 c_s + 0.08 \frac{d_{eq}}{\rho_{te}} \right) \tag{2.88}$$

令 $\alpha_{cr} = \alpha_c \tau_s \tau_1$，则有式（2.89）：

$$\omega_{max} = \alpha_{cr} \psi \frac{\sigma_{sq}}{E_s} \left(1.9 c_s + 0.08 \frac{d_{eq}}{\rho_{te}} \right) \tag{2.89}$$

式中：α_{cr} 为构件受力特征系数。受弯和偏心受压构件，$\alpha_{cr} = 1.9$（对于偏压构件，当 $e_0/h_0 \leqslant 0.55$ 时可不验算裂缝宽度），轴心受拉构件，$\alpha_{cr} = 2.70$；偏心受拉构件，$\alpha_{cr} = 2.40$。

4. 控制及减小裂缝宽度措施

由式（2.89）计算出的最大裂缝宽度 ω_{max} 不应超过《混凝土结构设计规范（2015 年版）》（GB 50010—2010）规定的最大裂缝宽度的限值 ω_{lim}，当计算出的最大裂缝宽度不满足要求时，宜采取下列措施，以减小裂缝宽度。

1）合理布置钢筋

从最大裂缝宽度计算公式（2.89）可以看出，受拉钢筋直径与裂缝宽度成正比，直径越大裂缝宽度也越大，因此在满足《混凝土结构设计规范（2015 年版）》（GB 50010—2010）对纵向钢筋最小直径和钢筋之间最小间距的前提下,梁内尽量采用直径略小、根数略多的配筋方式,这样可以有效分散裂缝,减小裂缝宽度。

2)适当增加钢筋截面面积

从最大裂缝宽度计算公式(2.88)还可以看出,裂缝宽度与裂缝截面受拉钢筋应力成正比,与有效受拉配筋率成反比,因此可适当增加钢筋截面面积 A_s,以提高 ρ_{te} 降低 σ_{sq}。

3)尽可能采用带肋钢筋

光圆钢筋的黏结特性系数为0.7,带肋钢筋为1.0,表明带肋钢筋与混凝土的黏结性较光圆钢筋要好得多,裂缝宽度也将减小。

此外,解决裂缝宽度问题,除上述几种方法外,解决裂缝宽度问题最为有效的办法是采用预应力混凝土,因为它能使构件在荷载作用下,不产生拉应力或只产生很小的拉应力,进而使得裂缝不出现或减小裂缝的宽度。

裂缝宽度的验算,除上述受弯构件外,还有轴心受拉、偏心受拉、偏心受压等构件。相应的计算公式、系数和计算方法,可查阅《混凝土结构设计规范(2015年版)》(GB 50010—2010)的相关规定。

(二)受弯构件变形验算

受弯构件的跨中挠度验算,可根据其抗弯刚度按照力学的方法,按式(2.90)进行计算:

$$f = C\frac{Ml_0^2}{EI} \tag{2.90}$$

式中: M 为弯矩组合值; l_0 为梁的计算跨度; EI 为梁截面的抗弯刚度; C 为与荷载类型和支承条件有关的系数,如简支梁承受均布荷载, $C=5/48$。

由材料力学可知,当梁的截面尺寸和材料已定,截面的抗弯刚度 EI 就为一常数。所以由式(2.90)可知梁的挠度 f 与弯矩 M 呈线性关系。而钢筋混凝土梁不是弹性体,具有一定的塑性,其弯矩 M 与挠度 f 的关系曲线如图2.21所示。由图可见,在第Ⅱ阶段(正常使用阶段),挠度 f 与 M 的关系不是线性关系,随着弯矩的增大,挠度的增长比弯矩增加更快。这一方面是因为混凝土材料的应力应变关系为非线性,变形模量不是常数;另一方面,钢筋混凝土梁随受拉区裂缝的产生和发展,截面有所削弱,使得截面的惯性矩不断减小。因此,钢筋混凝土梁随荷载的增加,其截面抗弯刚度不断降低。

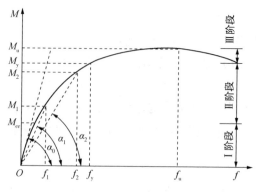

图2.21 钢筋混凝土受弯构件的M-f关系曲线

由于在钢筋混凝土受弯构件中采用了平截面假定,所以计算钢筋混凝土受弯构件的挠度仍可采用材料力学中给出的公式的形式,但梁的抗弯刚度需做一些修正,即用 B 代替原材料力学公式中的 EI。由此可见,受弯构件的挠度计算就转变为求钢筋混凝土梁的抗弯刚度 B 的问题了。

1. 短期刚度 B_s

所谓短期刚度就是指钢筋混凝土梁在荷载准永久组合作用下的截面抗弯刚度。

1) 开裂前短期刚度计算

对于钢筋混凝土梁，在第 I 应力阶段也就是开裂前，混凝土受拉区已表现出一定塑性，抗弯刚度已有一定程度的降低，通常可偏安全地取钢筋混凝土构件的短期刚度为，见式（2.91）：

$$B_s = 0.85 E_c I_0 \tag{2.91}$$

式中：E_c 为混凝土的弹性模量；I_0 为换算截面对其重心轴的惯性矩。

2) 开裂后构件短期刚度

验算钢筋混凝土梁的挠度，都在第 Ⅱ 阶段进行。根据材料力学知识，并考虑到混凝土材料的弹塑性、截面上的应力分布、截面的形状、钢筋和混凝土材料的弹性模量、截面的配筋率等因素对构件刚度的影响，结合试验研究的结果，《混凝土结构设计规范（2015 年版）》（GB 50010—2010）给出的钢筋混凝土受弯构件短期刚度 B_s 的计算公式（2.92）：

$$B_s = \frac{E_s A_s h_0^2}{1.15\psi + 0.2 + \dfrac{6\alpha_E \rho}{1 + 3.5\gamma_f'}} \tag{2.92}$$

式中：α_E 为钢筋与混凝土的弹性模量比（$\alpha_E = \dfrac{E_s}{E_c}$）；$\gamma_f'$ 为 T 形、工字形截面受压翼缘的加强系数，矩形截面时，$\gamma_f' = 0$；T 形、工字形截面的受压翼缘面积与腹板有效面积之比，$\gamma_f' = (b_f' - b) h_f' / (b h_0)$，当 $h_f' > 0.2 h_0$，取 $h_f' = 0.2 h_0$。

式（2.92）适用于矩形、T 形、倒 T 形和工字形截面受弯构件。由于式中的 ψ 与 σ_{sq} 有关，而 σ_{sq} 又与 M_q 有关，所以 ψ 与 M_q 有关。

2. 刚度 B 的计算

对于钢筋混凝土构件，由于受压区混凝土的徐变，以及受拉钢筋和混凝土之间的滑移、徐变，使裂缝间受拉区混凝土不断退出工作，从而引起受拉钢筋在裂缝间应变不断增加。因此，在荷载长期作用下，钢筋混凝土受弯构件的刚度将随时间的增加而逐渐降低，挠度不断加大。以 B 表示受弯构件按荷载效应准永久组合并考虑长期作用影响的刚度。

《混凝土结构设计规范（2015 年版）》（GB 50010—2010）建议荷载长期作用下钢筋混凝土梁的刚度 B 采用式（2.93）计算：

$$B = \frac{B_s}{\theta} \tag{2.93}$$

式中：θ 为考虑荷载长期作用使挠度增大的影响系数。

θ 值可直接按式（2.94）计算：

$$\theta = 2.0 - 0.4 \rho' / \rho \tag{2.94}$$

式中：ρ'、ρ 分别为纵向受拉和受压钢筋的配筋率。

截面形状对长期荷载作用下的挠度也有影响，对翼缘位于受拉区的倒 T 形截面，由于在短期荷载作用下，受拉区混凝土参与受拉的程度较矩形截面为大，因此在长期荷载作用下，受拉区混凝土退出工作的影响也较大，挠度增加亦较多。故按式（2.94）计算出的 θ 值需再乘以 1.2 的增大系数。

3. 挠度验算

受弯构件在正常使用极限状态下的挠度，可以根据构件的刚度 B 用结构力学的方法计算。但如前述，钢筋混凝土受弯构件开裂后的截面刚度不仅与其截面尺寸有关，还与截面弯矩的大小有关。如按变刚度计算梁的挠度是十分复杂的，为简化计算，《混凝土结构设计规范（2015 年版）》（GB 50010—2010）假定各同号弯矩区段内的刚度相等，并取用该区段内最大弯矩 M_{max} 截面处的刚度作为该区段的抗弯刚度。对允许出现裂缝的构件，它就是该区段的最小刚度 B_{min}。这就是受弯构件计算挠度时的"最小刚度原则"。采用最小刚度原则按等刚度方法计算构件挠度，与试验梁挠度的实测值符合良好。采用最小刚度原则用等刚度法计算钢筋混凝土受弯构件的挠度完全可满足工程要求。

按上述方法计算的挠度值不应超过《混凝土结构设计规范（2015 年版）》（GB 50010—2010）规定的挠度限值 $[f]$，即式（2.95）：

$$f \leqslant [f] \tag{2.95}$$

4. 减小受弯构件挠度的措施

如果验算挠度不满足式（2.95）要求，则应采取措施减小受弯构件的挠度。要想减小受弯构件的挠度，必须加大构件的刚度。

第二节　单层厂房设计

一、单层排架结构厂房的组成和结构布置

（一）结构组成

单层厂房的结构通常是由屋盖结构、横向平面排架、纵向平面排架、吊车梁、支撑结构构件、基础以及围护结构（包括墙体）等结构构件所组成并连成一个整体的。

（二）结构布置

1. 厂房关键尺寸

厂房关键尺寸包括确定纵向定位轴线、横向定位轴线和厂房的高度。

厂房承重柱（或承重墙）的纵向和横向定位轴线，在平面上排列所形成的网格，称为柱网。柱网布置就是确定纵向定位轴线之间（跨度）和横向定位轴线之间（柱距）的尺寸。确定柱网尺寸，既是确定柱的位置，同时也是确定屋面板、屋架和吊车梁等构件的跨度，并涉及厂房结构构件的布置。柱网布置恰当与否，将直接影响厂房结构的经济合理性和先进性，对生产使用也有密切关系。

厂房跨度在 18m 及以下时，跨度应采用 3m 的倍数；在 18m 以上时，应采用 6m 的倍数。厂房柱距应采用 6m 或 6m 的倍数。当工艺布置和技术经济有明显的优越性时，亦可采用 21m、27m、33m 的跨度和 9m 或其他柱距。

厂房的高度还应考虑统一的模数。

2. 变形缝

变形缝包括伸缩缝、沉降缝和防震缝三种。

如果厂房长度和宽度过大，当气温变化时，将使结构内部产生很大的温度应力，严重的可将墙面、屋面等拉裂，影响使用。为减小厂房结构中的温度应力，可设置伸缩缝，将厂房结构分成几个温度区段。伸缩缝应从基础顶面开始，将两个温度区段的上部结构构件完全分开，并留出一定宽度的缝隙，使上部结构在气温变化时，水平方向可以自由地发生变形。温度区段的形状，应力求简单，并应使伸缩缝的数量最少。温度区段的长度（伸缩缝之间的距离），取决于结构类型和温度变化情况。《混凝土结构设计规范（2015 年版）》（GB 50010—2010）对钢筋混凝土结构伸缩缝的最大间距做了规定，当厂房的伸缩缝间距超过规定值时，应验算温度应力。

现浇式在一般单层厂房中可不做沉降缝，只有在特殊情况下才考虑设置，如厂房相邻两部分高度相差很大（如 10m 以上）、两跨间吊车的起重相差悬殊、地基承载力或下卧层土质有较大差别、厂房各部分的施工时间先后相差很长、土壤压缩程度不同等情况。沉降缝应将建筑物从屋顶到基础全部分开，以使在缝两边发生不同沉降时不至损坏整个建筑物。沉降缝可兼作伸缩缝。

防震缝是为了减轻厂房地震灾害而采取的有效措施之一。当厂房平、立面布置复杂或结构高度或刚度相差很大，以及在厂房侧边建生活间、变电所、炉子间等附属建筑时，应设置防震缝将相邻部分分开。地震区的厂房，其伸缩缝和沉降缝均应符合防震缝的要求。

3. 支撑的布置

在装配式钢筋混凝土单层厂房结构中，支撑虽非主要的构件，但却是联系主要结构构件以构成整体的重要组成部分。实践证明，如果支撑布置不当，不仅会影响厂房的正常使用，甚至可能引起工程事故，所以应予以足够的重视。

1）屋盖支撑

屋盖支撑包括设置在屋面梁（屋架）间的垂直支撑、水平系杆以及设置在上、下弦平面内的横向支撑和通常设置在下弦水平面内的纵向水平支撑。

（1）屋面梁（屋架）间的垂直支撑及水平系杆

垂直支撑和下弦水平系杆是用以保证屋架的整体稳定（抗倾覆）以及防止在吊车工作时（或有其他振动）屋架下弦的侧向颤动。上弦水平系杆则用以保证屋架上弦或屋面梁受压翼缘的侧向稳定（防止局部失稳）。

（2）屋面梁（屋架）间的横向支撑

上弦横向支撑的作用是：构成刚性框架，增强屋盖整体刚度，保证屋架上弦或屋面梁上翼缘的侧向稳定，同时将抗风柱传来的风力传递到（纵向）排架柱顶。

下弦横向水平支撑的作用是：保证将屋架下弦受到的水平力传至（纵向）排架柱顶。故当屋架下弦设有悬挂吊车或有其他水平力，或抗风柱与屋架下弦连接，抗风柱风力传至下弦时，则应设置下弦横向水平支撑。

（3）屋面梁（屋架）间的纵向水平支撑

下弦纵向水平支撑是为了提高厂房刚度，保证横向水平力的纵向分布，增强排架的空间工作性能而设置的。设计时应根据厂房跨度、跨数和高度，屋盖承重结构方案，吊车吨位及工作制等因素考虑在下弦平面端节点中设置。如厂房还设有横向支撑时，则纵向支撑应尽可能同横向支撑形成封闭支撑体系；当设有托架时，必须设置纵向水平支撑；如果只在部分柱间设有托架，则必须在设有托架的柱间和两端相邻的一个柱间设置纵向水平支撑，以承受屋架传来的横向风力。

2）柱间支撑

柱间支撑的作用主要是提高厂房的纵向刚度和稳定性。对于有吊车的厂房，柱间支撑分上部支撑和下部支撑两种，前者位于吊车梁上部，用以承受作用在山墙上的风力，并保证厂房上部的纵向刚度；后者位于吊车梁下部，承受上部支撑传来的力和吊车梁传来的吊车纵向制动力，并把它们传至基础。

4. 围护结构的布置

1）抗风柱

单层厂房的端墙（山墙），受风面积较大，一般需要设置抗风柱将山墙分成几个区格，使墙面受到的风荷载一部分（靠近纵向柱列的区格）直接传至纵向柱列，另一部分则经抗风柱下端直接传至基础和经上端通过屋盖系统传至纵向柱列。

钢筋混凝土抗风柱的上柱宜采用不小于 350mm×350mm 的矩形截面；下柱可采用矩形截面或工字形截面，其截面宽度 $b \geqslant 350$mm，截面高度 $h \geqslant 600$mm，且 $h \geqslant H/25$（H 为抗风柱基础顶至与屋架连接处的高度）。

2）圈梁、连系梁及基础梁

单层厂房采用砌体围护墙时，一般需设置圈梁、连系梁和基础梁。

（1）圈梁。圈梁为非承重的现浇钢筋混凝土构件，在墙体的同一水平面上连续设置，构成封闭状，并与柱中伸出的预埋拉筋连接。圈梁的作用是将厂房的墙体和柱等箍束在一起，增强厂房结构的整体刚度，防止因地基不均匀沉降或较大振动作用等对厂房产生的不利影响。圈梁的设置与墙体高度、设备有无振动及地基情况等有关。

（2）连系梁。连系梁一般为预制钢筋混凝土构件，两端支承在柱牛腿上，用预埋件或螺栓与牛腿连接。连系梁的作用是承受其上墙重及窗重，并传给排架柱，同时起到联系纵向柱列，增强厂房纵向刚度的作用。

（3）基础梁。在单层厂房中，一般用基础梁来支承围护墙，并将围护墙的重力传给基础。基础梁通常为预制钢筋混凝土简支梁，两端直接支承在基础顶部。

二、结构构件的选型

单层厂房结构的主要构件有屋盖结构构件、支撑、吊车梁、墙体、连系梁、基础梁、柱和基础等。除柱和基础外，其他构件一般都可以根据工程的具体情况，从工业厂房结构构件标准图集中选用合适的标准构件，不必另行设计。柱和基础一般应进行具体设计，必须先选型并确定其截面尺寸，然后进行设计计算等。

（一）屋盖结构构件

屋盖结构构件的材料用量和造价比其他构件大，因此选择屋盖构件时应尽可能节约材料，降低造价。

1. 屋面板

无檩体系屋盖常采用预应力混凝土大型屋面板，它适用于保温或不保温卷材防水屋面，屋面坡度不应大于 1/5。目前国内常用的大型屋面板由面板、横肋和纵肋组成，其尺寸为 1.5m(宽)×6m(长)×0.24m(高)。在纵肋两端底部预埋钢板与屋架上弦预埋钢板三点焊接，形成水平刚度较大的屋盖结构。

2. 檩条

檩条搁在屋架或屋面板上，起着支承小型屋面板并将屋面荷载传给屋架的作用。它与屋架间用预埋钢板焊接，并与屋盖支撑一起保证屋盖结构的刚度和稳定性。目前应用较多的是钢筋混凝土或预应力混凝土 T 形截面檩条，跨度一般为 4m 或 6m。

3. 屋面梁和屋架

屋面梁和屋架是屋盖结构的主要承重构件，除直接承受屋面的荷载外，还作为横向排架结构的水平横梁传递水平力。有时还承受悬挂吊车、管道等荷载，并与屋盖支撑、屋面板、檩条等一起形成整体空间结构，保证屋盖水平和竖直方向的刚度和稳定。屋面梁和屋架的种类较多，按其形成可分为屋面梁、两铰(或三铰)拱屋架和桁架式屋架三大类。

(二) 吊车梁

吊车梁除直接承受吊车起重、运行和制动时产生的各种移动荷载外，还具有将厂房的纵向荷载传递至纵向柱列、加强厂房纵向刚度等作用。

吊车梁一般根据吊车的起重、工作级别、台数、厂房跨度和柱距等因素选用。目前常用的吊车梁类型有钢筋混凝土等截面实腹式吊车梁、预应力混凝土等截面和变截面吊车梁、钢筋混凝土和钢组合式吊车梁等。

(三) 柱

单层厂房中的柱主要有排架柱和抗风柱两类。

钢筋混凝土排架柱一般由上柱、下柱和牛腿组成。上柱一般为矩形截面或环形截面；下柱的截面形式较多，根据其截面形式可分为矩形截面柱、工形截面柱、双肢柱和管柱等几类。

抗风柱一般由上柱和下柱组成，无牛腿，上柱为矩形截面，下柱一般为工形截面。

(四) 基础

单层厂房的柱下基础一般采用独立基础(也称扩展基础)。对装配式钢筋混凝土单层厂房排架结构，常用的独立基础形式主要为杯形基础、高杯基础和桩基础等。

实际工程中也有无筋倒圆台基础、壳体基础等柱下独立基础，有时也采用钢筋混凝土条形基础等。

三、横向排架结构内力分析

(一) 排架荷载计算

作用于厂房横向排架上的荷载有恒荷载和活荷载两类。恒荷载一般包括屋盖自重 G_1、上柱自重 G_2、下柱自重 G_3、吊车梁与轨道连接件等的自重 G_4 以及由支承在柱牛腿上的连系梁传来的围护结构等自重。活荷载一般包括屋面活荷载 Q_1、吊车竖向荷载 D_{max}、吊车横向水平荷载 T_{max}、横向的均布风荷载 q 及作用于排架柱顶的集中风荷载 F_w 等。

1. 恒荷载

恒荷载包括屋盖、吊车梁和柱的自重以及轨道连接件、围护结构自重等，其值可根据构件的设计尺寸和材料的重力密度进行计算；对于标准构件，可从标准图集上查出。各类常用材料自重的标准值可查《建筑结构荷载规范》（GB 50009—2012）。

1）屋盖自重

屋盖自重为计算单元范围内的屋面构造层、屋面板、天窗架、屋架或屋面梁、屋盖支撑等的自重。屋盖自重以集中力 G_1 的形式作用于柱顶。G_1 的作用线通过屋架上、下弦中心线的交点，一般距厂房纵向定位轴线150mm，如图 2.22（a）所示。G_1 对上柱截面几何中心存在偏心距 e_1，力矩为 $M_1 = G_1 e_1$，e_1 对下柱截面几何中心又增加一个偏心距 e_0，对下柱截面中心线又有附加力矩为 M_2。如图 2.22（c）所示。

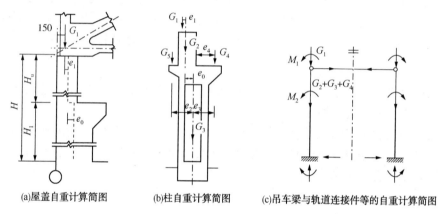

(a)屋盖自重计算简图　　(b)柱自重计算简图　　(c)吊车梁与轨道连接件等的自重计算简图

图 2.22　恒荷载作用位置及相应的计算简图

2）柱自重

上、下柱的自重 G_2、G_3（下柱包括牛腿）分别按各自的截面尺寸和高度计算。G_2 作用于上柱底部截面中心线处，G_3 作用于下柱底部，且与下柱截面中心线重合，如图 2.22（b）所示。

3）吊车梁与轨道连接件等的自重

吊车梁与轨道连接件等的自重 G_4，沿吊车梁的中线作用于牛腿顶面，对下柱截面中心线有偏心距 e_3、在牛腿顶面处有力矩 M_2，如图 2.22（c）所示。

4）悬墙自重

当设有连系梁支承围护墙体时，计算单元范围内的悬墙重力荷载以集中力的形式通过连系梁传给支承连系梁的柱牛腿面，偏心距为 e_2。

2. 屋面活荷载

屋面活荷载包括雪荷载、积灰荷载和施工荷载等，其标准值可从《建筑结构荷载规范》（GB 50009—2012）中查得。考虑到不可能在屋面积雪很深时进行屋面施工，故规定雪荷载与施工荷载不同时考虑，设计时取两者中的较大值。当有积灰荷载时，应与雪荷载或施工荷载中的较大者同时考虑。

屋面水平投影面上的雪荷载标准值 $s_k(kN/m^2)$ 可按式(2.96)计算

$$s_k = \mu_r s_0 \tag{2.96}$$

式中：s_k 为雪荷载标准值，kN/m^2。s_0 为基本雪压，kN/m^2，系以当地一般空旷平坦地面上统计所得的50年一遇的最大积雪的自重确定。对山区，应乘以系数1.2。μ_r 为屋面积雪分布系数。

3. 吊车荷载

按吊车在使用期内要求的总工作循环次数和吊车荷载达到其额定值的频繁程度，将吊车划分为A1~A8，共8个工作级别。吊车的工作级别与过去采用的吊车工作制的对应关系为：A1~A3对应轻级工作制，在生产过程中不经常使用的吊车(吊车运行时间占全部生产时间不超过15%者)，例如用于检修设备的吊车；A4、A5对应中级工作制，运行中等频繁程度的吊车，例如机械加工车间和装配车间的吊车等；A6、A7对应重级工作制，运行较为频繁的吊车(吊车运行时间占全部生产时间不少于40%者)，例如轧钢厂房中的吊车；A8对应于超重级工作制，运行极为频繁的吊车。

桥式吊车由大车和小车组成，大车在吊车梁的轨道上沿着厂房纵向运行，小车在大车的轨道上沿着厂房横向行驶，小车上设有滑轮和吊索用来起吊物件。

吊车作用于排架上的荷载有竖向荷载和水平荷载两种。

1) 吊车竖向荷载

吊车竖向荷载是指吊车(大车和小车)自重与所吊质量经吊车梁传给柱的竖向压力。当吊车的起重达到额定最大值 G_{max}，而小车同时驶到大车桥一端的极限位置时，作用在该柱列吊车梁轨道上的压力达到最大值，称为最大轮压 $P_{max,k}$；此时作用在对面柱列轨道上的轮压则为最小轮压 $P_{min,k}$，$P_{max,k}$ 与 $P_{min,k}$ 同时发生。对常用的四轮吊车，$P_{min,k}$ 也可按式(2.97)计算

$$P_{min,k} = \frac{G_{1,k} + G_{2,k} + G_{3,k}}{2} - P_{max,k} \tag{2.97}$$

式中：$G_{1,k}$、$G_{2,k}$ 分别为大车、小车的自重标准值，kN，等于各自的质量 m_1、m_2(以"t"计)与重力加速度 g 的乘积，$G_{1,k} = m_1 g$、$G_{2,k} = m_2 g$；$G_{3,k}$ 为与吊车额定起吊质量 Q 对应的重力标准值，kN，等于以"t"计的额定起吊质量 Q 与重力加速度的乘积 $G_{3,k} = Qg$。

当 $P_{max,k}$ 与 $P_{min,k}$ 确定后，即可根据吊车梁(按简支梁考虑)的支座反力影响线及吊车轮子的最不利位置得到吊车梁的支座反力影响线。

计算两台吊车由吊车梁传给柱子的最大吊车竖向荷载的设计值 $D_{max,k}$ 与最小吊车竖向荷载设计值 $D_{min,k}$，即式(2.98)、式(2.99)：

$$D_{max,k} = \beta P_{max,k} \sum y_i \tag{2.98}$$

$$D_{min,k} = \beta P_{min,k} \sum y_i = D_{max,k} \frac{P_{min,k}}{P_{max,k}} \tag{2.99}$$

式中：$P_{max,k}$、$P_{min,k}$ 为吊车的最大及最小轮压；$\sum y_i$ 为吊车最不利布置时，各轮子下影响线竖向坐标值之和，可根据吊车的宽度 B 和轮距 K 确定；β 为多台吊车的荷载折减系数。

吊车最大轮压的设计值 $P_{max} = \gamma_Q P_{max,k}$，吊车最小轮压设计值 $P_{min} = \gamma_Q P_{min,k}$，故作用在排

架上的吊车竖向荷载设计值 $D_{max} = \gamma_Q D_{max,k}$，$D_{min} = \gamma_Q D_{min,k}$，这里的 γ_Q 是吊车荷载的荷载分项系数，$\gamma_Q = 1.4$。

吊车竖向荷载 D_{max}、D_{min} 分别作用在同一跨两侧排架柱的牛腿顶面，作用点位置与吊车梁和轨道自重 G_4 相同，距下柱截面中心线的偏心距为 e_3 或 e_3'，在牛腿顶面产生的偏心力矩分别为 $D_{max}e_3$ 和 $D_{min}e_3'$。

当车间内有多台吊车共同工作时，考虑同时达到最不利荷载位置的概率很小，《建筑结构荷载规范》(GB 50009—2012)规定：计算排架考虑多台吊车竖向荷载时，对一层吊车的单跨厂房的每个排架，参与组合的吊车台数不宜多于 2 台；对一层吊车的多跨厂房的每个排架，不宜多于 4 台。

2）吊车水平荷载

吊车水平荷载分为横向水平荷载和纵向水平荷载两种。

（1）吊车横向水平荷载。吊车横向水平荷载主要是指小车水平刹车或启动时产生的惯性力，其方向与轨道垂直，可由正、反两个方向作用在吊车梁的顶面与柱的连接处。

吊车总的横向水平荷载的标准值，可按式(2.100)取值：

$$T_t = \alpha(Q + Q_1) \tag{2.100}$$

式中：Q 为吊车的额定起重，kN；Q_1 为小车重量，kN；α 为横向水平荷载系数（或称小车制动力系数），《建筑结构荷载规范》(GB 50009—2012)规定，对软钩吊车：当额定起重量 $Q \leqslant$ 10t 时，$\alpha = 0.12$，当额定起重量 $15t \leqslant Q \leqslant 50t$ 时，$\alpha = 0.10$，当额定起重量 $Q \geqslant 75t$ 时，$\alpha = 0.06$。

考虑吊车轮压作用在轨道上的竖向压力很大，所产生的摩擦力足以传递小车制动时产生的制动力，故吊车横向水平荷载应该按两侧柱的侧移刚度大小分配。为了简化计算，《建筑结构荷载规范》(GB 50009—2012)规定：吊车横向水平荷载应等分于桥架的两端，分别由轨道上的车轮平均传至轨道，其方向与轨道垂直。对于常用的四轮吊车，大车每一轮子传递给吊车梁的横向水平制动力 T 为式(2.101)：

$$T = \frac{1}{4}\alpha(Q + Q_1) \tag{2.101}$$

当吊车上面每个轮子的 T 值确定后，可用计算吊车竖向荷载的办法，计算吊车的最大横向水平荷载设计值 T_{max} 见式(2.102)

$$T_{max} = \sum T_i y_i \tag{2.102}$$

式中：T_i 为同一侧第 i 个大轮子的横向水平制动力，kN。

吊车横向水平荷载以集中力的形式作用在吊车梁顶面标高处，考虑正反两个方向的刹车情况，其作用方向既可向左、也可向右。

（2）吊车纵向水平荷载。吊车的纵向水平荷载是指大车刹车或启动时所产生的惯性力，作用于刹车轮与轨道的接触点上，方向与轨道方向一致，由厂房的纵向排架承担，吊车纵向水平荷载设计值，应按作用在一边轨道上所有刹车轮的最大轮压力之和的10%计算，即式(2.103)：

$$T_0 = nP_{max}/10 \tag{2.103}$$

式中：n 为作用在一边轨道上的最大刹车轮数之和，对于一般四轮吊车，$n = 1$。

吊车纵向水平荷载作用于刹车轮与轨道的接触点，其方向与轨道方向一致。当厂房纵向有柱间支撑时，吊车纵向水平荷载全部由柱间支撑承受；当厂房纵向无柱间支撑时，吊车纵向水平荷载全部由同一伸缩缝区段内的所有柱承担，并按各柱的纵向抗侧刚度分配。

《建筑结构荷载规范》(GB 50009—2012)规定，无论单跨或多跨厂房，在计算纵向水平荷载时，一侧的整个纵向排架，参与组合的吊车台数不应多于 2 台。

3）吊车的动力系数

当计算吊车梁及其连接的强度时，《建筑结构荷载规范》(GB 50009—2012)规定，吊车竖向荷载应乘以动力系数。对悬挂吊车(包括电动葫芦)及工作级别为 A1 ~ A5 的软钩吊车，动力系数可取 1.05；对工作级别为 A6 ~ A8 的软钩吊车、硬钩吊车和其他特种吊车，动力系数可取 1.1。

4）吊车荷载的组合值、频遇值及准永久值系数

这些系数可按表 2.6 中的规定采用。厂房排架设计时，在荷载准永久组合中不考虑吊车荷载。但在吊车梁按正常使用极限状态设计时，可采用吊车荷载的准永久值。

表 2.6 吊车荷载的组合值、频遇值及准永久值系数

吊车工作级别		组合值系数/ψ_c	频遇值系数/ψ_f	准永久值系数/ψ_q
软钩吊车	工作级别 A1 ~ A3	0.7	0.6	0.5
	工作级别 A4、A5	0.7	0.7	0.6
	工作级别 A6、A7	0.7	0.7	0.7
硬钩吊车及工作级别 A8 的软钩吊车		0.95	0.95	0.95

4. 风荷载

作用在排架上的风荷载，是由计算单元部分的墙身和屋面传来的，其作用方向垂直于建筑物的表面，分压力和吸力两种。风荷载的标准值 ω_k 可按式(2.104)计算：

$$\omega_k = \beta_z \mu_z \mu_s \omega_0 \qquad (2.104)$$

式中：ω_0 为基本风压，kN/m^2，指风荷载的基准压力；β_z 为高度 z 处的风振系数；μ_s 为风荷载体型系数；μ_z 为风压高度变化系数，是指某类地表上空某高度处的风压与基本风压的比值，该系数取决于地面粗糙度。

一般来讲，离地面越高，风压值越大，μ_z 即为建筑物不同高度处的风压与基本风压(10m 标高处)的比值。对于平坦或稍有起伏的地形，风压高度变化系数应根据地面粗糙度类别按《建筑结构荷载规范》(GB 50009—2012)确定；对于山区的建筑物，风压高度变化系数可按平坦地面的粗糙度类别，还应考虑地形条件，按《建筑结构荷载规范》(GB 50009—2012)的规定进行修正。

风荷载实际是以均布荷载的形式作用于屋面及外墙上的。在计算排架时，柱顶以上的均布风荷载通过屋架，考虑以集中荷载 F 的形式作用于柱顶。F_w 值为屋面风荷载合力的水平分力和屋架高度范围内墙体迎风面和背风面荷载的总和，见式(2.105)：

$$F_w = F_{w12} + F_{w34} = [(\mu_{s1} + \mu_{s2})h_1 + (\mu_{s3} \pm \mu_{s4})h_4]\mu_z \omega_0 B \qquad (2.105)$$

式中：B 为计算单元宽度。

对于柱顶以下外墙面上的风荷载，以均布荷载的形式通过外墙作用于排架边柱，按沿

边柱高度均布风荷载考虑，其风压高度变化系数可按柱顶标高处取值，在平面排架计算时，迎风面和背风面的荷载设计值 q_1 和 q_2 应按式(2.106)、式(2.107)计算：

$$q_1 = \omega_{k1} B = \mu_{s1} \mu_z \omega_0 B \tag{2.106}$$

$$q_2 = \omega_{k2} B = \mu_{s2} \mu_z \omega_0 B \tag{2.107}$$

由于风的方向是变化的，故排架结构内力分析时，应考虑左吹风和右吹风两种情况。

(二) 排架内力计算

单层工业厂房的横向排架可分为两种类型：等高排架和不等高排架。如果排架各柱顶标高相同，或者柱顶标高不同，但由倾斜横梁贯通连接，当排架发生水平位移时，其柱顶的位移相同，这类排架称为等高排架；若柱顶位移不相等，则称为不等高排架。排架内力分析就是求排架结构在各种荷载作用下各柱截面的弯矩、剪力和轴力，只要求得排架柱顶剪力，问题就变为静定悬臂柱的内力计算，对于等高排架一般运用剪力分配法求解。

1) 顶端不动铰下端固定端单阶变截面柱在任意荷载下的内力计算方法

单阶一次超静定为柱顶不动铰支座、下端固定的单阶变截面柱[图2.23(a)]，该结构为一次超静定，在荷载作用下可采用力法求解。

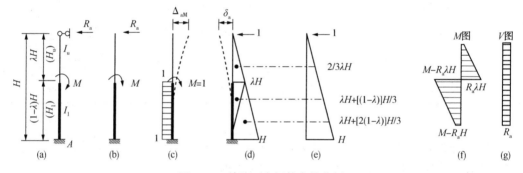

图 2.23 单阶一次超静定柱分析

注：(a)~(g)为顶端不动铰下端固定端单阶变截面柱在任意荷载下的内力计算简图。

如在变截面柱的下柱顶作用有一集中力偶 M，设柱顶反力为 R_a，取基本体系如图2.23 (b)所示，则力法方程为式(2.108)：

$$R_a \delta_a - M \Delta_{aM} = 0 \tag{2.108}$$

由式(2.108)可得式(2.109)：

$$R_a = \frac{\Delta_{aM}}{\delta_a} M \tag{2.109}$$

式中：R_a 为柱顶不动铰支座处的反力；δ_a 为柱顶作用在有水平方向的单位力时，柱顶的水平侧移；Δ_{aM} 为柱上作用有 $M=1$ 时，柱顶的水平侧移。

δ_a 由图2.23(d)、图2.23(e)用图乘法求得。若上、下柱高度 H_u、H_1 与全柱高 H 的关系分别为 $H_u = \lambda H$，$H_1 = (1-\lambda) H$；上、下柱截面惯性矩 I_u、I_1 的关系为 $I_u = nI_1$，则 δ_a 可表达式(2.110)：

$$\delta_a = \frac{H^3}{3EI_1} \left[1 + \lambda^3 \left(1 - \frac{1}{n} \right) \right] = \frac{H^3}{C_0 EI_1} \tag{2.110}$$

Δ_{aM} 由图 2.23(c)、图 2.23(d)用乘法求得，见式(2.111)：

$$\Delta_{aM} = (1-\lambda^2)\frac{H^2}{2EI_1} \qquad (2.111)$$

将式(2.111)、式(2.110)代入式(2.109)，即可求得式(2.112)：

$$R_a = \frac{\Delta_{aM}}{\delta_a}M = \frac{3}{2} \times \frac{1-\lambda^2}{1+\lambda^3\left(\frac{1}{n}-1\right)} \times \frac{M}{H} = C_3\frac{M}{H} \qquad (2.112)$$

根据 R_a 值，就可得到相应的内力图，如图 2.23(f)、图 2.23(g)所示。

式中：C_0 为单阶变截面柱的柱顶位移系数；C_3 为单阶变截面柱在变阶处集中力偶作用下的柱顶反力系数。

按照上述方法，可得到单阶变截面柱在各种荷载作用下的柱顶反力系数。

2）柱顶作用水平集中力时的剪力分配

当柱顶作用水平集中力 F 时，如图 2.24 所示，设有 n 根柱，任一柱 i 分担的柱顶剪力 V_i 可由力的平衡条件和变形条件求得。

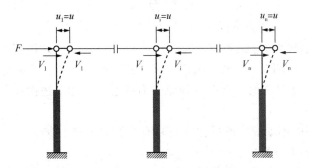

图 2.24 等高排架内力计算简图

根据横梁刚度为无限大，受力后不产生轴向变形的假定，那么各柱顶的水平位移值应是相等的，即式(2.113)：

$$\Delta_1 = \Delta_2 = \cdots = \Delta_n = \Delta \qquad (2.113)$$

在考虑平衡条件时为了使各柱顶的剪力与相应的柱顶位移相联系，可在柱顶上部切开，在各柱的切口处的内力为一对相应的剪力（铰处无弯矩），在图 2.24 取上部为隔离体由平衡条件得式(2.114)：

$$F = V_1 + V_2 + \cdots + V_i + \cdots + V_n = \sum_{i=1}^{n} V_i \qquad (2.114)$$

按抗剪刚度的定义，各柱顶的位移式(2.115)：

$$V_i = \frac{\Delta_i}{\delta_i} \qquad (2.115)$$

将式(2.115)代入式(2.114)，可式(2.116)：

$$\sum_{1}^{n} V = \sum_{i=1}^{n} \frac{1}{\delta_i}\Delta_i \qquad (2.116)$$

因为各柱顶水平位移 Δ 相等，得(2.117)：

$$\sum_{1}^{n} V_i = \Delta \sum_{i=1}^{n} \frac{1}{\delta_i} \Delta_i \qquad (2.117)$$

而 $\sum_{1}^{n} V_i = F$ ，则 $\Delta = \dfrac{1}{\sum\limits_{i=1}^{n} \dfrac{1}{\delta_i}} F$ ，可得式(2.118)：

$$V_i = \frac{\dfrac{1}{\delta_i}}{\sum\limits_{i=1}^{n} \dfrac{1}{\delta_i}} F = \eta_i F \qquad (2.118)$$

式中：η_i 为 i 柱的剪力分配系数，等于该柱本身的抗剪刚度与所有柱总的抗剪刚度之比，可按式(2.119)计算：

$$\eta_i = \frac{\dfrac{1}{\delta_i}}{\sum\limits_{i=1}^{n} \dfrac{1}{\delta_i}} \qquad (2.119)$$

3）任意荷载作用下的剪力分配

为了能利用上述的剪力分配系数，对任意荷载就必须把计算过程分为两个步骤：先在排架柱顶附加不动铰支座以阻止水平侧移，求出其支座反力 R；然后撤除附加不动铰支座且加反向作用的 R 于排架柱顶，以恢复到原受力状态。叠加上述两步骤中的内力，即为排架的实际内力。

各种荷载作用下的不动铰支座反力 R 可从有关经验表格中查得。

4）不等高排架内力计算

不等高排架的内力一般用力法分析。如图 2.25 所示为两跨不等高排架，在排架的柱顶作用一水平集中力 F，则计算方法如下。

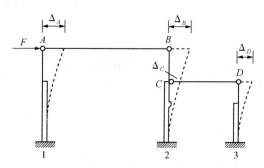

图 2.25 两跨不等高排架在外荷载作用下的变形

假定横梁刚度 $EA = 0$，切断横梁以未知力 X_1、X_2 代替作用，则其结构基本体系如图 2.26 所示。按力法列出其基本方程为，见式(2.120)：

$$\left.\begin{array}{c} \delta_{11}X_1 + \delta_{12}X_2 + \Delta_{1p} = 0 \\ \delta_{21}X_1 + \delta_{22}X_2 + \Delta_{2p} = 0 \end{array}\right\} \qquad (2.120)$$

式中：δ_{11} 为基本体系在 $X_1 = 1$ 作用下，在 X_1 作用点沿 X_1 的方向所产生的位移；δ_{22} 为基本体

系在 $X_2 = 1$ 作用下，在 X_2 作用点沿 X_2 的方向所产生的位移；δ_{12} 为基本体系在 $X_2 = 1$ 作用下，在 X_1 作用点沿 X_1 的方向所产生的位移（$\delta_{12} = \delta_{21}$）；$\Delta_{1p}$、$\Delta_{2p}$ 为基本结构体系在外荷载作用下，在 X_1（或 X_2）作用点，沿 X_1（或 X_2）的方向所产生的位移。

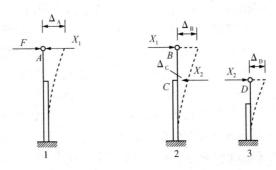

图 2.26　两跨不等高排架按力法计算时的结构基本体系

上述位移 δ、Δ 的下角标，第一个表示位移的方向，第二个表示位移的原因，位移 δ 和通过图乘或查表的方法得到。

解力法方程式（2.120），可以求得 X_1、X_2，从而可以做出各柱相应截面的内力图。

（三）内力组合

通过排架的内力分析，可分别求出排架柱在恒荷载及各种活荷载作用下所产生的内力（M、N、V），但柱及柱基础在恒荷载及哪几种活荷载（不一定是全部的活荷载）的作用下才产生最危险的内力，然后根据它来进行柱截面的配筋计算及柱基础设计，这是排架内力组合所需解决的问题。

1. 控制截面

为便于施工，阶形柱的各段均采用相同的截面配筋，并根据各段柱产生最危险内力的截面（称为"控制截面"）进行计算。

上柱：最大弯矩及轴力通常产生于上柱的底截面 I–I（图 2.27），此即上柱的控制截面。

下柱：在吊车竖向荷载作用下，牛腿顶面处 II–II 截面的弯矩最大；在风荷载或吊车横向水平力作用下，柱底截面 III–III 的弯矩最大，故常取此两截面为下柱的控制截面。对于一般中、小型厂房，吊车荷载不大，故往往是柱底截面 III–III 控制下柱的配筋；对吊车吨位大的重型厂房，则有可能是 II–II 截面起控制作用。下柱底截面 III–III 的内力值也是设计柱基的依据，故必须对其进行内力组合。

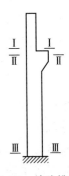

图 2.27　单阶排架柱的控制截面

2. 荷载组合

《建筑结构荷载规范》中规定：荷载基本组合的效应设计值 S_d 应从下列荷载组合值中取用最不利的效应设计值确定。

由可变荷载控制的效应设计值 S_d，应按式（2.121）进行计算

$$S_d = \sum_{j=1}^{m} \gamma_{Gj} S_{Gjk} + \gamma_{Q1} \gamma_{L1} S_{Q1k} + \sum_{i=1}^{n} \gamma_{Qi} \gamma_{Li} \phi_{ci} S_{Qik} \qquad (2.121)$$

由永久荷载控制的效应设计值 S_d，应按式（2.122）进行计算

$$S_d = \sum_{j=1}^{m} \gamma_{Gj} S_{Gjk} + \sum_{i=1}^{n} \gamma_{Qi} \gamma_{Li} \varphi_{ci} S_{Qik} \qquad (2.122)$$

式中：γ_{Gj} 为第 j 个永久荷载的分项系数；当其效应对结构不利时，对由可变荷载效应控制的组合应取 1.2，对由永久荷载效应控制的组合取 1.35，当永久荷载对结构有利时的组合，不应大于 1.0；γ_{Qi} 为第 i 个可变荷载的分项系数；γ_{Li} 为第 i 个可变荷载考虑设计使用年限的调整系数，其中 γ_{Li} 为主导可变荷载 Q_1 考虑设计使用年限的调整系数；S_{Gjk} 为按第 j 个永久荷载标准值 G_{jk} 计算的荷载效应值；S_{Qik} 为按第 i 个可变荷载标准值 Q_{ik} 计算的荷载效应值，其中 S_{Qik} 为诸可变荷载效应中起控制作用者；ϕ_{ci} 为第 i 个可变荷载 Q_i 的组合值系数；m 为参与组合的永久荷载数；n 为参与组合的可变荷载数。

在对排架柱进行裂缝宽度验算时，需进行荷载准永久组合，其效应设计值 S_d 为式（2.123）：

$$S_d = \sum_{j=1}^{m} S_{Gjk} + \sum_{i=1}^{n} \varphi_{ci} S_{Qik} \qquad (2.123)$$

常用的几种荷载效应组合分为：

（1）恒荷载+0.9(屋面活荷载+吊车荷载+风荷载)。

（2）恒荷载+0.9(吊车荷载+风荷载)。

（3）恒荷载+0.9(屋面活荷载+风荷载)。

（4）1.2 永久荷载效应+1.4 屋面荷载效应。

（5）1.2 永久荷载效应+1.4 吊车荷载效应。

（6）1.2 永久荷载效应+1.4 风荷载效应。

（7）1.2 永久荷载效应+0.9×(1.4 吊车荷载效应+1.4 风荷载效应+1.4 屋面荷载效应)。

（8）1.2 永久荷载效应+0.9×(1.4 吊车荷载效应+1.4 风荷载效应)。

（9）1.2 永久荷载效应+0.9×(1.4 风荷载效应+1.4 屋面荷载效应)。

（10）1.2 永久荷载效应+0.9×(1.4 风荷载效应+1.4 屋面荷载效应)。

（11）1.2 永久荷载效应+0.9×(1.4 吊车荷载效应+1.4 屋面荷载效应)。

（12）1.35 永久荷载效应+0.7×(1.4 吊车竖向荷载效应+1.4 屋面活荷载效应)。

3. 内力组合

单层排架柱是偏心受压构件，其截面内力有 $\pm M$、N、$\pm V$，因有异号弯矩，且为便于施工，柱截面常用对称配筋，即 $A_s = A_s'$。

根据对称配筋构件，当 N 一定时，无论大、小偏压，M 越大，钢筋用量也越大。当 M 一定时，对小偏压构件，N 越大，钢筋用量也越大；对大偏压构件，N 越大，钢筋用量反而减小。因此，在未能确定柱截面是大偏压还是小偏压之前，一般应进行下列四种内力组合：

（1）$+M_{max}$ 及相应的 N、V。

（2）$-M_{max}$ 及相应的 N、V。

（3）N_{max} 及相应的 $+M_{max}$ 或 $-M_{max}$、V。

（4）N_{min} 及相应的 $+M_{max}$ 或 $-M_{max}$、V。

对于(1)、(2)、(3)的组合主要考虑构件可能出现大偏心受压破坏的情况；(4)的组合是考虑可能出现小偏心受压破坏的情况，从而使柱子能够避免任何一种形式的破坏。

组合时以某一种内力为目标进行组合，例如，组合最大正弯矩时，其目的是求出某截面可能产生的最大弯矩值，所以使该截面产生正弯矩的活荷载项，只要实际上是可能发生的，都要参与组合，然后将所选项的 N 值分别相加。内力组合时，需要注意的事项如下。

(1) 恒荷载是始终存在的，故无论何种组合均应参加。

(2) 在吊车竖向荷载中，对单跨厂房，应在 D_{max} 与 D_{min} 中取一个，对多跨厂房，因一般按不多于 4 台吊车考虑，故只能在不同跨各取一项。

(3) 吊车的最大横向水平荷载 T_{max} 同时作用于其左、右两边的柱上时其方向可左可右，不论单跨还是多跨厂房，因为只考虑两台吊车，故组合时只能选择向左或向右。

(4) 同一跨内的 D_{max} 与 T_{max} 不一定同时发生，但组合时不能仅选用 T_{max}，而不选 D_{max} 或 D_{min}，因为 T_{max} 不能脱离吊车竖向荷载 D_{max} 或 D_{min} 而独立存在。

(5) 左、右向风不可能同时发生。

(6) 在组合 N_{max} 或 N_{min} 时，应使相应的 $\pm M$ 也尽可能大些，这样更为不利。

(7) 在组合 $+M_{max}$ 与 $-M_{max}$ 时应注意，有时 $\pm M$ 虽不为最大，但其相应的 N 却比 $+M_{max}$ 时的 N 大得多(小偏压时)或小得多(大偏压时)，则有可能更为不利，故在上述四种组合中，不一定包括了所有可能的最不利组合。

四、柱的设计

(一) 柱的截面设计及配筋构造要求

1. 柱截面承载力验算

单层厂房柱，根据排架分析求得的控制截面最不利组合的内力 M 和 N，按偏心受压构件进行正截面承载力计算及按轴心受压构件进行弯矩作用平面外受压承载力验算。一般情况下，矩形、T 形截面实腹柱可按构造要求配置箍筋，不必进行斜截面受剪承载力计算。因为柱截面上同时作用有弯矩和轴力，而且弯矩有正、负两种情况，所以一般采用对称配筋。

在对柱进行受压承载力计算及验算时，柱因弯矩增大系数及稳定系数均与柱的计算长度有关，而单层厂房排架柱的支承条件比较复杂，所以，柱的计算长度不能简单地按材料力学中几种理想支承情况来确定。

对于单层厂房，不论它是单跨厂房还是多跨厂房，柱的下端插入基础杯口，杯口四周空隙用现浇混凝土将柱与基础连成一体，比较接近固定端；而柱的上端与屋架连接，既不是理想自由端，也不是理想的不动铰支承，实际上属于一种弹性支承情况。因此，柱的计算长度不能用工程力学中提出的各种理想支承情况来确定。对于无吊车的厂房柱，其计算长度显然介于上端为不动铰支承与自由端两种情况之间。对于有吊车厂房的变截面柱，由于吊车桥架的影响，还需对上柱和下柱给出不同的计算长度。

2. 柱的裂缝宽度验算

《混凝土结构设计规范(2015 年版)》(GB 50010—2010)规定，对 $e_0/h_0 > 0.55$ 的偏心受

压构件，应进行裂缝宽度验算。验算要求：按荷载效应的标准组合并考虑长期作用影响计算的最大裂缝宽度 $\omega_{max} \leqslant \omega_{min}$（最大裂缝宽度限值）。对 $e_0/h_0 \leqslant 0.55$ 的偏心受压构件，可不验算裂缝宽度。

3. 柱吊装阶段的承载力和裂缝宽度验算

预制柱一般在混凝土强度达到设计值的70%以上时，即可进行吊装就位。当柱中配筋能满足平吊时的承载力和裂缝宽度要求时，宜采用平吊，以简化施工。但当平吊需较多地增加柱中配筋时，则应考虑改为翻身起吊，以节约钢筋用量。

吊装验算时的计算简图应根据吊装方法来确定，如采用一点起吊，吊点位置设在牛腿的下边缘处。当吊点刚离开地面时，柱子底端搁在地上，柱子成为带悬臂的外伸梁，计算时有动力作用，应将自重乘以动力系数1.5。同时考虑吊装时间短促，承载力验算时结构重要性系数应较其使用阶段降低一级采用。

为了简化计算，吊装阶段的裂缝宽度不直接验算，可用控制钢筋应力和直径的办法来间接控制裂缝宽度，即钢筋应力 σ_{ss} 应满足式(2.124)要求：

$$\sigma_{ss} = \frac{M_s}{0.87h_0A_s} \leqslant [\sigma_{ss}] \tag{2.124}$$

式中：M_s 为吊装阶段截面上按荷载短期效应组合计算的弯矩值，需考虑动力系数；$[\sigma_{ss}]$ 为不需验算裂缝宽度的钢筋最大允许应力。

4. 构造要求

柱的混凝土强度等级不宜低于C20，纵向受力钢筋 $d \geqslant 12mm$。全部纵向钢筋的配筋率 $\rho \leqslant 5\%$。当柱的截面高度 $h \geqslant 600mm$ 时，在侧面设置直径为 $10 \sim 16mm$ 的纵向构造筋，并且应设置附加箍筋或拉筋。柱内纵向钢筋的净距不应小于50mm，对水平浇筑的预制柱，其上部纵筋的最小净间距不应小于30mm 和 $1.5d$；下部纵筋的净间距不应小于25mm 和 d（d 为柱内纵筋最大直径）。

柱中的箍筋应做成封闭式。箍筋的间距不大于400mm、不大于 b 且不大于 $15d$（对绑扎骨架）或不大于 $20d$（对焊接骨架），d 为纵筋最大直径；当采用热轧钢筋时，箍筋直径不小于 $d/4$，且不大于6mm；当柱中全部纵筋的配筋率超过3%时，箍筋直径不宜小于8mm，间距不应大于 $10d$（d 为纵筋最小直径），且不大于200mm；当柱截面短边尺寸大于400mm，且每边的纵向钢筋多于3根时（或当柱子短边尺寸不大于400mm 但纵向钢筋多于4根时），应设置复合箍筋。

（二）柱牛腿设计

在单层厂房中，通常采用柱侧伸出的短悬臂——"牛腿"来支承屋架、吊车梁及墙梁等构件。牛腿不是一个独立的构件，其作用就是将牛腿顶面的荷载传递给柱子。由于这些构件大多是负荷大或有动力作用，所以牛腿虽小，却是一个重要部件。

根据牛腿所受竖向荷载 F_v 作用点到牛腿下部与柱边缘交接点的水平距离 a 与牛腿垂直截面的有效高度 h_0 之比的大小，可把牛腿分成两类：①$a > h_0$ 时为长牛腿，按悬臂梁进行设计；②当 $a \leqslant h_0$ 时为短牛腿，是一个变截面短悬臂深梁。单层厂房中遇到的一般为短牛腿。下面主要讨论短牛腿（以下简称牛腿）的应力状态、破坏形态和设计方法。

1. 牛腿的应力状态和破坏形态

1）牛腿的应力状态

图 2.28 所示为对 $a/h_0 = 0.5$ 的环氧树脂牛腿模型进行光弹性试验得到的主应力迹线，牛腿上部的主拉应力方向基本上与上边缘平行，到加载点附近稍向下倾斜。牛腿上表面的拉应力，沿牛腿长度方向分布比较均匀，在加载点外侧，拉应力迅速减少至零。

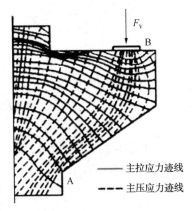

图 2.28 牛腿的光弹性试验
得到的主应力迹线

这样，可以把牛腿上部近似地假定为一个拉杆，且拉杆与牛腿上边缘平行。主压应力方向大致与加载点到牛腿下部转角的连线 AB 相平行，并在一条不很宽的带状区域内主压应力迹线密集地分布，这一条带状区域可以看作传递主压应力的压杆。

2）牛腿的破坏形态

对 $a/h_0 = 0.1 \sim 0.75$ 范围内的钢筋混凝土牛腿做试验，结果表明，牛腿混凝土的开裂以及最终破坏形态与上述光弹性模型试验所得的应力状态相一致。

牛腿的破坏形态主要取决于 a/h_0，有 5 种破坏形态，分别为弯压破坏、剪切破坏、斜压破坏、斜拉破坏和局压破坏。

（1）弯压破坏。当 $0.75 < a/h_0 < 1$ 或受拉纵筋配筋率较低时，它与一般受弯构件破坏特征相近，首先受拉纵筋屈服，最后受压区混凝土压碎而破坏。

（2）剪切破坏。当 $a/h_0 \leqslant 0.1$ 时，或虽 a/h_0 较大但牛腿的外边缘高度 h_1 较小时，在牛腿与柱边交接面上出现一系列短而细的斜裂缝，最后牛腿沿此裂缝从柱上切下而破坏，破坏时牛腿的纵向钢筋应力较小。

（3）斜压破坏。当 a/h_0 值为 $0.1 \sim 0.75$ 时，随着荷载增加，在斜裂缝外侧出现细而短小的斜裂缝，当这些斜裂缝逐渐贯通时，斜裂缝间的斜向主压应力超过混凝土的抗压强度，直至混凝土剥落崩出，牛腿即发生斜压破坏。有时，牛腿不出现斜裂缝，而是在加载垫板下突然出现一条通长斜裂缝而发生斜拉破坏。因为单层厂房的牛腿 a/h_0 值一般为 $0.1 \sim 0.75$ 内，故大部分牛腿均属斜压破坏。

（4）局压破坏。当加载垫板尺寸过小时，会导致加载板下混凝土局部压碎破坏。

为了防止上述各种破坏，牛腿应有足够大的截面尺寸，配置足够的钢筋，垫板尺寸，不能过小且满足一系列的构造要求。

2. 牛腿的设计

牛腿的设计内容包括 3 个方面的内容，分别为：牛腿截面尺寸的确定、牛腿承载力计算及牛腿配筋构造。

1）牛腿截面尺寸的确定

由于牛腿截面宽度与柱等宽，因此只需确定截面高度即可。牛腿是一重要部件，又考虑到出问题后又不易加固，因此截面高度一般以斜截面的抗裂度为控制条件，即以控制其在正常使用阶段不出现或仅出现微细裂缝为宜。设计时可根据经验预先假定牛腿高度，然后按裂缝控制公式进行验算，具体见式(2.125)。

$$F_{vk} = \beta\left(1 - 0.5\frac{F_{hk}}{F_{vk}}\right)\frac{f_{tk}bh_0}{0.5 + \dfrac{a}{h_0}} \tag{2.125}$$

即式（2.126）：

$$h_0 \geqslant \frac{0.5F_{vk} + \sqrt{0.25F_{vk}^2 + 4ab\beta(1 - 0.5F_{hk}/F_{vk})F_{vk}f_{tk}}}{2b\beta(1 - 0.5F_{hk}/F_{vk})f_{tk}} \tag{2.126}$$

当仅有竖向力作用时，式（2.125）、式（2.126）公式如下，见式（2.127）：

$$F_{vk} = \beta\frac{f_{tk}bh_0}{0.5 + \dfrac{a}{h_0}} \tag{2.127}$$

即式（2.128）：

$$h_0 \geqslant \frac{0.5F_{vk} + \sqrt{0.25F_{vk}^2 + 4ab\beta F_{vk}f_{tk}}}{2b\beta f_{tk}} \tag{2.128}$$

式中：F_{vk} 为作用于牛腿顶部按荷载效应标准组合计算的竖向力值；f_{tk} 为混凝土轴心抗拉强度标准值；F_{hk} 为作用在牛腿顶部按荷载效应标准组合计算的水平拉力值；β 为裂缝控制系数（对支承吊车梁的牛腿，$\beta = 0.65$；对其他牛腿，$\beta = 0.80$）；a 为竖向力的作用点至下柱边缘的水平距离，此时应考虑安装偏差 20mm，当 $a < 0$ 时，取 $a = 0$；b 为牛腿宽度；h_0 为牛腿与下柱交接处的垂直截面有效高度，取 $h_0 = h_1 - a_s + c\tan\alpha$，当 $\alpha > 45°$ 时，取 $\alpha = 45°$。

此外，牛腿的外边缘高度 h_1 不应小于 $h/3$，且不应小于 200mm，牛腿外边缘至吊车梁外边缘的距离不宜小于 70mm，牛腿底边倾斜角 $\alpha \leqslant 45°$。否则会影响牛腿的局部承压力，并可能造成牛腿外缘混凝土保护层剥落。

为了防止牛腿顶面加载垫板下混凝土的局部受压破坏，垫板下的局部压应力应满足式（2.129）：

$$\sigma_c = \frac{F_{vk}}{A} \leqslant 0.75f_c \tag{2.129}$$

式中：A 为局部受压面积（$A = a \times b$，其中 a、b 分别为垫板的长和宽）；f_c 为混凝土轴心抗压强度设计值。

当不满足式（2.129）要求时，应采取加大垫板尺寸，提高混凝土强度等级或设置钢筋网等有效地加强措施。

2）牛腿承载力计算

根据前述牛腿的试验结果指出，常见的斜压破坏形态的牛腿，在即将破坏时的工作状况可以近似看作以纵筋为水平拉杆，以混凝土压力带为斜压杆的三角形桁架，如图 2.29 所示。

（1）正截面承载力。通过三角形桁架拉杆的承载力计算来确定纵向受力钢筋用量，纵向受力钢筋由随竖向力所需的受拉钢筋和随水平拉力所需的水平锚筋组成，钢筋的总面积 A_s' 可由图 2.29（b）取 $\sum M_A = 0$，求得式（2.130）：

$$F_v a + F_h(\gamma_s h_0 + a_s) = A_s f_y \gamma_s h_0 \tag{2.130}$$

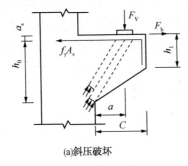 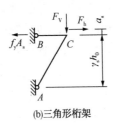

(a)斜压破坏   (b)三角形桁架

图 2.29　牛腿计算简图

近似取 $\gamma_s = 0.85$，$(\gamma_s h_0 + a_s)/r h_0 \approx 1.2$，即式(2.131)：

$$A_s \geq \frac{F_v a}{0.85 f_y h_0} + 1.2 \frac{F_h}{f_y} \tag{2.131}$$

当仅有竖向力作用时，公式(2.131)如下，见式(2.132)：

$$A_s \geq \frac{F_v a}{0.85 f_y h_0} \tag{2.132}$$

式中：F_v 为作用在牛腿顶部的竖向力设计值；F_h 为作用在牛腿顶部的水平拉力设计值；a 为竖向力 F_v 作用点至下柱边缘的水平距离，当 $a < 0.3 h_0$ 时，取 $a = 0.3 h_0$。

（2）斜截面承载力。牛腿的斜截面承载力主要取决于混凝土和弯起钢筋，而水平箍筋对斜截面受剪承载力没有直接作用，但水平箍筋可有效地限制斜裂缝的开展，从而可间接提高斜截面承载力。根据试验分析及设计，只要牛腿截面尺寸满足式(2.131)或式(2.132)的要求，且按构造要求配置水平箍筋和弯起钢筋，则斜截面承载力均可得到保证。

3）牛腿配筋构造

如图 2.30 所示，在总结我国的工程设计经验和参考国外有关设计规范的基础上，《混凝土结构设计规范(2015 年版)》(GB 50010—2010)规定：

（1）牛腿的几何尺寸应满足图 2.30 所示的要求。

（2）牛腿内纵向受拉钢筋宜采用变形钢筋，除满足计算要求外，还应满足图 2.30 的各项要求。

（3）牛腿内水平箍筋直径应取用 6 ~ 12mm，间距为 100 ~ 150mm，且在上部 $2h_0/3$ 范围内的水平箍筋总截面面积不应小于承受竖向力的受拉钢筋截面面积的 1/2，即水平箍筋总截面面积应符合式(2.133)要求：

$$A_{sh} \geq \frac{F_v a}{1.7 f_y h_0} \tag{2.133}$$

（4）试验表明，弯起钢筋虽然对牛腿抗裂的影响不大，但对限制斜裂缝开展的效果

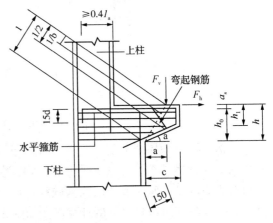

图 2.30　牛腿构造要求(单位：mm)

较显著。试验还表明，当剪跨比 $a/h_0 \geq 0.3$ 时，弯起钢筋可提高牛腿的承载力 $10\% \sim 30\%$，剪跨比较小时，在牛腿内设置弯起钢筋不能充分发挥作用。因此，当牛腿的剪跨比 $a/h_0 \geq 0.3$ 时，应设置弯起钢筋，弯起钢筋亦宜采用变形钢筋，其截面面积 A_{sb} 不应少于承受竖向力的受拉钢筋面积的 $1/2$，其根数不应少于 2 根，直径不应小于 $12mm$，并应配置在牛腿上部 $1/6 \sim 1/2$ 的范围内，其截面面积 A_{sb} 应满足式（2.134）要求：

$$A_{sb} \geq \frac{F_v a}{1.7 f_y h_0} \qquad (2.134)$$

3. 抗风柱的设计要点

厂房两端山墙由于其面积较大，所承受的风荷载亦较大，故通常需设计成具有钢筋混凝土壁柱而外砌墙体的山墙，这样，使墙面所承受的部分风荷载通过该柱传到厂房的纵向柱列中去，这种柱子称为抗风柱。抗风柱的作用是承受山墙风载或同时承受由连系梁传来的山墙重力荷载。

厂房山墙抗风柱的柱顶一般支承在屋架（或屋面梁）的上弦，其间多采用弹簧板相互连接，以便保证屋架（或屋面梁）可以自由地沉降，而又能够有效地将山墙的水平风荷载传递到屋盖上去。

为了避免抗风柱与端屋架相碰，应将抗风柱的上部截面高度适当减小，形成变截面柱，如图 2.31 所示。抗风柱的柱顶标高应低于屋架上弦中心线 $50mm$，以使柱顶对屋架施加的水平力可通过弹簧钢板传至屋架上弦中心线，不使屋架上弦杆受扭；同时抗风柱变阶处的标高应低于屋架下弦底边 $200mm$，以防止屋架产生挠度时与抗风柱相碰。

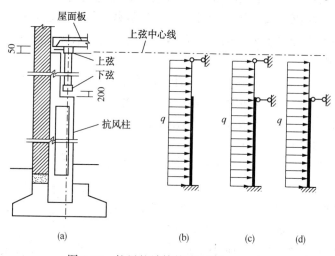

图 2.31　抗风柱计算简图（单位：mm）

上部支承点为屋架上弦杆或下弦杆，或同时与上下弦铰接，因此，在屋架上弦或下弦平面内的屋盖横向水平支撑承受山墙柱顶部传来的风载。在设计时，抗风柱上端与屋盖连接可视为不动铰支座，下端插入基础杯口内可视为固定端，一般按变截面的超静定梁进行计算，抗风柱在风载作用下的计算简图如图 2.31（b）所示。

由于山墙的自重一般由基础梁承受，故抗风柱主要承受风荷载；若忽略抗风柱自重，则可按变截面受弯构件进行设计。当山墙处设有连系梁时，除风荷载外，抗风柱还承受由连系梁传来的墙体自重，则抗风柱可按变截面的偏心受压构件进行设计。

抗风柱上柱截面尺寸不宜小于 350mm×300mm，下柱截面尺寸宜采用工字形截面或矩形截面，其截面高度应满足 $\geqslant H_x/25$，且 $\geqslant 600mm$；其截面宽度应满足 $\geqslant H_y/35$，且 $\geqslant 350mm$。其中，H_x 为基础顶面至屋架与山墙柱连接点（当有两个连接点时指较低连接点）的距离；H_y 为山墙柱平面外竖向范围内支点间的最大距离，除山墙柱与屋架及基础的连接点外，与山墙柱有锚筋连接的墙梁也可视为连接点。

五、单层厂房各构件与柱连接构造设计

装配式钢筋混凝土单层厂房柱除了按上述内容进行设计外，还必须进行柱和其他构件的连接构造设计。柱子是单层厂房中的主要承重构件，厂房中许多构件，如屋架、吊车梁、支撑、基础梁及墙体等都要和它相联系。由各种构件传来的竖向荷载和水平荷载均要通过柱子传递到基础上去，所以，柱子与其他构件有可靠连接是使构件之间有可靠传力的保证，在设计和施工中不能忽视。同时，构件的连接构造关系到构件设计时的计算简图是否基本合乎实际情况，也关系到工程质量及施工进度。因此，应重视单层厂房结构中各构件间的连接构造设计。

（一）单层厂房各构件与柱连接构造

1. 柱与屋架的连接构造

在单层厂房中，柱与屋架的连接，采用柱顶和屋架端部的预埋件进行电焊的方式连接。垫板尺寸与位置应保证屋架传给柱顶的压力的合力作用线正好通过屋架上、下弦杆的交点，一般位于距厂房定位轴线 150mm 处。

柱与屋架（屋面梁）连接处的垂直压力由支承钢板传递，水平剪力由锚筋和焊缝承受。

2. 柱与吊车梁的连接构造

单层厂房柱子承受由吊车梁传来的竖向及水平荷载，因此，吊车梁与柱在垂直方向及水平方向都应有可靠的连接，吊车梁的竖向荷载和纵向水平制动力通过吊车梁梁底支承板与牛腿顶面预埋连接钢板来传递。吊车梁顶面通过连接角钢（或钢板）与上柱侧面预埋件焊接，主要承受吊车横向水平荷载。同时，采用 C20~C30 的混凝土将吊车梁与上柱的空隙灌实，以提高连接的刚度和整体性。

3. 柱间支撑与柱的连接构造

柱间支撑一般由角钢制作，通过预埋件与柱连接。预埋件主要承受拉力和剪力。

（二）单层厂房各构件与柱连接预埋件计算

1. 预埋件的构造要求

1）预埋件的组成

预埋件由锚板、锚筋焊接组成。受力预埋件的锚板宜采用可焊性及塑性良好的 Q235、Q345 级钢制作。受力预埋件的锚筋应采用 HRB400 或 HPB300 钢筋。若锚筋采用 HPB300 级钢筋时，受力埋设件的端头必须加标准钩。不允许用冷加工钢筋做锚筋。在多数情况下，锚筋采用直锚筋的形状，有时也可采用弯折锚筋的形状。

预埋件的受力直锚钢筋不宜少于 4 根，且不宜多于 4 排；其直径不宜小于 8mm，且不

宜大于 25mm。受剪埋设件的直锚钢筋允许采用 2 根。

直锚筋与锚板应采用 T 形焊连接。锚筋直径不大于 20mm 时，宜采用压力埋弧焊；锚筋直径大于 20mm 时，宜采用穿孔塞焊。当采用手工焊时，焊缝高度不宜小于 6mm 及 0.5d（300MPa 级钢筋）或 0.6d（其他钢筋）。

2）预埋件的形状和尺寸要求

受力预埋件一般采用图 2.32 所示形状。锚板厚度 δ 应大于锚筋直径 d 的 0.6 倍，且不小于 6mm；受拉和受弯埋设件锚板厚度 δ 尚应大于 1/8 锚筋的间距 b。锚筋到锚板边缘的距离，不应小于 2d 及 20mm。受拉和受弯预埋件锚筋的间距以及至构件边缘的边距均不应小于 3d 及 45mm。

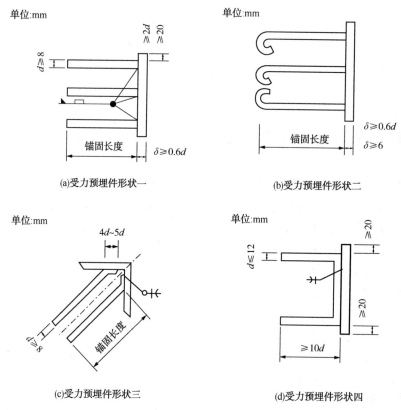

图 2.32 预埋件的组成

注：δ 为锚板厚度；d 为锚筋直径。

受剪预埋件锚筋的间距应不大于 300mm。受剪预埋件直锚筋的锚固长度不应小于 15d，其长度比受拉、受弯时小，这是因为预埋件承受剪切作用时，混凝土对其锚筋有侧压力，从而增大了混凝土对锚筋的黏结力的缘故。

2. 预埋件的构造计算

预埋件的计算，主要指通过计算确定锚板的面积和厚度、受力锚筋的直径和数量等。它可按承受法向压力、法向拉力、单向剪力、单向弯矩、复合受力等几种不同预埋件的受力特点通过计算确定，并在参考构造要求后予以确定。

1）承受法向压力的预埋件的计算

承受法向压力的预埋件，根据混凝土的抗压强度来验算承压锚板的面积，见式（2.135）：

$$A \geqslant \frac{N}{0.5f_c}$$　　　　　　　　　　　　　　　　（2.135）

式中：A 为承压锚板的面积（钢板中压力分布线按 $45°$）；N 为由设计荷载值算得的压力；f_c 为混凝土轴心抗压强度设计值；0.5 为保证锚板下混凝土压应力不致过大而采用的经验系数。

承压钢板的厚度和锚筋的直径、数量、长度可按构造要求确定。

2）承受法向拉力的预埋件的计算

承受法向拉力的预埋件的计算原则是，拉力首先由拉力作用点附近的直锚筋承受，与此同时，部分拉力由于锚板弯曲而传给相邻的直锚筋，直至全部直锚筋到达屈服强度时为止。因此，埋设件在拉力作用下，当锚板发生弯曲变形时，直锚筋不仅单独承受拉力，而且还承受由于锚板弯曲变形而引起的剪力，使直锚筋处于复合应力状态，因此其抗拉强度应进行折减。锚筋的总截面面积可按式（2.136）计算：

$$A \geqslant \frac{N}{0.8\alpha_b f_y}$$　　　　　　　　　　　　　　　（2.136）

式中：f_y 为锚筋的抗拉强度设计值，不应大于 $300N/mm^2$；N 为法向拉力设计值；α_b 为锚板的弯曲变形折减系数，与锚板厚度 t 和锚筋直径 d 有关，可取式（2.137）：

$$\alpha_b = 0.6 + 0.25\frac{t}{d}$$　　　　　　　　　　　　　　（2.137）

当采取防止锚板弯曲变形的措施时，可取 $\alpha_b = 1.0$。

第三节　框架结构设计

一、设计要点

（一）结构体系方面

（1）框架结构应设计成双向梁柱抗侧力体系。主体结构除个别部位外，不应采用铰接。

（2）甲、乙类建筑以及高度大于 24m 的丙类建筑，不应采用单跨框架结构；高度不大于 24m 的丙类建筑不宜采用单跨框架结构。

（3）对于框架结构，楼梯间的布置不应导致结构平面特别不规则；楼梯构件与主体结构整浇时，应计入楼梯构件对地震作用及其效应的影响，应进行楼梯构件的抗震承载力验算；宜采取构造措施，减少楼梯构件对主体结构刚度的影响。

（4）框架结构中，框架应双向设置。

（5）框架结构按抗震设计时，不应采用部分由砌体墙承重的混合形式。框架结构中的楼、电梯间及局部出屋顶的电梯机房、楼梯间、水箱间等，应采用框架承重，不应采用砌体墙承重。

（二）构件设计方面

（1）抗震设计时，框架角柱应按双向偏心受力构件进行正截面承载力设计。

（2）框架梁中线与柱中线之间偏心距大于柱宽的 1/4 时，应计入偏心的影响。

（3）框架结构的主梁截面高度可按计算跨度的 1/10～1/18 确定；梁净跨与截面高度之比不宜小于 4。梁的截面宽度不宜小于梁截面高度的 1/4，也不宜小于 200mm。当梁高较小或采用扁梁时，除应验算其承载力和受剪截面要求外，尚应满足刚度和裂缝的有关要求。在计算梁的挠度时，可扣除梁的合理起拱值；对现浇梁板结构，宜考虑梁受压翼缘的有利影响。

（4）矩形截面柱的边长，非抗震设计时不宜小于 250mm，抗震设计时，四级不宜小于 300mm，一级、二级、三级时不宜小于 400mm；圆柱直径，非抗震和四级抗震设计时不宜小于 350mm，一级、二级、三级时不宜小于 450mm。柱剪跨比宜大于 2，柱截面高宽比不宜大于 3。

二、框架结构布置

（一）框架柱平面布置

（1）柱间距考虑梁的经济跨度，常取 6～9m。若取小跨度 3～6m，技术经济指标较差，往往造成梁配筋均为构造配筋。若跨度太大，一方面导致梁截面增大，影响建筑层高；另一方面可能使梁设计由挠度控制，而非强度控制。对柱来说，柱承担竖向荷载加大，柱截面增大，影响建筑使用功能。

（2）框架柱网纵横向宜分别对齐，各区域侧移刚度接近，梁柱受力合理。

（3）在满足框架整体计算指标的前提下，尽量减少柱布置数量。多布置柱，相应需多布置基础，提高了工程造价。

（4）柱布置应尽可能满足建筑使用功能要求，不应占过道、走廊、楼梯间等，不应影响疏散走道的净宽度。柱间距应结合不同建筑物，不同使用功能特点进行布置，例如有地下车库的建筑，应考虑停车位距离，按模数布置，避免空间浪费。

（二）框架梁平面布置

（1）框架梁沿轴线尽量贯通，形成连续梁。

（2）同一榀框架梁，宽度宜相同，高度根据需要而变化(特殊情况除外)。

（3）框架梁的布置应考虑传力路径问题。

（4）框架梁布置时应考虑钢筋锚固入柱带来的施工问题，正常情况下，钢筋锚固入柱的梁尽量少，避免多根梁锚固在同一柱端。

（5）框架梁布置时应考虑钢筋直锚长度问题。应参考《高层建筑混凝土结构技术规程》（JGJ 3—2010）第 6.5.5 条规定。

（6）框架梁布置应考虑建筑墙体所在的位置。

（三）框架结构设计步骤

一个完整的框架结构设计包括两部分：上部结构设计和基础设计。此处主要讲述上部结构设计(未包括基础设计部分内容)，其设计步骤如图 2.33 所示。主要包括：荷载统计、模型建立、整体计算、构件计算、构件配筋和施工图绘制等。

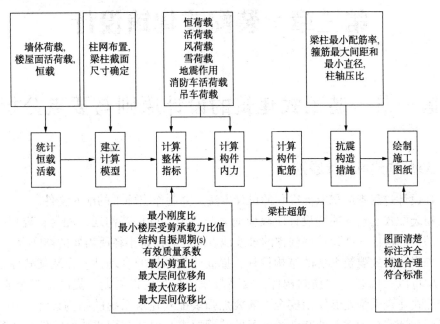

图 2.33 框架结构设计步骤

第三章 装配式建筑设计

第一节 装配式建筑的设计原则与要点分析

一、装配式建筑设计原则

（1）在设计过程中应采取标准化的设计方法，并制作出施工的配套文件。

（2）在装配式建筑的前期设计阶段应充分与各个专业保持沟通、配合，规划好建筑系统中各个部位的构件，并设计好构件的堆放地点和起重设备半径所需要的空间等。

（3）加强装配式建筑系统的结构设计，提高建筑结构的合理性。在装配式建筑工程的施工过程中可以采用装配式预制构件，提高效率、缩短建设周期、提高施工企业的效益。要保证装配式建筑系统能够使用安全，需要加强装配式建筑系统的结构设计，并经过严格的理论分析和计算，考虑各种特殊场合下的使用要求，保证装配式建筑能够经受住各种风险考验。

（4）应按照模数协调的原则进行设计，并保证各个构件受力合理，同时满足多样化结构的应用需求。目前，在装配式建筑工程的设计中已经具备了一定的技术水平，但依然存在较大的提升和改进空间，需要进一步加强装配式建筑工程设计技术研发，以便提高装配式建筑工程的设计效率和质量水平。同时还应积极引入新的设计技术，提高装配式建筑的整体设计水平。

二、装配式建筑工程设计要点分析

1. 框架结构优化设计要点

在装配式预制房屋设计中，框架结构设计是一个重要环节，它与结构的整体稳定有着密切的关系，因此，对结构进行优化是设计单位必须重视的问题。然而，目前的框架结构还存在许多缺陷，这就要求设计者对其进行完善和优化。在框架结构设计时，应注意：①各部分的中线必须在同一竖直面内，并在设计中做清楚的说明；②在进行分段式设计时，应充分考虑进深、装配条件、连接缝等多种因素；③在对预应力构件的连接节点进行设计时，要确保节点的受力是合理的，并对最不利的受力面进行分析，以确保连接的稳定，提高结构的强度。

2. 建筑立面设计要点

（1）分割式的结构。装配式建筑的立面设计应按照平面功能的布置，将外部壁板、阳台等部件按单元分解。对于制造工艺比较困难的零件，最好别硬拆。第二部分是预制外墙单元的分解设计。预制墙体单元的拆分要按房屋的形态、墙板按结构柱与剪力墙的界限划分。为便于运输，可按每个预制墙板进行分段，有时还可将墙体与其他部分划分成一个整体，并按部件编号。

（2）使用标准部件。在工业化进程中，标准化部件的应用日益广泛。通过对标准部件的加工和精细的设计，可以提高建筑的外观效果。需要注意的是，在立面设计中，通常会将相同的要素按一定的规律进行反复排列，然后对标准件进行预制化、颜色的处理，从而加强建筑的节奏感。标准部件的公差需要结合具体尺寸大小来确定，但是必须符合《装配式混凝土建筑技术标准》（GB/T 51231—2016）和《装配式建筑部品部件分类和编码标准》（T/CCES14—2020）等相关国家标准和行业标准的规定。

（3）使用非标准部件。在装配式结构中，如梁柱、剪力墙、楼板等，通常是固定的，适用于大规模的生产。建筑立面和室内装饰通常使用非标准的构件，并要求进行少量定制。

3. 梁柱节点设计要点

焊接或采用完全熔融的坡口，根据节点、衬砌结构，在翼缘的两边分别设置支护；在梁的腹板下面，上部、中部和下部会呈现出一个扇形的角。然后，依据结构中的钢梁结构，在梁岩板上可采用扇形角构件，端部连接形式为圆弧，并加入点焊；在设计规范中，以达到设计规范为主导，促进梁柱连接。对钢结构的焊缝连接，可以采用斜焊，当钢板厚度小于1.6mm时，采用双面胶焊。当焊缝处的厚度超过5mm时，就必须要达到钢材的强度和硬度，在钢板厚度达到1.6mm之后，再用K形的切口进行焊接，特别是在钢板厚度达到3mm的时候，需要对钢材进行预热和后热处理。

4. 环境适应性设计要点

目前，建筑行业对绿色设计的关注日益增加，因此，在建筑设计中，必须采取一些措施，以改善环境的适宜性，将绿色设计思想贯彻到建筑设计中。其次，在项目设计时，要充分利用项目现场周围的环境资源。在此过程中，设计师首先要了解建筑周边的气候、环境状况，掌握其特征，并进行科学的选址；合理确定建筑的朝向，改善建筑的通风、采光状况，降低建筑的采暖、空调、照明等能耗。在使用环境资源的过程中，设计人员可以使用能量回收装置和能量转化装置来获得所需要的资源，使环境资源得到最大程度的发挥，增强了绿色设计的作用。

5. 多专业协同设计要点

预制件的制造水平要求较高，例如内部钢筋、雨水管道等都是按照项目的要求在工厂内提前进行制作。而对于预制件的深入设计，则要求建筑、结构、机电等专业的专业人士共同合作，才能有效地解决各个专业之间的矛盾，从而保证工程的正常进行。在多专业协作设计中，BIM技术可以灵活运用，通过模型分析，更直观地对各个专业进行评估，能直观地发现问题，并进行有效的协调。当某个专业的参数发生变化时，可以根据这些参数的变动进行相应的调整，从而减少设计者的工作量。在各个专业协作的基础上，设计单位要主动与施工方、构件生产方等参与方进行协调。设计者要深入工厂进行现场调查，了解生产情况，并结合当前的发展情况，进行合理的资源分配和设计。比如，工厂的吊装埋件采用带螺纹的套管，在设计中尽量避免使用吊环、吊钉作为吊件，如果采用了则会导致厂家重新进行招标、采购工作，使工程造价增高，工期延长，影响装配工程的顺利实施。

第二节 装配式建筑的剪力墙结构设计

一、预制墙体设计

对于装配式建筑结构设计而言，设计人员首先要做好预制墙体的设计，发挥剪力墙结构的作用。在设计工作开始前，设计人员要全面分析装配式建筑结构中剪力墙的设计诉求，综合考虑装配式建筑结构的整体受力情况，把握好剪力墙结构需要承担的作用和价值。

在剪力墙结构的荷载计算方面，设计人员可以从恒荷载、活荷载量、线荷载三个方面进行计算。首先，在恒荷载方面，设计人员需要对建筑中的楼板、卫生间等位置进行恒荷载量计算。其次，在活荷载量的计算中，设计人员需要根据《工程结构通用规范》（GB 55001—2021）来确定，荷载情况如表 3.1 所示。

表 3.1　建筑主要部分标准荷载数值

位　置	荷载标准值/（kN/m²）	位　置	荷载标准值/（kN/m²）
卧室起居室	2.0	上人屋面	2.0
厨房	2.0	不上人屋面	0.5
楼梯间	3.5	电梯机房	8.0
卫生间	2.5	阳台	2.5

最后，在线荷载的计算方面，设计人员需要按照相关公式进行计算：

$$线荷载 = 重度（kN/m^3）\times 宽度（m）\times 高度（m） \tag{3.1}$$

在预制墙体的设计中，设计人员需要高度重视预制墙体自身的受力情况，科学设计受力点，同时还需要关注套筒预埋区域、钢筋预留距离等，为后期预制墙体的运用奠定基础。

二、预制构件设计

在剪力墙结构设计方面，设计人员还需要完成预制构件的设计，保证预制构件能够在后期得到可靠运用，避免预制构件出现偏差。对于剪力墙结构而言，预制构件的标准化程度、质量决定了后期的施工质量，同时还会影响整个建筑工程的质量。

为此，设计人员首先需要确定出所有预制构件的类型，然后结合剪力墙结构在装配式建筑中的具体分布情况，确定预制构件的预制方式。例如，在装配式建筑的预制外墙体中，就需要使用预制混凝土夹心保温构件，该构件能够提高剪力墙的保温性能，降低该部位的热量损失。另外，在预制构件的设计方面，设计人员还需要综合考虑具体的参数信息，提高设计的精准性。对于装配式建筑而言，设计人员需要把握好不同构件的参数标准，确定好各类预制构件的尺寸，另外还要科学设计构件的数量，方便后期的施工。

三、竖向连接设计

在装配式建筑中，剪力墙结构的设计包含了竖向连接设计，只有全面做好竖向连接设计，才能提高剪力墙结构的稳定性，消除安全隐患。当前，剪力墙结构的竖向连接设计主要包含机械连接、套筒灌浆连接、浆锚连接等方式。其中，机械连接方式主要利用了带肋钢筋与连接接头之间的摩擦力，能够起到良好的连接效果。在具体的设计当中，设计人员需要高度重视钢筋材料的优化使用，设计规格粗大的钢筋，同时对相应的套筒材料进行搭配，确保后期施工能够取得理想的连接效果，避免出现不稳定、不协调的问题。在预制装配剪力墙结构的上下层连接方面，设计人员需要运用半刚性的连接手段，保证剪力墙结构的完整性，防止上下层出现偏差。

四、水平连接设计

作为装配式建筑结构剪力墙结构的设计人员，除了要做好竖向连接设计之外，还需要重点做好水平连接设计，避免水平连接出现问题。在具体的设计当中，设计人员需要关注钢筋的搭接方式，充分考虑剪力墙结构在后续施工中的要求，降低施工难度。当前，"水平钢筋预留直线锚固"是一种常见的水平连接设计，设计人员需要结合构件的特点，合理设置钢筋材料，确保水平连接形成良好的咬合效果，提高水平连接的稳定性。

此外，在水平连接设计方面，设计人员还需要关注钢筋锚固长度不足的问题，结合剪力墙水平连接的需求以及整体的结构参数，科学配置钢筋锚固。

五、叠合板设计

对于装配式建筑结构而言，叠合板式混凝土的连接方式能够有效提高装配式建筑整体的抗震性能，增强建筑的稳定性。在剪力墙结构的设计方面，设计师必须高度重视叠合板设计。

叠合板设计必须考虑预制板的接缝长度、结构，设计人员需要充分掌握这些内容，做好单向板、双向板的规划，完成具体的设计方案。通常情况下，从预制板的接缝节点来说，接缝节点有两种，一种是非贯穿节点，另一种是贯穿节点。不同的接缝节点需要采用不同的连接方式。例如，非贯穿节点的情况就可以运用预制板直接完成连接，无需使用钢筋，采用单向板的连接方法；贯穿节点的情况则需要采用浇筑混凝土的方法连接，采用双向板模式。在整个设计过程中，设计人员需要严格计算预制构件的数量，保证剪力墙结构的设计符合工程项目的造价要求，提高装配式建筑工程的经济效益。作为设计人员，需要注意双向板的加筋计算，保证双向板的加筋强度始终低于单向板，运用双向板来设计叠合板，提高设计的科学性。

六、抗震设计

剪力墙结构的抗震设计至关重要，抗震设计的目标是确保剪力墙结构在地震中不会受到较大损坏，把损坏程度控制在一定范围内。我国《建筑抗震设计规范（2016 年版）》（GB 50011—2010）中明确规定了建筑物的抗震设计目标，可以简单概括为"小震不坏、中震可修、大震不倒"。作为设计人员，需要深入研究抗震设计规范，从多个方面开展建筑抗震设计。对于装配式建筑结构而言，剪力墙结构的稳定性决定了整个工程的抗震性能，为此，设计人员需要高度重视剪力墙结构的抗震设计，提高整个结构体系的安全性。

在设计过程中，设计人员需要对建筑工程项目所在区域开展调查，掌握区域内的地震加速度、地震周期、地质条件等，综合确定建筑场地的地震特性，了解该区域对建筑工程项目提出的抗震设防烈度，从而明确剪力墙结构的设计要求，做好细节设计。作为设计人员，需要在剪力墙结构的抗震设计中计算剪力墙结构的振型及周期，综合衡量结构性能，有效控制结构的扭转效应。此外，设计人员还需要考虑楼层剪力以及倾覆弯矩、剪力墙结构的位移比，从多个方面开展抗震设计，全面提高剪力墙结构的抗震性能。

第三节　建筑工程中装配式设计的应用

一、BIM 技术在建筑装配式设计中的应用

在装配式建筑设计中采用 BIM 软件进行辅助设计，可以直观地展示装配式建筑的整体模型，并将关键的设计参数也反映在模型中，从而使设计出来的装配式建筑模型更清晰地展示在设计人员面前。同时，利用 BIM 模型模拟得到 PC 构件的安装顺序、吊装角度、PC 构件在运输车上的摆放方式和进入施工现场的顺序的相关模拟数据，实现无 PC 构件堆放场地的紧凑式施工，节省施工时间。同时，利用分别设计对应楼层和塔吊 PC 构件悬吊件上的红外发射器和红外接收器对塔吊的吊高进行自动化监测，增加吊高精度，减少人员需求。

二、装配式建筑 PC 构件的设计技术应用

在装配式建筑系统中，PC 构件是重要组成部分，同时 PC 构件所包括的类型较多，如楼板、柱、空调板等。对于施工工期短且没有 PC 构件堆放场地的施工现场，技术人员需要设计出更合理、精细的施工方案，以保证工程顺利进行。另外，PC 构件在安装起吊过程中需要专门配置观察人员对 PC 构件在吊高进行观察，并通过对讲机或以吹哨的方式通知塔吊人员，吊高精度难以保证，增加了用工成本。PC 构件在吊装过程中，在塔吊 PC 构件悬吊件上设置红外接收器，在相应楼层进料口靠近塔吊的一侧设置红外发射器，在塔吊操作室设置警示信号灯。信号警示灯与红外接收器连接，当提升 PC 构件至相应楼层后，红外接收器接收到信号，同时提示操作人员将 PC 构件运至相应位置。此外，将施工现场 PC 构件的安装施工进度的相关数据录入 BIM 模型，实时对后续 PC 构件的生产和运输过程进行调控。

三、用于装配式建筑封缝的技术应用

在装配式建筑设计过程中，需要考虑到今后装配式建筑在施工过程中是否方便，达到设计与施工之间相互协调的目的，保证装配式建筑设计方案能够落实到位，这也是装配式建筑设计的关键。装配式建筑可以在整个建筑系统中都采用装配式，也可以在某些部分采用预制构件进行装配式设计。如果整个建筑系统都是装配式，则建筑系统的层数相对较低，为多层建筑。对于在部分系统中采用装配式预制构件，也需要在施工现场继续采用混凝土，使整个建筑系统相互连接起来。

因此，在施工过程中，封缝的设计技术对于整个建筑系统的施工质量具有较大的影响。在实际的施工过程中，可以采用装配式建筑封缝控制工具，由后向前将接缝分多个接缝节段分别进行封缝施工。通过封堵段在接缝内对封缝材料进行限位，同时无需在接缝外侧涂抹封缝材料，能减少封缝材料用量，节约成本，提高封缝质量。随着装配式建筑设计技术水平的提高，今后装配式建筑将会在实际中得到更广泛的应用，更好地促进建筑行业的发展。

中篇 建筑施工

第四章　基础工程施工

第一节　土石方工程

一、土石方工程基础知识

（一）土的工程分类

1. 工程分类的一般原则和类型

工程分类的基本原则是所划分的土类所反映土性质的变化规律。土的工程分类可以归纳为三级分类：

（1）第一级分类是成因类型分类，主要按土的成因和形成年代作为分类标准，如《岩土工程勘察规范（2009 版）》（GB 50021—2001）将土按堆积年代划分为三类：

① 老堆积土：第四纪晚更新世 Q_3 及其以前堆积的土层。

② 一般堆积土：第四纪全新世（文化期以前 Q_4）堆积的土层。

③ 新近堆积土：文化期以来 Q_4 新近堆积的土层。

（2）第二级分类是土质类型分类，主要考虑土的物质组成（颗粒级配和矿物成分）及其与水相互作用的特点（塑性指标），按土的形成条件和内部连接情况将土划分为"一般土"和"特殊土"。

（3）第三级分类是工程建筑类型分类，主要根据土与水作用的特点（饱和状态、稠度状态、胀缩性、湿陷性等）、土的密实度或压缩固结特点将土进行详细划分。

土的第二级分类即土质分类，考虑了决定土的工程地质性质的最本质因素，即土的颗粒级配与塑性特性，是土分类最基本的形式。

2. 按土的主要特征分类

实际工程应用中规定：土中粒径 $d>60mm$ 的土粒质量大于全部土粒质量 50% 的称为巨粒土；土中粒径满足 $60mm \geqslant d>0.075mm$ 的土粒质量大于全部土粒质量 50% 的，称为细粒土。

巨粒土、粗粒土包括碎石类土和砂类土；按粒径级配进一步细分，细粒土包括粉土和黏性土，多用塑性指数 I_P 或液限 W_L+塑性指数 I_P 进行细分。

1）碎石类土

碎石类土是粒径大于 2mm 的颗粒含量超过全部质量 50% 的土，根据粒组含量及颗粒形状可进一步分为漂石或块石、卵石或碎石、圆砾或角砾。

2）砂土

砂土是粒径大于2mm的颗粒含量不超过全部质量的50%，粒径大于0.075mm的颗粒含量超过全部质量的50%的土。根据粒组含量，砂土可进一步分为砾砂、粗砂、中砂、细砂和粉砂。

3）粉土

粉土是粒径大于0.075mm的颗粒含量不超过全部质量的50%，且塑性指数$I_p \le 10$的土，可进一步分为砂质粉土、黏质粉土。

4）黏性土

黏性土是粒径大于0.075mm的颗粒含量不超过全重的50%，且塑性指数$I_p > 10$的土，黏性土可进一步分为粉质黏土以及黏土。

3. 按土的开挖难易程度分类

在建筑施工中，根据土的开挖难易程度，将土分为八类，见表4.1。前四类属为一般土，后四类属岩石。

表4.1 土的工程分类

土的分类	土的名称	坚实系数f	密度/(t/m³)	开挖方法及工具
一类土（松软土）	砂土、粉土、冲动砂土层、疏松的种植土、泥炭(淤泥)	0.5~0.6	0.6~1.5	用锹、锄头挖掘，少许用脚蹬
二类土（普通土）	粉质黏土；潮湿的黄土；夹有碎石、卵石的砂；粉土混卵（碎）石；种植土、填土	0.6~0.8	1.1~1.6	用锹、锄头挖掘，少许用镐翻松
三类土（坚土）	中等密实黏土；重粉质黏土、砾石土；干黄土、含有碎石卵石的黄土、粉质黏土；压实的填土	0.8~1.0	1.75~1.9	主要用镐，少许用锹、锄头挖掘，部分用撬棍
四类土（砂砾坚土）	坚硬密实的黏性土或黄土，含碎石、卵石的中等密实的黏土或黄土；粗卵石；天然级配砂石、软泥灰岩、蛋白石	1.0~1.5	1.9	整个先用镐、撬棍，后用锹挖掘，部分用楔子或大锤
五类土（软石）	硬质坚土；中密的页岩、泥灰岩、白垩土；胶结不紧的砾石；软石灰及贝壳石灰石	1.5~4.0	1.1~2.7	用镐或撬棍、大锤挖掘，部分使用爆破方法
六类土（次坚石）	泥岩、砂岩、砾石；坚实的页岩、泥灰岩；密实的石灰岩、风化花岗岩、片麻岩及正长岩	4.1~10.0	2.2~2.9	用爆破方法开挖，部分用风镐
七类土（坚石）	大理石；辉绿岩；玢岩；粗、中粒花岗岩；坚实的白云岩、砂岩、砾岩、石灰岩；微风化安山石；玄武岩	10.0~18.0	2.5~3.1	用爆破方法开挖
八类土（特坚石）	安山石；玄武岩；花岗片麻岩；坚实的细粒花岗岩、闪长岩、石英岩、辉长岩、辉绿岩、玢岩、角闪岩	18.0~25.0	2.7~3.3	用爆破方法开挖

（二）土的工程性质

1. 土的可松性

自然状态下的土，经过开挖后，土的体积因松散而增大，虽经回填压实，仍不能恢复到原来的体积，这种性质称为土的可松性。可松性程度用可松性系数表示，其计算式（4.1）、式（4.2）：

$$K_s = \frac{V_2}{V_1} \tag{4.1}$$

$$K'_s = \frac{V_3}{V_1} \tag{4.2}$$

式中：K_s 为最初可松性系数；K'_s 为最终可松性系数；V_1 为土在天然状态下的体积，m^3；V_2 为土在开挖后的松散体积，m^3；V_3 为土在回填压实后的体积，m^3。

在土石方工程中，K_s 是计算土石方施工机械及运土车辆等的重要参数，而 K'_s 是计算场地平整标高及填方时所需挖土量等的重要参数。

2. 土的含水量

土中水的质量与土的固体颗粒质量之比的百分率，称为土的含水量（ω），它表示土的干湿程度，其计算式（4.3）。

$$\omega = \frac{G_w}{G_s} \times 100\% \tag{4.3}$$

式中：G_w 为土中水的质量，含水状态时土的质量与烘干后土的质量之差，g；G_s 为土中固体颗粒的质量，烘干后土的质量，g。

含水量 ω 是反映土的湿度的一个重要物理指标。天然状态下土层的含水量称天然含水量，其变化范围很大，与土的种类、埋藏条件及其所处的自然地理环境等有关。一般干的粗砂土，其值接近于零，而饱和砂土可达 40%；坚硬的黏性土的含水量约小于 30%，而饱和状态的软黏性土（如淤泥）则可达 60% 或更大。一般来说，同一类土，当其含水量增大时，强度就降低。

土的含水量一般用"烘干法"测定：先称小块原状土样的湿土质量，然后置于烘干箱内维持 100~105℃ 烘干至恒重，再称干土质量，湿、干土质量之差与干土质量的比值就是土的含水量。

3. 土的天然密度和干密度

（1）土的天然密度。在天然状态下单位体积土的质量称为土的干密度，它与土的密实程度和含水量有关。土的天然密度按式（4.4）计算：

$$\rho = \frac{m}{V} \tag{4.4}$$

式中：ρ 为土的天然密度，kg/m^3；m 为土的总质量，kg；V 为土的体积，m^3。

（2）干密度。土的固体颗粒质量与总体积的比值称为土的干密度，用式（4.5）表示：

$$\rho_d = \frac{m_s}{V} \tag{4.5}$$

式中：ρ_d 为土的干密度，kg/m^3；m_s 为固体颗粒质量，kg；V 为土的体积，m^3。

在一定程度上，土的干密度反映了土的颗粒排列紧密程度。土的干密度越大，表示土越密实。因此，常用干密度作为填土压实质量的控制指标。土的密实程度主要通过检验填方土的干密度和含水量来控制。

4. 土的渗透性

土的渗透性是指土体被水透过的性质。土体孔隙中的自由水在重力作用下会发生流动，当基坑开挖至地下水位以下时，地下水在土中渗透时受到土颗粒的阻力，其大小与土的渗透性及地下水渗流路线长短有关。不同土的透水性不同，一般用渗透系数 K 作为衡量土透水性指标，m/s、m/d 或 m/d。

5. 土的孔隙比和孔隙率

（1）土的孔隙比 e：土中孔隙体积 V_v 与土粒体积 V_s 之比，孔隙比用小数表示，计算式（4.6）：

$$e = \frac{V_v}{V_s} = \frac{d_s \rho_w}{\rho_d} - 1 = \frac{d_s(1+\omega)\rho_w}{\rho} - 1 \tag{4.6}$$

式中：d_s 为土粒比重；ρ_d 为土的干密度；ρ 为土的天然密度；ω 为土的含水量；ρ_w 为水的密度，近似等于 $1g/cm^3$。

天然状态下土的孔隙比称为天然孔隙比，它是一个重要的物理性指标，可以用来评价天然土层的密实程度。一般 $e < 0.6$ 的土是密实的低压缩性土，$e > 1.0$ 的土是疏松的高压缩性土。

（2）土的孔隙率 n：土中孔隙所占体积 V_v 与总体积 V 之比，孔隙率用百分数表示，计算式（4.7）：

$$n = \frac{V_v}{V} \times 100\% = \frac{e}{1+e} = 1 + \frac{\rho_d}{d_s \rho_w} \tag{4.7}$$

一般黏性土的孔隙率为 30%~60%，无黏性土的孔隙率为 25%~45%。

（三）土体边坡率及影响因素

1. 土体边坡率

为保持土体施工阶段的稳定性而放坡的程度称为边坡率，用土方边坡高度 h 与边坡底宽 b 之比来表示，计算式（4.8）：

$$土体边坡率 = \frac{h}{b} = \frac{1}{\frac{b}{h}} = 1 : m \tag{4.8}$$

式中：m 为坡率系数 $\left(m = \dfrac{b}{h} \right)$。

当地质条件良好，土质均匀且地下水位低于基坑、沟槽底面标高时，一次性挖方深度，软土不应超过 4m，硬土不应超过 8m。不加支撑时的边坡留设应符合表 4.2 的规定。

表 4.2 各类土的边坡坡率允许值

序号	土的类别		边坡坡率(高:宽)
1	砂土	不包括细砂、粉砂	1:1.25~1:1.50
2	黏性土	坚硬	1:0.75~1:1.00
		硬塑、可塑	1:1.00~1:1.25
		软塑	1:1.50 或更缓
3	碎石土	充填坚硬黏土、硬塑黏土	1:0.50~1:1.00
		充填砂土	1:1.00~1:1.50

注：1. 本表适用于无支护措施的临时性挖方工程的边坡率；

    2. 设计有要求时，应符合设计标准；

    3. 本表适用于地下水位以上的土层，采用降水或其他加固措施时，可不受本表限制，但应计算复核。

对于使用时间在一年以上的临时填方边坡率：若填方高度在 10m 以内，可采用 1:1.5；若高度超过 10m，可做成折线形，上部采用 1:1.5，下部采用 1:1.75。对于永久性挖方或填方边坡，则均应按设计要求施工。

当土体边坡率系数 m 和边坡高度 h 为已知时，则边坡的宽度 $b=mh$。若土方土壁高度较高时，土方边坡可根据各土层土质及土体所承受的压力，做成折线形或阶梯形。土方边坡率的大小应根据土质条件、开挖深度、地下水位、施工方法、工期长短、附近堆土是否存在流砂现象及相邻建筑物情况等因素而定。

2. 影响土体边坡大小的因素

影响土体边坡大小的因素有：①土质；②挖土深度；③施工期间边坡上的荷载；④土的含水率及排水措施；⑤边坡的留置时间。

(四) 土石方工程的分类及特点

1. 土石方工程的分类

1) 场地平整

场地平整前必须确定场地设计标高(一般在设计文件中规定)，这类土石方工程施工面积大，土石方工程量大，应采用机械化作业。

2) 基坑(槽)开挖

一般开挖深度在 5m 及其以内的称为浅基坑(槽)，开挖深度超过 5m 的称为深基坑(槽)。实际工程中应根据建筑物、构筑物的基础形式、坑(槽)底标高及边坡度要求开挖基坑(槽)，并应遵循"开槽支撑、先撑后挖、分层开挖、严禁超挖"的原则。

3) 基坑(槽)回填

基础完成后的肥槽、房心需回填，为确保填方的强度和稳定性，必须正确选择填方土料与填筑方法。填方应分层进行，并尽量采用同类土填筑；填土必须具有一定的密实度，以避免建筑物产生不均匀沉陷。

4) 路基修筑

建筑工程所在地的场内外道路以及公路、铁路专用线，均需修筑路基。路基挖方称为路堑，填方称为路堤。路基施工涉及面广、影响因素多，是施工中的重点与难点。

二、土石方调配及计算

（一）土石方调配

土石方调配工作是大型土石方施工设计的一个重要内容。土石方调配的目的是在使土石方总运输量最小或土石方运输成本最小、土石方施工费用最小的条件下，确定填挖方区土石方调配的方向和数量，从而达到缩短工期和降低成本的目的。

1. 土石方调配原则

土石方调配时应做到：力求就近调配，使挖方、填方平衡和运距最短；应考虑近期施工和后期利用相结合，避免重复挖运；选择适当的调配方向、运输路线，以方便施工，提高施工效率；填土材料尽量与自然土相匹配，以提高填土质量；借土、弃土时，应少占或不占农田。

2. 土石方调配的内容

土石方调配的内容主要包括划分土石方调配区、计算土石方调配区的平均运距、确定土石方的最优调配方案、编制土石方调配成果图表。

1）划分土石方调配区，计算各调配区土石方量

（1）确定挖方区和填方区。在土石方施工中，要确定场地的挖方区和填方区，应首先确定零线。根据地形起伏的变化，零线可能是一条，也可能是多条。只有一条零线时，场地分为一个挖方区和一个填方区；若为多条零线时，则场地分为多个挖方区和多个填方区。

（2）划分土石方调配区。进行土石方调配时，首先要划分调配区。划分调配区应注意：

① 调配区的划分应该与房屋和构筑物的平面位置相协调，并考虑它们的开工顺序、工程的分期施工顺序。

② 调配区的大小应该满足土石方施工主导机械（铲运机、挖土机等）的技术要求，例如：调配区的范围应该大于或等于机械的铲土长度；调配区的面积最好和施工段的大小相适应。

③ 调配区的范围应该和土石方工程量计算用的方格网协调，通常可由若干个方格组成一个调配区。

④ 当土石方运距较大或场区范围内土石方不平衡时，可根据附近地形，考虑就近取土或就近弃土，这时一个取土区或一个弃土区都可作为一个独立的调配区。

调配区的大小和位置确定之后，便可计算各填、挖方调配区之间的平均运距。当用铲运机或推土机平土时，挖方调配区和填方调配区土石方中心之间的距离，通常就是该填、挖方调配区之间的平均运距。

（3）计算各调配区土石方量。将各调配区土石方量算出，并标注在土石方初始调配图上。

2）计算各调配区间的平均运距或综合单价

单机施工时，一般采用平均运距作为调配参数；多机施工时，则采用综合单价（单位土石方施工费用）作为调配参数。计算各调配区间的平均运距，实际上是计算挖方区中心（形心）至填方区中心（形心）的距离。每一对调配区间的平均运距应标注在土石方调配图上。

3）编制土石方初始调配方案

土石方初始调配方案是土石方调配优化的基础。土石方初始调配方案是将土石方调配图中的主要参数填入土石方初始方案表中。

编制土石方初始调配方案的方法是"最小元素法"，即运距（综合单价）最小，而调配的土石方量最大，通常简称"最小元素，最大满足"。初始调配方案还需进行判断（一般采用"位势法"），得到最优调配方案。

4）绘制土石方调配图

根据最优调配方案中的调配参数，绘制出土石方调配图，在该图上标出土石方调配区、调配区土石方量、调配方向和数量、调配区间的平均运距。

（二）土石方计算

1. 基坑（槽）土方量计算

1）基坑土方量计算

基坑是底长不大于 3 倍底宽且底面积不大于 $150m^2$ 的土方工程。基坑土方量 V 可按立体几何中的拟柱体（以两个平行平面为底的多面体）体积公式进行计算。其计算公式（4.9）：

$$V = \frac{H}{6}(S_1 + 4S_0 + S_2) \tag{4.9}$$

式中：H 为基坑深度，m；S_1、S_2、S_0 为基坑上底、下底、中截面的面积，m^2。

S_1、S_2、S_0 简称为"三截面"，拟柱体体积的计算即采用"三截面法"（两底截面和中截面）。

2）基槽土方量计算

凡底宽不大于 7m 且底长大于 3 倍底宽的基槽称为沟槽。

（1）槽形基础开挖的基槽在某一段长度内，基槽截面形状尺寸不变时，其计算公式（4.10）：

$$V_i = S_i \cdot L_i \tag{4.10}$$

式中：V_i 为第 i 段的土方量，m^3；L_i 为第 i 段的长度，m；S_i 为第 i 段的面积，m^2。

（2）槽形基础开挖的基槽在长度方向的截面形状、尺寸发生变化时，可沿长度方向将基槽分段划分为若干个拟柱体，再采用拟柱体体积公式分别进行计算。其计算公式（4.11）：

$$V_i = \frac{L_i}{6 \times (S_{i1} + 4S_{i0} + S_{i2})} \tag{4.11}$$

式中：S_{i1}，S_{i2}，S_{i0} 为第 i 段三截面的面积，m^2。

将各段土方量相加即得总土方量 $V_{总}$。

2. 场地平整土方量计算

场地平整土方量计算包括大面积场地平整与基槽（坑）破土开挖前的场地平整两类。大面积场地平整是指对拟建场地的原有地形进行的挖、填、找平和运输工程。基槽（坑）破土开挖前的场地平整是指挖土厚度在 ±300mm 以内的就地挖、填、找平的土方工程。

场地平整土方量计算通常采用方格网法，也称为挖填土方量平衡法。其计算步骤如下：

（1）划分方格网。测绘出场地的地形图并画出等高线，将场区划分成边长为 a 的若干个方格网，通常取 $a = 10 \sim 40m$。

（2）确定各方格网角点的自然标高。高差起伏不大的场地可用等高线插入法求得，高差起伏较大的场地可用高程测量法测得。

（3）确定方格点设计标高。按挖填平衡原则确定场地设计标高，首先确定场地中心的设计标高 H_0。其计算公式（4.12）：

$$H_0 = \frac{\sum H_1 + 2\sum H_2 + 3\sum H_3 + 4\sum H_4}{4N} \tag{4.12}$$

式中：N 为方格数；H_1 为有一个方格的角点标高；H_2 为有两个方格的角点标高；H_3 为有三个方格的角点标高；H_4 为有四个方格的角点标高。

然后根据场地的泄水坡度进行场地设计标高的调整，得各方格较大的设计标 H_n。

① 单向泄水时，其计算公式（4.13）：

$$H_n = H_0 \pm l_i \tag{4.13}$$

② 双向泄水时，其计算公式（4.14）：

$$H_n = H_0 \pm i_x \cdot l_x \pm i_y \cdot l_y \tag{4.14}$$

式中：H_n 为场地内任一点的设计标高；l 为该点至场地中心线的距离；i 为场地泄水坡度（不小于2%）；l_x、l_y 为该点对场地中心线 x-x、y-y 的距离；i_x、i_y 为 x-x、y-y 方向的泄水坡度；±为该点比 H_0 高取"+"号，反之取"-"号。

（4）计算场地各方格角点的施工高度。其计算公式（4.15）：

$$h_n = H_n - H \tag{4.15}$$

式中：h_n 为角点施工高度及挖填高度（"+"为填方，"-"为挖方）；H_n 为角点的设计标高（若无泄水坡度时，即为场地的设计标高）；H 为角点的自然地面标高。

（5）确定零点。在施工高度有变号的方格边线上，零点应为位于方格边线上既不挖也不填的点。如图4.1所示。零点按相似三角形对应边成比例确定。其计算公式（4.16）：

$$x_1 = \frac{a \cdot h_1}{h_1 + h_2}$$

$$x_2 = \frac{a \cdot h_2}{h_1 + h_2} \tag{4.16}$$

式中：x_1、x_2 为角点至零点的距离，m；h_1、h_2 为相邻两角点的施工高度（均用绝对值），m；a 为方格网的边长，m。

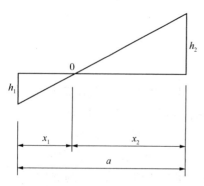

图4.1 零点位置计算示意图

在实际工作中，为省略计算，也可以用图解法确定零点。方法是用尺在各角点上标出挖填施工高度相应比例，用尺相连，与方格相交点即为零点位置。此法甚为方便，同时可避免计算或查表出错。将相邻的零点连接起来，即为零线。它是确定方格中挖方与填方的分界线。

（6）画出零线。将相邻的零点连接起来即为零线。零线为挖方区与填方区的分界线。

（7）计算各方格挖、填土方量。即以方格底面积图形×平均施工高度计算各方格挖、填土方量。

（8）挖、填土方量汇总。将挖方区（或填方区）所有方格计算的土方量和边坡土方量汇总，即得该场地挖方(或填方)的总土方量。

三、土石方施工准备与施工要点

(一) 土石方施工准备

土石方施工前需要准备下列工作：

(1) 准备全套工程图纸和各种有关基础工程的技术资料，进行现场实地调查与勘测。

(2) 根据拟建工程施工组织设计和现场实际条件，编制基础工程土石方施工专项方案，并按程序进行审批。

(3) 平整场地，处理地下、地上一切障碍物，完成"三通一平"。

(4) 测量放线，设立控制轴线桩和水准点。

(5) 如在雨期施工，应在场内设置排水沟，准备排水设施和机具，阻止场外雨水流入施工场地或基坑内；如需夜间施工，应按需要准备足够数量的照明设施，并在危险地段设明显标识。

(二) 土石方施工要点

土石方工程施工，主要应解决土壁稳定、施工排水、流砂现象及其防治和填土压实四个问题。

1. 土壁稳定

土壁的稳定性主要是由土体内摩擦阻力和黏结力来保持平衡的。土体一旦失去平衡就会塌方，这不仅会造成人身安全事故，同时也会影响工期，有时还会危及附近的建筑物。

1) 土壁塌方的原因

土壁塌方的原因主要有以下几点：

(1) 边坡过陡，使得土体的稳定性不够，从而引起塌方现象。尤其是在土质差、开挖深度大的坑槽中，常会遇到这种情况。

(2) 雨水、地下水渗入地基，土体被泡软，重力增大，抗剪能力降低，这是造成塌方的主要原因。

(3) 基坑上边缘附近大量堆土或停放机具、材料，或因动荷载的作用，使土体中的剪应力超过土体的抗剪强度。

2) 防止塌方的措施

为了保证土体稳定、施工安全，针对上述塌方原因，可采取以下措施：

(1) 放足边坡。边坡的留设应符合规范要求，其坡率的大小应根据土壤的性质、水文地质条件、施工方法、开挖深度、工期的长短等因素确定。例如：黏性土的边坡可陡些，砂性土的边坡则应平缓些；井点降水或机械在坑底挖土时边坡可陡些，明沟排水、人工挖土或机械在坑上边挖土时则应平缓些；当基坑附近有主要建筑物时，边坡应取 1∶1.1~1∶1.5。在工期短且无地下水的情况下，留设直槽而不放坡时，其开挖深度不得超过下列数值：密实、中密实的砂土和碎石类土(填充物为砂土)为1m；硬塑、可塑的轻亚黏土及亚黏土为1.25m；硬黏、可塑的黏土和碎石类土(填充物为黏性土)为1.5m；坚硬的黏土为2m。

（2）设置支撑。为了缩小施工面，减少土方，或受场地的限制不能放坡时，则可设置土壁支撑。

此外，防止塌方还应做好施工排水和防止产生流砂现象；应尽量避免在坑槽边缘堆置大量土石方、材料和机械设备；坑槽开挖后不宜久露，应立即进行基础或地下结构的施工；对滑坡地段的挖方，不宜在雨期施工，并应遵循"先整治后开挖"的原则和"由上至下"的开挖顺序，严禁先清除坡脚或在滑坡体上弃土；如有危岩、孤石、崩塌体等不稳定的迹象时，应进行妥善处理后再开展挖方作业。

2. 施工排水

开挖基坑时，流入坑内的地下水和地面水如不及时排除，不但会使施工条件恶化，造成土壁塌方，也会影响地基的承载力。因此，保持土体干燥是十分必要的。

施工排水可分为明排水法和人工降低地下水位法两种。

1）明排水法

明排水法采用的是截、疏、抽的方法。截，是截住水流；疏，是疏干积水；抽，是在基坑开挖的过程中，在坑底设置集水井，并沿坑底周围开挖排水沟，使水流入集水井中，然后用水泵抽走。

2）人工降低地下水位法

（1）集水井降水。基坑或沟槽开挖时，在坑底设置集水井，并沿坑底周围或中央开挖排水沟，使水在重力作用下流入集水井内，然后用水泵抽出坑外。

四周的排水沟及集水井一般应设置在基础范围以外、地下水流的上游，基坑面积较大时可在基坑范围内设置盲沟排水。根据地下水量、基坑平面形状及水泵能力，集水井每隔 20~40m 设置一个。集水坑的直径或宽度一般为 0.6~0.8m，其深度随着挖土的加深而加深，并保持低于挖土面 0.7~1.0m。坑壁可用竹、木材料等进行简易加固。当基坑挖至设计标高后，集水坑底面应低于基坑底面 1.0~2.0m，并铺设碎石滤水层（0.3m 厚）或下部砾石（0.1m 厚）上部粗砂（0.1m 厚）的双层滤水层，以免抽水时间过长将泥沙抽出，并防止坑底土被扰动。

（2）轻型井点降水。轻型井点就是沿基坑四周将许多直径较小的井点管埋入蓄水层内，井点管上部与总管连接，通过总管利用抽水设备将地下水从井点管内不断抽出，使原有的地下水位降至坑底以下。此种方法适用于土壤的渗透系数 $K=0.1~50m/d$ 的土层中。降水深度为：单级轻型井点 3~6m，多级轻型井点 6~12m。

① 轻型井点设备。轻型井点设备主要包括井点管（下端为滤管）、集水总管、弯联管及抽水设备。井点管用直径 38~55mm 的钢管，长 6~9m，下端配有滤管和一个锥形的铸铁塞头。滤管长 1.0~1.5m，管壁上钻有 $\phi12~18mm$ 成梅花形排列的滤孔；管壁外包两层滤网，内层为 30~50 孔/cm^2 的黄铜丝或尼龙丝布的细滤网，外层为 3~10 孔/cm^2 的粗滤网或棕皮。为避免滤孔淤塞，在管壁与滤网间用塑料管或梯形铅丝绕成螺旋状隔开，滤网外面再绕一层粗铁丝保护网。

集水总管一般用 $\phi75~100mm$ 的钢管分节连接，每节长 4m，其上装有与井点管连接的短接头，间距为 0.8~1.6m。总管应有 0.25%~0.5% 坡向泵房的坡度。总管与井管用 90° 弯头或塑料管连接。

常用抽水设备有真空泵、射流泵和隔膜泵。

② 轻型井点施工：

准备工作。准备工作包括井点设备、动力、水源及必要材料的准备，开挖排水沟，观测附近建筑物标高以及实施防止附近建筑物沉降的措施等。

埋设井点管的程序。埋设程序为：排放总管→埋设井点管→用弯联管将井点与总管接通→安装抽水设备。

连接与试抽。井点系统全部安装完毕后需进行试抽，以检查有无漏气现象。开始抽水后尽量不要停抽，时抽时停容易导致滤网堵塞，也容易抽出土粒，使水混浊，并引起附近建筑物由于土粒流失而沉降开裂。正常的排水是细水长流，出水澄清。

抽水时需要经常检查井点系统工作是否正常，并观测井中水位下降情况，如果有较多井点管发生堵塞，影响降水效果时，应逐根用高压水反向冲洗或拔出重埋。

井点运转管理与监测。

井点拆除。地下室或地下结构物竣工并将基坑进行回填土后，方可拆除井点系统。拔出井点管多借助于倒链、起重机等。所留孔洞用砂或土填塞，当地基有防渗要求时，地面下 2m 可用黏土填塞密实。另外，井点的拔除应在基础及已施工部分的自重大于浮力的情况下进行，且底板混凝土必须有一定的强度，防止因水浮力引起地下结构浮动或底板破坏。

③ 井点降水的不利影响。井点管埋设置开始抽水时，井内水位开始下降，周围含水层的水不断流向滤管，在无承压水等环境条件下，经过一段时间之后，在井点周围形成漏斗状的弯曲水面，即所谓"降水漏斗"。这个漏斗状水面逐渐趋于平静，一般需要几天到几周的时间，降水漏斗范围内的地下水位下降以后，就必然造成地面固结沉降。由于漏斗形的降水面不是平面，因而所产生的沉降也是不均匀的。在实际工程中，由于井点管滤管、滤网和砂滤层结构不良，把土层中的黏土颗粒、粉土颗粒甚至细砂同地下水一同抽出地面的情况也是经常发生的，这种现象会使地面产生的不均匀沉降加剧，造成附近建筑物及地下管线不同程度的损坏。

④ 防范井点降水不利影响的措施。井点降水会引起周围地层的不均匀沉降，但在高水位地区开挖深基坑又离不开降水措施。因此一方面要保证开挖施工的顺利进行，另一方面又要防范对周围环境的不利影响，即采取相应的措施，减少井点降水对周围建筑物及地下管线造成的影响。

在降水前认真做好对周围环境影响的调研工作。

合理使用井点降水，尽可能减少对周围环境的影响。降水必然会形成降水漏斗，从而造成对周围地面的沉降，但只要合理使用井点，就可以把这类影响控制在周围环境可以承受的范围之内。

降水场地外侧设置挡水帷幕，减少降水影响范围。即在降水场地外侧有条件的情况下设置一圈挡水帷幕，切断降水漏斗曲线的外侧延伸部分，减小降水影响范围，从而把降水对周围的影响减小到最低程度。一般挡水帷幕底标高应低于降落后的水位 2m 以上。

常用的挡水帷幕有深层水泥搅拌桩、砂浆防渗板桩、树根桩隔水帷幕，或直接利用可以挡水的挡土结构作为挡水帷幕，如钢板桩、地下连续墙等。

降水场地外缘设置回灌水系统。在降水场地外缘设置回灌水系统以保持需保护部位的地下水位，可消除所产生的危害。回灌水系统包括回灌井点和砂沟、砂井回灌两种形式。

3. 流砂现象及其防治

1）流砂现象及危害

在基坑挖到地下水位 0.5m 以下时，如果采用坑内抽水，有时坑底的土成流动状态，随地下水一起涌进坑内，这种现象称为流砂现象。

发生流砂现象时，土壤完全失去承载能力，工人难以立足，施工条件恶化，边挖土边冒水，很难达到设计深度；流砂严重时会引起基坑边坡塌方，如果附近有建筑物，还会因地基被掏空而导致建筑物下沉、倾斜，甚至倒塌。

2）流砂现象的防治

（1）在工期允许的情况下，土石方工程应在全年最低水位季节施工。

（2）水中挖土。即采用不排水施工，使基坑内水压与坑外水压相平衡，阻止流砂现象产生。

（3）打板桩法。将板桩打入坑底下面一定深度，增加地下水从坑外流入坑内的渗流路径，从而减少动水压力，防止流砂发生。

（4）人工降低地下水位法。即采用井点降水等方法，使动水压力的方向朝下，从而有效预防流砂发生。

四、土石方工程机械化施工

土石方工程的施工过程主要包括土石方开挖、运输、填筑与压实等。除工程量小、分散不适宜用机械施工外，应尽量采用机械化施工，以减轻劳动强度，加快施工进度，缩短工期。

（一）土石方工程机械

1. 推土机

推土机是土石方工程施工的主要机械之一，是在履带式拖拉机上安装推土板等工作装置而成的机械。常用推土机的发动机功率有 45kW、75kW、90kW、120kW 等数种。推土板多用油压操纵。液压操纵推土板的推土机除了可以升降推土板外，还可调整推土板的角度，因此具有更大的灵活性。

推土机操纵灵活，运转方便，所需工作面较小，行驶速度快，易于转移，能爬 30° 左右的缓坡，因此应用范围较广。

推土机适于开挖一至三类土，多用于平整场地、开挖深度不大的基坑、移挖作填、回填土石方、堆筑堤坝以及配合挖土机集中土石方、修路开道等。

推土机作业以切土和推运土石方为主。切土时应根据土质情况，尽量采用最大切土深度，在最短距离(6~10m)内完成，以便缩短低速行进的时间，然后直接推运到预定地点。上下坡坡度不得超过 35°，横坡不得超过 10°。几台推土机同时作业时，前后距离应大于 8m。

推土机经济运距在 100m 以内，效率最高的运距为 60m。为提高生产率，可采用槽形推土、下坡推土、并列推土、多铲集运、铲刀上附加侧板(松软土)等方法。

2. 铲运机

铲运机是一种能综合完成全部土石方施工工序（挖土、装土、运土、卸土和平土）的机械，按行走方式不同可分为自行式铲运机和拖式铲运机两种。常用的铲运机斗容量为 $2m^3$、$5m^3$、$6m^3$、$7m^3$ 等数种。铲运机按铲斗的操纵系统不同又可分为机械操纵和液压操纵两种。

铲运机操纵简单，不受地形限制，能独立工作，行驶速度快，生产效率高。铲运机适于开挖一至三类土，常用于坡度 20° 以内的大面积土石方挖、填、平整、压实以及大型基坑开挖、堤坝填筑等。

铲运机运行路线和施工方法视工程大小、运距长短、土的性质和地形条件等而定。其运行线路可采用环形路线或 8 字形路线。铲运机适用于运距为 600~1500m 的工程，当运距为 200~350m 时效率最高。采用下坡铲土、跨铲法、推土机助铲法等，可缩短装土时间，提高土斗装土量，以充分发挥其效率。

3. 挖掘机

1）正铲挖掘机

正铲挖掘机适用于开挖停机面以上的土石方，且需与汽车配合完成整个挖运工作。正铲挖掘机挖掘力大，适用于开挖含水量较小的一类土和经爆破的岩石及冻土。

正铲的开挖方式根据开挖路线与汽车相对位置的不同分为正向开挖侧向装土和正向开挖后方装土两种，前者生产率较高。

正铲的工作效率主要取决于每斗作业的循环延续时间。为了提高其工作效率，除了工作面高度必须满足装满土斗的要求之外，还要考虑开挖方式以及与运土机械的配合情况，尽量减少回转角度，缩短每个循环的延续时间。

2）反铲挖掘机

反铲挖掘机适用于开挖一至三类的砂土或黏土，主要用于开挖停机面以下的土石方。一般反铲的最大挖土深度为 4~6m，经济合理的挖土深度为 3~5m。反铲挖掘机也需要配备运土汽车进行运输。

反铲的开挖方式可以采用沟端开挖法，即反铲停于沟端，后退挖土，向沟一侧弃土或装汽车运走；也可采用沟侧开挖法，即反铲停于沟侧，沿沟边开挖，它可将土弃于距沟较远的地方，装车时回转角度较小，但边坡不易控制。

3）抓铲挖掘机

抓铲挖掘机适用于开挖较松软的土。对于施工面狭窄而深的基坑、深槽、深井，采用抓铲可取得理想的效果。抓铲还可用于挖取水中淤泥、装卸碎石、矿渣等松散材料。抓铲挖掘机也可采用液压传动操纵抓斗进行挖掘作业。

抓铲挖土时，挖掘机通常立于基坑一侧，对较宽的基坑则在两侧或四侧抓土。抓挖淤泥时，抓斗易被淤泥"吸住"，应避免起吊时用力过猛，以防翻车。

4）拉铲挖掘机

拉铲挖掘机适用于一至三类的土，可开挖停机面以下的土方，如挖取较大基坑（槽）和沟渠的水泥土，也可用于填筑路基、堤坝等。

拉铲挖土时，依靠土斗自重及拉索拉力切土，卸土时斗齿朝下，利用惯性，较湿的黏土也可以卸净。但其开挖的边坡及坑底平整度较差，需要更多的人工修坡（底）。其开挖方式有沟端开挖和沟侧开挖两种。

（二）土石方工程机械的选择

工程中应根据下列条件，经综合比较择优选择施工机械。

（1）基坑情况：几何尺寸大小、深浅、土质、有无地下水及开挖方式等。

（2）作业环境：占地范围、工程量大小、地上与地下障碍物等。

（3）气候与季节：冬期及雨期时间长短，冬期温度与雨期降水量等情况。

（4）机械配套与供应情况。

（5）施工工期长短。

五、土石方回填与夯实

建筑工程中的填土，主要是基础沟槽的回填和房心土的回填。

（一）土料的选择

填方土料应符合设计要求，以保证填方的强度和稳定性。凡是含水量过大或过小的黏土、含有 8% 以上的有机物质（腐烂物）的土、含有 5% 以上的水溶性硫酸盐的土、杂土、垃圾土、冻土等均不能作为回填土。

同一填方工程应尽量采用同一类土填筑。如采用不同土填筑时，必须按类分层夯填，并将透水性大的土置于透水性小的土层之下，以防填土内形成水囊。

（二）填土压实方法

填土压实方法有碾压法、夯实法及振动压实法。平整场地等大面积填土工程多采用碾压法或夯实法。小面积的填土多用夯实法或振动压实法。

（1）碾压法：利用机械滚轮的压力压实土壤，使其达到所需的密实度。常用的碾压机有平碾及羊足碾。

（2）夯实法：利用夯锤自由下落的冲击力来夯实土壤。

（3）振动压实法：将振动压实机放在土层表面，借助于机械振动使土达到紧密状态。

（三）影响填土压实的因素

1. 土的含水量

较为干燥的土，由于土颗粒之间的摩阻力较大而不易压实。含水量过大时，土颗粒之间的空隙被水分占去，也不易压实。因此，只有当土具有适当的含水量，水起润滑作用，土颗粒间的摩阻力减小，土才容易被压实。

2. 铺土厚度及压实遍数

各种压实机械压实影响深度的大小，与土的性质及含水量有关。铺土厚度应小于压实机械压土时的压实影响深度。铺土厚度有一个最优厚度范围，可使土粒在获得设计要求干密度的条件下，压实机械所需的压实遍数最少，施工时可参照表 4.3 选用。

表 4.3　填方每层的铺土厚度和压实遍数

压实机械	每层铺土厚度/mm	每层压实遍数
平碾	250~300	6~8
振动压实机	250~350	3~4
柴油打夯机	200~250	3~4
人工打夯	<200	3~4

3. 压实功

填土后压实的密度与压实机械对填土所施加的功密度有一定关系。土的含水量一定，在开始压实时，土的密度急剧增加，待接近土的最大密度时，虽然压实功增加了很多，但土的密度变化很小。施工中，不同的土应根据压实机械和密度要求选择压实的遍数。

第二节　基坑工程

一、基坑工程的特点及内容

（一）基坑工程特点

随着城市建设的快速发展，地下空间大规模开发成为了一种趋势。基坑工程是集地质工程、岩土工程、结构工程和岩土测试技术于一身的系统工程，其设计和施工作为岩土工程学科的主要研究课题之一。近年来，深基坑工程的设计计算方法、施工技术、监测手段以及基坑工程计算理论在我国都有长足的发展。基坑工程具有如下特点：

（1）基坑工程具有较大的风险性。基坑支护体系一般为临时措施，其荷载、强度、变形、防渗、耐久性等方面的安全储备相对较小。

（2）基坑工程具有明显的区域特征。不同的区域具有不同的工程地质和水文地质条件，即使是同一城市的不同区域也可能会有较大差异。

（3）基坑工程具有明显的环境保护特征。基坑工程的施工会引起周围地下水位变化和应力场的改变，导致周围土体的变形，对相邻环境会产生影响。

（4）基坑工程理论尚不完善。基坑工程是岩土、结构及施工相互交叉的学科，且受多种复杂因素相互影响，其在土压力理论、基坑设计计算理论等方面尚待进一步发展。

（5）基坑工程具有时空效应规律。基坑的几何尺寸、土体性质等对基坑有较大影响。施工过程中，每个开挖步骤中的空间尺寸、开挖部分的无支撑暴露时间和基坑变形具有一定的相关性。

（6）基坑工程具有很强的个体特征。基坑所处区域地质条件的多样性、基坑周边环境的复杂性、基坑形状的多样性、基坑支护形式的多样性，决定了基坑工程具有明显的个性。

（二）基坑工程的主要内容

基坑开挖最简单、最经济的办法是放坡大开挖，但经常会受到场地条件、周边环境的限制，所以需设计支护系统以保证施工的顺利进行，并能较好地保护周边环境。基坑工程具有一定的风险，过程中应利用信息化手段，通过对施工监测数据的分析和预测，动态地调整设计和施工工艺。基坑土方开挖是基坑工程的重要内容，其目的是为地下结构施工创造条件。基坑支护系统分为围护结构和支撑结构，围护结构是指在开挖面以下插入一定深度的板墙结构，其常用材料有混凝土、钢材、木材等，形式一般是钢板桩、钢筋混凝土板桩、灌注桩、水泥土搅拌桩、地下连续墙等。根据基坑深度不同，围护结构可以是悬臂式的，但更多采用单撑或多撑式（单锚或多锚式）结构。支撑是为围护结构提供弹性支撑点，以控制墙体弯矩和墙体截面面积。为了给土方开挖创造适宜的施工空间，在水位较高的区域一般会采取降水、排水、隔水等措施，保证施工作业面在地下水位面以上，所以地下水位控制也是基坑工程重要的组成部分。

综上所述，基坑工程主要由工程勘察、支护结构设计与施工、基坑土方开挖、地下水控制、信息化施工及周边环境保护等构成。

二、基坑支护结构总体方案选择

基坑支护是为满足地下结构的施工要求及保护基坑周边环境的安全，对基坑侧壁采取的支挡、加固与保护措施，基坑支护总体方案的选择直接关系到基坑及周边环境的安全、施工进度、工程建设成本。总体方案主要有顺作法和逆作法两类，在同一基坑工程中，顺作法和逆作法可以在不同的区域组合使用，从而在特定条件下满足工程的经济技术要求。

（一）顺作法

顺作法是指先施工周边围护结构，然后由上而下开挖土方并设置支撑（锚杆），挖至坑底后，再由下而上施工主体结构，并按一定顺序拆除支撑的过程。顺作法基坑支护结构通常有围护墙、支撑（锚杆）及其竖向支承结构组成。顺作法是基坑工程传统的施工方法，设计较便捷，施工工艺成熟，支护结构与主体结构相对独立，设计的关联性较低。顺作法常用的总体设计方案包括放坡开挖、水泥土挡墙、排桩与板墙、土钉墙、逆作拱墙等。基坑工程中常用的支护形式见表4.4。

表 4.4　基坑工程中的常用支护形式

主要支护形式		备　　注
放坡		必要时应采取护坡等措施
重力式水泥土墙或高压旋喷围护墙		依靠自重和刚度保护坑壁，一般不设内支撑
土钉墙、复合土钉墙		其中复合土钉墙有土钉墙结合隔水帷幕、土钉墙结合预应力锚杆、土钉墙结合微型桩等形式
支挡式结构	型钢横挡板	应设置内支撑
	钢板桩	可结合内支撑或锚杆系统
	混凝土板桩	可结合内支撑或锚杆系统
	灌注桩排桩	有分离式、咬合式、双排式、交错式、格栅式等；可结合内支撑或锚杆系统；可与隔水帷幕组合
	预制（钢管、混凝土）排桩	可结合内支撑或锚杆系统
	地下连续墙	有现浇和预制地下连续墙，可结合内支撑系统
	型钢水泥土搅拌墙	可结合内支撑或锚杆系统
逆作拱墙		很多情况下不用内支撑或锚杆系统

（二）逆作法

逆作法是指利用主体地下结构水平梁板结构作为内支撑，按楼层自上而下并与基坑开挖交替进行的施工方法。逆作法围护墙可与主体结构外墙结合，也可采用临时围护墙。逆作法是借助地下结构自身能力对基坑产生支护作用，即利用各层水平结构的刚度、强度，使其成为基坑围护墙水平支撑点，以平衡土压力。在采用逆作法进行地下结构施工的同时，还可同步进行上部结构的施工，但上部结构允许施工的层数(高度)必须经设计计算确定。

1. 逆作法的优点

（1）基坑变形较小，有利于周边环境保护。

（2）地上和地下同步施工时，可缩短工期。

（3）支护结构与主体结构相结合，可大大节约支撑等材料。

（4）围护墙与主体结构外墙结合时，可减少土方开挖和回填。

（5）有利于解决特殊平面形状的支撑设置难题。

（6）可充分利用地下室顶板作施工场地，解决施工场地狭小的难题。

2. 逆作法的不足

（1）基坑设计与结构设计的关联度较大，设计与施工的沟通和协作紧密。

（2）施工技术要求高，如结构构件节点复杂、中间支承柱垂直度控制要求高。

（3）挖运设备尚有待研究，土方挖运效率受到限制。

（4）立柱之间及立柱与围护墙之间的差异沉降较难控制。

（5）结构局部区域需采用二次浇筑施工工艺。

（6）施工作业环境较差。

（三）顺逆结合

对于某些条件复杂或具有特殊技术经济要求的基坑，可采用顺作法和逆作法结合的设计方案，从而可发挥顺作法和逆作法的各自优势，满足基坑工程特定要求。工程中常用顺逆结合主要有主楼先顺作裙房后逆作、裙房先逆作主楼后顺作、中心顺作周边逆作等方案。

1. 主楼先顺作、裙房后逆作

高层和超高层建筑通常由主楼和裙房组成，若主楼为工期控制的主导因素，在施工场地紧张的情况下，可先采用顺作法施工主楼地下室基坑，裙房暂作施工场地，待主楼进入上部结构施工某一阶段，再逆作裙房地下室基坑。该方法一方面可解决施工场地狭小、作业困难的问题；另一方面由于主楼基坑面积较小，可加快施工速度；裙房逆作不占绝对工期，缩短了总工期。同时裙房逆作基坑可较好地控制基坑变形，可减少对周边环境的影响。

2. 裙房先逆作、主楼后顺作

高层和超高层建筑施工中，若裙房的工期要求非常高(如裙房作为商业建筑而需要尽快投入商业运营)，而主楼的工期要求较低，裙房可先采用逆作法，且可上下同步施工，以满足工期要求，而在主楼区域可设置大空间取土口。待裙房地下结构完成后再顺作施工主楼结构。该方法由于在主楼区域设置大空间，可大大提高挖土效率，加快裙房施工速度；同时大空间也改善了逆作区域的通风和采光条件。裙房可采取上下同步施工工艺，可缩短裙房施工工期。裙房采用逆作法施工可较好地控制基坑变形。

3. 中心顺作、周边逆作

对于面积较大且周边环境保护要求不是很高的基坑，可在基坑周边先施工一圈具有一定水平刚度的环状结构梁板，然后在基坑周边被动区留土护壁，并采用多级放坡的方式使基坑中心区域开挖至坑底，在中心区域顺作地下结构，并与周边环状结构梁板贯通后，再逐层开挖和逆作周边留土区域。该方法由于周边利用结构梁板作为水平支撑，而中心区域无需临时支撑，具有较高的经济效益，且由于中部敞开，出土速度较快，可加快整体施工工期。同时由于中心区域顺作施工，可节省逆作施工中的中间支承柱。

中心顺作、周边逆作也可在施工周边环状结构梁板后，盆式开挖中心区域土方，再开挖周边环状结构梁板下土方，然后逆作基坑周边下层结构，在强度满足要求后再逐层进行土方开挖和周边地下结构施工，开挖至坑底后浇筑基础底板，最后由下而上顺作完成中心区域地下结构。

三、钻孔灌注桩工程施工

钻孔灌注排桩即为由钻孔灌注桩为桩体组成的排桩体系。单个桩体可在平面布置上采取不同排列形式，形成连续的板式挡土结构，以支撑不同地质和施工条件下基坑开挖时的侧向水土压力。常用的排桩式围护结构形式有间隔排列、一字形相切排列、交错相切排列、一字形搭接排列等。

近年来通过大量基坑工程实践，以及防渗技术的提高，钻孔灌注排桩适用深度范围已逐渐被突破并取得了较好效果。钻孔灌注排桩应用于深基坑支护中，可减少开挖工程量，避免了因基坑施工对周边环境的影响，同时也缩短了前期的施工工期，节省了工程投资。

进行钻孔灌注排桩施工时，需得遵循相应的要求。

当基坑不考虑防水(或已采取降水措施)时，钻孔灌注桩可按一字形间隔排列或相切排列形成排桩。间隔排列的间距常为 2.5~3.5 倍桩径。土质较好时可利用桩侧"土拱"作用适当扩大桩距。当基坑考虑防水时，可按一字形搭接排列，也可按间隔或相切排列，并设隔水帷幕。搭接排列时，搭接长度宜为保护层厚度；间隔或相切排列时需另设隔水帷幕，桩体净距可根据桩径、桩长、开挖深度、垂直度及扩颈情况来确定，一般为 100~150mm。

钻孔灌注排桩中桩径和桩长根据地质和环境条件由计算确定，一般桩径可取 500~1000mm，通常以采用 $\phi600$mm 或大于 $\phi600$mm 为宜。密排式钻孔灌注排桩每根桩的中心线间距一般应为桩直径加 100~150mm，即两根桩的净间距为 100~150mm，以免钻孔时碰及邻桩。分离式钻孔灌注排桩的中心距，应由设计根据实际受力情况确定。桩的埋入深度由设计根据结构受力和基坑底部稳定以及环境要求确定。

钻孔灌注排桩施工前必须试成孔，数量不得少于 2 个。以便核对地质资料，检验所选的设备、机具、施工工艺以及技术是否适宜。如孔径、垂直度、孔壁稳定和沉淤等检测指标不能满足设计要求时，应拟定补救技术措施，或重新选择施工工艺。

排桩要承受地面超载和侧向水土压力，其配筋量往往比工程桩大。当挖土面及其背面配筋不同时，施工必须严格按受力要求采取技术措施保证钢筋笼的正确位置。非均匀配筋排桩的钢筋笼在绑扎、吊装和埋设时，应保证钢筋笼的安放方向与设计方向一致。

钻孔灌注排桩施工时要采取间隔跳打，隔桩施工，并应在灌注混凝土 24h 后进行邻桩成孔施工，防止由于土体扰动对已浇筑的桩带来影响，排桩施工顺序如图4.2所示。对于砂质土，可采用套打排桩的形式，即对有严重液化砂土地基先进行搅拌桩加固，然后在加固土中施工排桩以保证成孔质量，这就需要在搅拌桩结束后不久即进行排桩施工。

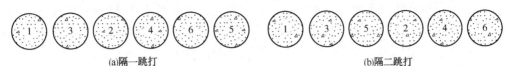

(a)隔一跳打 (b)隔二跳打

图 4.2 排桩施工顺序

按照工程经验，当距钻孔灌注排桩外侧 100mm 做双钻头排列（宽度 1200mm）制作搅拌桩作为隔水帷幕时，其深度应满足基坑底防管涌的要求。如采用注浆（一般对粉质土或砂质土），也应满足形成隔水帷幕的要求。

钻孔灌注排桩顶部一般需做一道顶圈梁，以形成整体，便于开挖时整体受力和满足控制变形的要求。在开挖时需根据支撑设置围檩以构成整体受力。围檩要有一定刚度，防止由于围檩和支撑发生变形而导致围护墙变形过大或失稳破坏。

钻孔灌注排桩施工时要严防个别桩坍孔，致使后施工的邻桩无法成孔，造成开挖时严重流砂或涌土。钻孔灌注排桩在采用泥浆护壁作业法成孔时，要特别注意孔壁护壁问题。由于通常采用跳孔法施工，当桩孔出现坍塌或扩径较大时，会导致两根已经施工的桩之间在插入后施工的桩时发生成孔困难，可采取排桩轴线外移的措施。

应严格控制钻孔垂直度，避免桩间隙过大。若地下水从桩间空隙渗出，应及时采取针对性的封堵措施。

因钻孔灌注桩后一般有搅拌桩作隔水帷幕，围护结构厚度加大，造成施工场地减少。今后的趋势应是选用相互搭接的结构形式，省去后面的隔水帷幕。但是施工时应间隔进行。每相邻两根桩结束后，要在其中间插入 1 根桩，这就要求较高的施工精度，而且钻孔机钻头需有切割刀具，对机械的扭矩要求也高，非一般的机械所能达到。国外已很普遍采用这类结构，实质上这种形式已属柱列式地下连续墙范畴了。

四、地下连续墙工程施工

地下连续墙是在地面上利用各种挖槽机械，沿支护轴线，在泥浆护壁条件下，开挖出一条狭长深槽，清槽后在槽内吊放钢筋笼，然后用导管法浇筑水下混凝土，筑成一个单元槽段，如此逐段进行，在地下筑成一道连续的钢筋混凝土墙，作为截水、防渗、承重、挡土结构。地下连续墙的特点是墙体刚度大、整体性好，基坑开挖过程安全性高，支护结构变形较小；施工振动小，噪声低，对环境影响小；墙身具有良好的抗渗能力，坑内降水时对坑外的影响较小；可用于密集建筑群中深基坑支护及逆作法施工；可作为地下结构的外墙；可用于多种地质条件。但由于地下连续墙施工机械的因素，其厚度具有固定的模数，不能像灌注桩一样对桩径和刚度进行灵活调整，且地下连续墙的成本较为昂贵，因此地下连续墙只有用在一定深度的基坑工程或其他特殊条件下才能显示其经济性和特有的优势。

（一）施工机械与设备

地下连续墙的施工方法从结构形式上可分为柱列式和壁式两大类，其施工机械也相应地分为柱列式和壁式两大类。前者主要通过水泥浆及添加剂与原位置的土进行混合搅拌形成桩，并在横向上重叠搭接形成连续墙。后者则由水泥浆与原位置土搅拌形成连续墙，并就地灌注混凝土形成连续墙。柱列式地下连续墙施工机械设备一般采用长螺旋钻孔机和原位置土混合搅拌壁式地下连续墙(TRD工法)施工设备；壁式地下连续墙施工机械设备一般采用抓斗式成槽机、回转式成槽机及冲击式三大类，抓斗式包括悬吊式液压抓斗成槽机、导板式液压抓斗成槽机和导杆式液压抓斗成槽机三种，回转式包括垂直多轴式成槽机和水平多轴式回转钻成槽机(铣槽机)两种。

（二）施工工艺

1. 工艺流程

我国建筑工程中应用最多的是现浇钢筋混凝土壁板式地下连续墙，其施工工艺过程通常如图4.3所示。

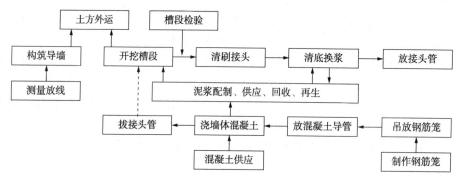

图4.3 现浇钢筋混凝土壁板式地下连续墙的施工工艺过程

2. 导墙制作

1）导墙的作用

导墙也叫槽口板，是地下连续墙槽段开挖前沿墙面两侧构筑的临时性结构，其作用是：

（1）成槽导向、测量基准。

（2）稳定上部土体，防止槽口塌方。

（3）重物支撑平台，承受施工荷载。

（4）存储泥浆、稳定泥浆液位、围护槽壁稳定。

（5）对地面沉降和位移起到一定控制作用。

2）导墙的结构形式

导墙一般为现浇的钢筋混凝土结构，也有钢制或预制钢筋混凝土结构。

3）导墙施工

导墙混凝土强度等级多采用C20~C30，配筋多为 $\phi8\sim16mm@150\sim200$，水平钢筋应连接使其成为整体。导墙肋厚150~300mm，墙底进入原土0.2m。导墙顶墙面应水平，且至少应高于地面约100mm，以防地面水流入槽内污染泥浆。导墙内墙面应垂直且应平行于地下连续墙轴线，导墙底面应与原土面密贴，以防槽内泥浆渗入导墙后侧。墙面平整度应控制在5mm内，墙面垂直度不大于1/500。内外导墙间净距比设计的地下连续墙厚度大40~60mm，净距的允许偏差为±5mm，轴线距离的最大允许偏差为±10mm。导墙应对称浇筑，强度达到 70% 后方可拆模。现浇钢筋混凝土导墙拆模后，应立即加设上、下两道木支撑，防止导墙向内挤压，支撑水平间距为 1.5~2.0m，上下为 0.8~1.0m。

3. 泥浆配制

1）泥浆的作用

泥浆是地下连续墙施工中成槽时槽壁稳定的关键。在地下连续墙挖槽时，泥浆起到护壁、携渣、冷却机具和滑润作用。槽内泥浆液面应高出地下水位一定高度，以防槽壁倒塌、剥落和防止地下水渗入。同时由于泥浆在槽壁内的压差作用，在槽壁表面形成一层透水性很低的固体颗粒胶结物——泥皮，起到护壁作用。

2）泥浆的成分

护壁泥浆除通常使用的膨润土泥浆外，还有高分子聚合物泥浆、CMC（甲基纤维素）泥浆和盐水泥浆等。

高分子聚合物泥浆是以长链高分子有机聚合物和无机硅酸盐为主体的泥浆，该种泥浆一般不加（或掺很少量）膨润土，是近十多年才研制成功的。该聚合物泥浆遇水后产生膨胀作用，提高黏度的同时可在槽壁表面形成一层坚韧的胶膜，防止槽壁坍塌。高分子聚合物泥浆无毒无害，且不与槽段开挖出的土体发生物理化学反应，不产生大量的废泥浆，钻渣含水量小，可直接装车运走，故称其为环保泥浆。这种泥浆已经在北京、上海和长江堤防等工程中试用，固壁效果良好，确有环保效应，具有一定的推广价值和研究价值。目前应用最广泛的还是膨润土泥浆，其主要成分是膨润土外加剂和水。

4. 泥浆的制备与处理

（1）泥浆的配合比和需要量。确定泥浆配合比时，根据为保持槽壁稳定所需的黏度来确定各类成分的掺量，膨润土的掺量一般为 6%~10%，膨润土品种和产地较多，应通过试验选择；增黏剂 CMC（羧甲基钠纤维素钠）的掺量一般为 0.01%~0.3%；分散剂（纯碱）的掺量一般为 0~0.5%。不同地区、不同地质水文条件，不同施工设备，对泥浆的性能指标都有不同的要求，为达到最佳的护壁效果，应根据实际情况由试验确定泥浆最优配合比。

计算地下连续墙施工泥浆需要量主要是按泥浆损失量进行计算，作为参考，可用式（4.17）进行估算：

$$Q = \frac{V}{n} + \frac{V}{n}\left(1 - \frac{K_1}{100}\right)(n-1) + \frac{K_2}{100}V \tag{4.17}$$

式中：Q 为泥浆总需要量，m^3；V 为设计总挖土量，m^3；n 为单元槽段数量；K_1 为浇筑混凝土时的泥浆回收率，%，一般为 60%~80%；K_2 为泥浆消耗率，%，一般为 10%~20%。

（2）泥浆制备。泥浆制备包括泥浆搅拌和泥浆贮存。制备膨润土泥浆一定要充分搅拌，否则会影响泥浆的失水量和黏度。泥浆投料顺序一般为水、膨润土、CMC、分散剂、其他外加剂。CMC 较难溶解，最好先用水将 CMC 溶解成 1%~3% 的溶液，CMC 溶液可能会妨碍膨润土溶胀，宜在膨润土之后再掺入进行拌和。

为充分发挥泥浆在地下连续墙施工中的作用，泥浆最好在膨润土充分水化之后再使用，新配制的泥浆应静置贮存 3h 以上，如现场实际条件允许静置 24h 后再使用更佳。泥浆存贮位置以不影响地下连续墙施工为原则，泥浆输送距离不超过 200m，否则应在适当地点位置设置泥浆回收接力池。

（3）泥浆处理。在地下连续墙施工过程中，泥浆与地下水、砂、土、混凝土等接触，膨润土、外加剂等成分会有所消耗，而且也会混入一些土渣和电解质离子等，使泥浆受到污染而性质恶化。被污染后性质恶化了的泥浆，经过处理后仍可重复使用。如污染严重难以处理或处理不经济者则舍弃。泥浆处理方法通常因挖槽方法而异：对于泥浆循环挖槽方法，要处理挖槽过程中含有大量土渣的泥浆以及浇筑混凝土所置换出来的泥浆；对于直接出渣挖槽方法只处理浇筑混凝土置换出来的泥浆。泥浆处理分为土渣的分离处理（物理再生处理）和污染泥浆的化学处理（化学再生处理），其中物理处理又分重力沉淀和机械处理两种，重力沉淀处理是利用泥浆与土渣的相对密度差使土渣产生沉淀的方法，机械处理是使用专用除砂除泥装置回收。泥浆再生处理用物理再生处理和化学再生处理联合进行效果更好。

从槽段中回收的泥浆经振动筛除，除去其中较大的土渣，进入沉淀池进行重力沉淀，再通过旋流器分离颗粒较小的土渣，若还达不到使用指标，再加入掺合物进行化学处理。浇筑混凝土置换出来的泥浆混入阳离子时，土颗粒就易互相凝聚，增强泥浆的凝胶化倾向。泥浆产生凝胶化后，泥浆的泥皮形成性能减弱，槽壁稳定性较差；黏性增高，土渣分离困难；在泵和管道内的流动阻力增大。对这种非良性泥浆要进行化学处理。化学处理一般用分散剂，经化学处理后再进行土渣分离处理。通常槽段最后 2~3m 左右浆液因污染严重而直接废弃。泥浆经过化学处理后，用控制泥浆质量的各项指标进行检验，如果需要可再补充掺入泥浆材料进行再生调制。经再生调制的泥浆，送入贮浆池（罐），待新掺入的材料与处理过的泥浆完全融合后再重复使用。

（4）泥浆制备与处理设备。泥浆制备包括泥浆搅拌和泥浆贮存。泥浆搅拌可采用低速卧式搅拌机搅拌、高速回转式搅拌机搅拌、螺旋桨式搅拌机搅拌、喷射式搅拌机搅拌、压缩空气搅拌、离心泵重复循环搅拌等。

常用高速回转式搅拌机和喷射式搅拌机两类。搅拌设备应保证必要的泥浆性能，搅拌效率要高，能在规定时间内供应所需泥浆，要使用和拆装方便，噪声小。亦可将高速回转式搅拌机与喷射式搅拌机组合使用进行制备泥浆，即先经过喷嘴喷射拌合后再进入高速回转搅拌机拌合，直至泥浆达到设计浓度。

高速回转式搅拌机由搅拌筒和搅拌叶片组成，是以高速回转的叶片使泥浆产生激烈的涡流，将泥浆搅拌均匀。

将泥浆搅拌均匀所需的搅拌时间，取决于搅拌机的搅拌能力（搅拌筒大小、搅拌叶片回转速度等）、膨润土浓度、泥浆搅拌后贮存时间长短和加料方式，一般应根据搅拌试验结果确定，常用搅拌时间为 4~7min，即搅拌后贮存时间较长者搅拌时间为 4min，搅拌后立即使用者搅拌时间为 7min。

喷射式搅拌机是一种利用喷水射流进行拌合的搅拌方式，可进行大容量搅拌。其工作原理是用泵把水喷射成射流状，利用喷嘴新近的真空吸力把加料器中的膨润土吸出与射流拌合，在泥浆达到设计浓度之前可循环进行。我国使用的喷射式搅拌机其制备能力为 8~60m/h，泵的压力约 0.3~0.4MPa。喷射式搅拌机的效率高于高速回转式搅拌机，耗电较少，而且达到相同黏度时其搅拌时间短。

制备膨润土泥浆一定要充分搅拌，否则如果膨润土溶胀不充分，会影响泥浆的失水量和黏度。一般情况下膨润土和水混合 3h 后就会有很大的溶胀，可供施工使用，经过一天就可达到完全溶胀。膨润土比较难溶于水，如搅拌机的搅拌叶片回转速度在 200r/min 以上，则可使膨润土较快地溶于水。增黏剂 CMC 较难溶解，如用喷射式搅拌机则可提高 CMC 的溶解效率。

泥浆存贮池分搅拌池、储浆池、重力沉淀池及废浆池等，其总容积为单元槽段体积的 3~3.5 倍左右。贮存泥浆宜用钢贮浆罐或地下、半地下式贮浆池。如用立式贮浆罐或离地一定高度的卧式贮浆罐，则可自流送浆或补浆，无需送浆泵。贮浆罐容积应适应施工的需要。如用地下或半地下式贮浆池，要防止地面水和地下水流入池内。

（5）泥浆控制要点。应严格控制泥浆液位，确保泥浆液位在地下水位 0.5m 以上，并不低于导墙顶面以下 0.3m，液位下落及时补浆，以防槽壁坍塌。为减少泥浆损耗，在导墙施工中遇到的废弃管道要堵塞牢固；施工时遇到土层空隙大、渗透性强的地段应加深导墙。

在施工中定期对泥浆指标进行检查测试，随时调整，做好泥浆质量检测记录。在遇有较厚粉砂、细砂地层时，可恰当提高黏度指标，但不宜大于 45s；在地下水位较高，又不宜提高导墙顶标高的情况下，可恰当提高泥浆密度，但不宜超过 1.25g/cm^3。

为防止泥浆污染，浇筑混凝土时导墙顶加盖板阻止混凝土掉入槽内；挖槽完毕应仔细用抓斗将槽底土渣清完，以减少浮在上面的劣质泥浆数量；禁止在导墙沟内冲洗抓斗；不得无故提拉浇筑混凝土的导管，并注意经常检查导管水密性。

5. 成槽作业

成槽是地下连续墙施工中的主要工艺，成槽工期约占地下连续墙工期的一半，提高成槽的效率是缩短工期的关键。成槽精度决定了地下连续墙墙体的制作精度。

1）单元槽段划分

地下连续墙通常分段施工，每一段称为地下连续墙的一个槽段，一个槽段是一次混凝土灌注单位。地下连续墙施工时，预先沿墙体长度方向把地下连续墙划分为若干个一定长度的施工单元，该施工单元称"单元槽段"，挖槽是按一个个单元槽段进行挖掘，在一个单元槽段内，挖槽机械挖土时可以是一个或几个挖掘段。

（1）槽段长度的确定。槽段的划分就是确定单元槽段的长度，并按设计平面构造要求和施工的可能性，将墙划分为若干个单元槽段。单元槽段的最小长度不得小于一个挖掘段（挖槽机械的挖土工作装置的一次挖土长度）。单元槽段长度长，则接头数量少，可提高墙体整体性和隔水防渗能力，简化施工，提高工效。一般决定单元槽段长度的因素有设计构造要求、墙的深度和厚度、地质水文情况、开挖槽面的稳定性、对相邻结构物的影响、挖掘机最小挖槽长度、泥浆生产和护壁的能力、钢筋笼自重和尺寸、吊放方法和起重机能力、单位时间内混凝土供应能力、导管作用半径、拔锁口管的能力、作业空间、连续操作的有效工作时间、接头位置等，而最重要的是要保证槽壁的稳定性。单元槽段长度应是挖槽机挖槽长度的整数倍，一般采用挖槽机最小挖掘长度（即一个挖掘单元的长度）为一单元槽段。地质条件良好，施工条件允许，亦可采用 2~4 个挖掘单元组成一个槽段，槽段长度一般为 4~8m。

（2）单元槽段的常见形式。按地下连续墙的平面形状，划分单元槽段的常见形式主要有直线形槽段、直角形槽段、拐角形槽段、T 字形槽段、十字形槽段、三折线形槽段、双折线形槽段、圆弧形槽段、Z字形槽段等。

（3）单元槽段接缝位置。槽段分段接缝位置应尽量避开转角部位及与内隔墙连接位置，以保证地下连续墙有良好的整体性和足够的强度。常见的交接处理方式有预留筋连接、丁字形连接、十字形连接、90°拐角连接、圆形或多边形连接、钝角拐角连接。

2）成槽施工工艺

（1）成槽作业顺序。首先根据已划分的单元槽段长度，在导墙上标出各槽段的相应位置。一般可采取两种施工顺序：一是顺槽法，按序（顺墙）施工：顺序为1，2，3，4，…，n。将施工的误差在最后一单元槽段解决；二是跳槽法，间隔施工：即（2n-1）-（2n+1）-（2n），能保证墙体的整体质量，但较费时。

（2）单元槽段施工。采用接头管的单元槽段的施工顺序如图4.4所示。

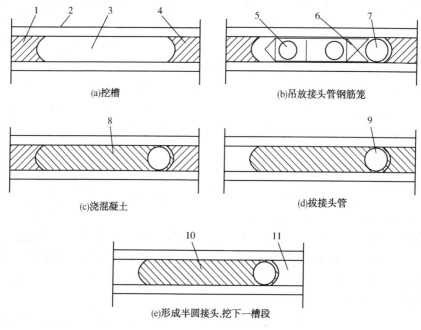

(a)挖槽　　　　　　　　　　　　　　(b)吊放接头管钢筋笼

(c)浇混凝土　　　　　　　　　　　　(d)拔接头管

(e)形成半圆接头,挖下一槽段

图4.4　单元槽段施工顺序

注：1—已完成槽段；2—导墙；3—已挖完槽段；4—未开挖槽段；5—混凝土导管；6—钢筋笼；7—接头管；
8—混凝土；9—拔管后形成的圆孔；10—已完成槽段；11—开挖新槽段。

（3）成槽作业施工方法：

① 多头钻施工法。下钻应使吊索保持一定张力，即使钻具对地层保持适当压力，引导钻头垂直成槽。下钻速度取决于钻渣的排出能力及土质的软硬程度，注意使下钻速度均匀。

② 抓斗式施工法。导杆抓斗安装在起重机上，抓斗连同导杆由起重机操纵上下、起落卸土和挖槽，抓斗挖槽通常用"分条抓"或"分块抓"两种方法。

③ 钻抓式施工法。钻抓式挖槽机成槽时，采取两孔一抓挖槽法，预先在每个挖掘单元两端，用潜水钻机钻两个直径与槽段宽度相同的垂直导孔，然后用导板抓斗形成槽段。

④ 冲击式施工法。其挖槽方法为常规单孔桩方法，采取间隔挖槽施工。

3）防止槽壁塌方的措施

施工时保持槽壁的稳定性是十分重要的，与槽壁稳定有关的因素主要有地质条件、地下水位、泥浆性能及施工措施等几个方面。如采取对松散易塌土层预先将槽壁加固、缩小单元槽段长度、根据土质选择泥浆配合比、控制泥浆和地下水的液位变化及地下水流动速度、加强降水、减少地面荷载、控制动荷载等。当挖槽出现坍塌迹象时，如泥浆大量漏失和液位明显下降、泥浆内有大量泡沫上冒或出现异常扰动、导墙及附近地面出现沉降、排土量超出设计土方量、多头钻或蚌式抓斗升降困难等，应及时将挖槽机械提至地面，防止其埋入地下，然后迅速采取措施避免坍塌进一步扩大。

4）清基

挖槽结束后清除以沉渣为主的槽底沉淀物的工作称为清基。地下连续墙槽孔的沉渣如不清除，会在底部形成夹层，可能会造成地下连续墙沉降量增大，承载力降低，减弱隔水防渗性能，会使混凝土的强度、流动性、浇筑速度等受到不利影响，还会可能造成钢筋笼上浮或不能吊放到预定深度。清基的方法有沉淀法和置换法两种。沉淀法是在土渣基本沉至槽底之后再进行清底。置换法是在挖槽结束后，在土渣尚未沉淀之前就用新泥浆把槽内的泥浆置换出来，使槽内泥浆的相对密度在 1.15 以下。我国多用置换法清基。

6. 钢筋笼加工与吊装

1）钢筋笼加工

应根据地下连续墙墙体配筋图和单元槽段的划分制作钢筋笼，宜按单元槽段整体制作。若地下连续墙深度较大或受起重设备起重能力的限制，可分段制作，在吊放时再逐段连接；接头宜用绑条焊；纵向受力钢筋的搭接长度，如无明确规定时可采用 60 倍的钢筋直径。

钢筋笼应在型钢或钢筋制作的平台上成型。工程场地设置的钢筋笼制作安装平台应有一定的尺寸（应大于最大钢筋笼尺寸）和平整度。为便于纵向钢筋定位，宜在平台上设置带凹槽的钢筋定位条。为便于钢筋放样布置和绑扎，应在平台上根据钢筋间距、插筋、预埋件的位置画出控制标记，以保证钢筋笼和各种埋件的布设精度。

钢筋笼端部与接头管或混凝土接头面间应留有 15~20cm 的空隙。主筋净保护层厚度通常为 7~8cm，保护层垫块厚 5cm，在垫块和墙面之间留有 2~3cm 的间隙。垫块一般用薄钢板制作，以防止吊放钢筋笼时垫块损坏或擦伤槽壁面。作为永久性结构的地下连续墙的主筋保护层，应根据设计要求确定。

制作钢筋笼时应确保钢筋的正确位置、间距及数量。纵向钢筋接长宜采用气压焊、搭接焊等。钢筋连接除四周两道钢筋的交点需全部点焊以外，其余可采用 50% 交叉点焊。成型用的临时扎结铁丝焊后应全部拆除。制作钢筋笼时应预先确定浇筑混凝土用导管的位置，应保持上下贯通，周围应增设箍筋和连接筋加固，尤其在单元槽段接头附近等钢筋较密集区域。为防横向钢筋阻碍导管插入，纵向主筋应放在内侧，横向钢筋放在外侧。纵向钢筋底端应距离槽底 10~20cm。纵向钢筋底端应稍向内弯折，以防止吊放钢筋笼时擦伤槽壁，但向内弯折程度亦不要影响插入混凝土导管。应根据钢筋笼的自重、尺寸及起吊方式和吊点布置，在钢筋笼内布置一定数量的纵向桁架。由于钢筋笼起吊时易变形，纵向桁架上下弦断面应计算确定，一般以加大相应受力钢筋断面作桁架的上下弦。

地下连续墙与基础底板以及内部结构板、梁、柱、墙的连接，如采用预留锚固钢筋的方式，锚固筋一般用光圆钢筋，直径不超过 20mm。锚固筋布置应确保混凝土自由流动以充满锚固筋周围的空间，如采用预埋钢筋连接器则宜用直径较大钢筋。

2）钢筋笼的吊装

钢筋笼的起吊、运输和吊放应制定施工方案，不得在此过程中产生不能恢复的变形。根据钢筋笼自重选取主、副吊设备，并进行吊点布置。应对吊点局部加强，沿钢筋笼纵横向设置析架增强钢筋笼整体刚度。选择主、副扁担并对其进行验算，应对主、副吊钢丝绳、吊具索具、吊点及主吊巴杆长度进行验算。

钢筋笼起吊应用横吊梁或吊架。吊点布置和起吊方式应防止起吊引起钢筋笼过大变形。起吊时钢筋笼下端不得在地面拖引，以防下端钢筋弯曲变形，为防止钢筋笼吊起后在空中摆动，应在钢筋笼下端系拽引绳。

插入钢筋笼时应使钢筋笼对准单元槽段中心，垂直而又准确地插入槽内。钢筋笼入槽时，吊点中心应对准槽段中心，然后徐徐下降，此时应注意不得因起重臂摆动或其他影响而使钢筋笼产生横向摆动，造成槽壁坍塌。钢筋笼入槽后应检查其顶端高度是否符合设计要求，然后将其搁置在导墙上。若钢筋笼分段制作，吊放时需接长，下段钢筋笼应垂直悬挂在导墙上，然后将上段钢筋笼垂直吊起，上下两段钢筋笼成直线连接。若钢筋笼不能顺利入槽，应将其吊出，查明原因加以解决；若有必要应修槽后再吊放，不能强行插放，以防止引起钢筋笼变形或使槽壁坍塌，增加沉渣厚度。

7. 接头选择

1）接头形式分类

地下连续墙由若干个槽段分别施工后连成整体，各槽段间的接头成为挡土挡水的薄弱部位。地下连续墙接头形式很多，一般分为施工接头（纵向接头）和结构接头（水平接头）。施工接头是浇筑地下连续墙时纵向连接两相邻单元墙段的接头；结构接头是已竣工的地下连续墙在水平向与其他构件（地下连续墙内部结构梁、柱、墙、板等）相连接的接头。

2）施工接头

施工接头应满足受力和防渗的要求，并要求施工简便、质量可靠；对下一单元槽段的成槽不会造成困难；不会造成混凝土从接头下端及侧面流入背面；传递单元槽段之间的应力起到伸缩接头的作用；能承受混凝土侧压力不致有较大变形等。

（1）直接连接构成接头。单元槽段浇灌混凝土后，混凝土与未开挖土体直接接触，在开挖下一单元槽段时，用冲击锤等将与土体相接触的混凝土改造成凹凸不平的连接面，再浇灌混凝土形成所谓"直接接头"。而黏附在连接面上的沉渣与土用抓斗的斗齿或射水等方法清除，但难以清除干净，受力与防渗性能均较差。故此种接头目前已很少使用。

（2）接头管（又称锁口管）接头。接头管接头是地下连续墙应用最多的形式。该类型接头构造简便，施工方便，工艺成熟，刷壁方便，槽段侧壁泥浆易清除，下放钢筋笼方便，造价较低。但该类型接头属柔性接头，刚度、整体性、抗剪能力较差，接头呈光滑圆弧面，易产生接头渗水，接头管拔出与墙体混凝土浇筑配合要求较高，否则易产生"埋管"或"塌槽"的情况。

接头管大多为圆形的，此外还有缺口圆形的、带翼的或带凸榫的等。使用带翼接头管时，泥浆容易淤积在翼的旁边影响工程质量，一般不太应用。地下连续墙接头要求保持一定的整体性、抗渗性。

（3）接头箱接头。接头箱接头可使地下连续墙形成整体接头，接头刚度较大，变形小，防渗效果较好。但该接头构造复杂，施工工序多，刷壁清浆困难，伸出接头钢筋易弯，给刷壁清浆和安放钢筋笼带来一定的困难。接头箱接头施工方法与接头管接头相似，只是以接头箱代替接头管。

（4）隔板式接头。隔板式接头按隔板形状分为平隔板、十字钢板隔板、工字形钢隔板、楔形隔板和 V 形隔板等。

（5）铣接头。铣槽机成槽时槽段间的连接有一种特有的方法，称为"铣接法"。即在一期槽段开挖时，超挖槽段接缝中心线 10～25cm，二期槽段开挖在两个一期槽段中间入铣槽机，铣掉一期槽段超出部分混凝土，形成锯齿形搭接的混凝土接触面，再浇筑二期槽段混凝土。由于铁刀齿的打毛作用，使二期槽段混凝土可较好地与一期槽段混凝土结合，密水性能好，是一种较理想的接头形式。

铣接头是利用铣槽机可直接切削硬岩的能力，直接切削已成槽段的混凝土，在不采用锁口管、接头箱的情况下形成止水良好、致密的地下连续墙接头。

对比其他传统式接头，套铣接头主要优点如下：

① 施工中不需要其他配套设备，如吊车、锁口管等。

② 可节省昂贵的工字钢或钢板等材料费用，同时使钢筋笼的自重减轻，可采用吨数较小的吊车，降低施工成本。

③ 不论一期或二期槽段挖掘或浇筑混凝土时，均无预挖区，且可全速浇筑无扰流问题，确保接头质量和施工安全性。

④ 挖掘二期槽段时双轮铣套铣掉两侧一期槽段已硬化的混凝土，新鲜且粗糙的混凝土面在浇筑二期槽段时形成水密性良好的混凝土套铣接头。

3）结构接头

（1）直接连接接头。在浇筑墙体混凝土之前，在连接部位预先埋设连接钢筋。即将该连接筋一端直接与地下连续墙主筋连接，另一端弯折后与地下连续墙墙面平行且紧贴墙面。待开挖地下连续墙内侧土体露出该部位墙面时，凿除该处混凝土面层，露出预埋钢筋，再弯成所需形状与后浇筑的主体结构受力筋连接。

（2）间接接头。间接接头是通过钢板或钢构件连接地下连续墙和地下工程内部构件的接头。一般有预埋连接钢板、预埋剪力连接件和预埋钢筋连接器三种方法。

8. 水下混凝土浇筑

地下连续墙所用混凝土的配合比除满足设计强度要求外，还应考虑导管法在泥浆中浇筑混凝土应具有的和易性好、流动度大、缓凝的施工特点和对混凝土强度的影响。

混凝土除满足一般水下混凝土要求外，尚应考虑泥浆中浇筑混凝土的强度随施工条件变化较大，同时在整个墙面上的强度分散性亦大，因此混凝土应按照结构设计规定的强度提高等级进行配合比设计。

混凝土应具有黏性和良好的流动性。若缺乏流动性，浇筑时会围绕导管堆积成一个尖顶的锥形，泥渣会滞留在导管中间(多根导管浇筑时)或槽段接头部位(1 根导管浇筑时)，易卷入混凝土内形成质量缺陷，尤其在槽段端部连接钢筋密集处更易出现。

地下连续墙混凝土用导管法进行浇筑，导管在首次使用前应进行气密性试验，保证密封性能。浇筑混凝土时，导管应距槽底 0.5m。浇筑过程中导管下口总是埋在混凝土内 1.5m 以上，使从导管下口流出的混凝土将表层混凝土向上推动而避免与泥浆直接接触，否则混凝土流出时会把混凝土上升面附近的泥浆卷入混凝土内。但导管插入太深会使混凝土在导管内流动不畅，有时还可能产生钢筋笼上浮，因此导管最大插入深度亦不宜超过 9m。

当混凝土浇筑到地下连续墙顶部附近时，导管内混凝土不易流出，应降低浇筑速度，并将导管最小埋入深度控制在 1m 左右，可将导管上下抽动，但抽动范围不得超过 30cm。混凝土浇筑过程中导管不得做横向运动，以防止沉渣和泥浆混入混凝土内；应随时掌握混凝土的浇筑量、混凝土上升高度和导管埋入深度；应防止导管下口暴露在泥浆内，造成泥浆涌入导管。

导管的间距一般为 3~4m，导管距槽段端部的距离不宜超过 2m；若管距过大，易使导管中间部位的混凝土面低，泥浆易卷入；若一个槽段内用两根及以上导管同时浇筑，应使各导管处的混凝土面大致处在同一水平面上。

宜尽量加快单元槽段混凝土浇筑速度，一般槽内混凝土面上升速度不宜小于 2m/h。混凝土应超浇 30~50cm，以便在明确混凝土强度情况下，将设计标高以上的浮浆层凿除。

第三节　地基与桩基础工程

一、地基与基础的概念

（一）地基的概念

任何建筑物都是支承在地层上的。土与其他固体连续介质不同，它是由矿物颗粒、水和空气所组成的三相松散介质，强度低，压缩性大。因此，建筑物的上部荷载不能直接通过墙、柱传给土层，而是通过扩大尺寸的下部结构把荷载传给土层。当土层承受建筑物的荷载作用后，土层在一定范围内改变其原有的应力状态，产生附加应力和变形，该附加应力和变形随着深度的增加向周围土中扩散并逐渐减弱。建筑物的下部结构即最下面部分称为基础，而由于建筑物荷载产生了不可忽视的附加应力和变形的那一部分地层称为地基。

地基是有一定深度和范围的，当地基由两层及两层以上土层组成时，通常将直接与基础底面接触的土上部结构层称为持力层；在地基范围内持力层以下的土层称为下卧层（当下卧层的承载力低于持力层的承载力时，称为软弱下卧层）。

良好的地基应该具有较高的承载力和较低的压缩性，如果地基土较软弱，工程性质较差，必须对地基进行人工加固处理后才能作为建筑物地基的，称为人工地基；未经加固处理，直接利用天然土层作为地基的，称为天然地基。由于人工地基施工周期长、造价高，因此建筑物应尽量建造在良好的天然地基上，以减少地基与基础部分的工程造价。

（二）基础的概念

建筑物的下部通常要埋入土层一定深度，使之坐落在较好的土层上。我们将埋入土层一定深度的建筑物下部承重结构称为基础，它位于建筑物上部结构和地基之间，承受上部结构传来的荷载，并将荷载传递给下部的地基。因此，基础起着上承和下传的作用。

基础都有一定的埋置深度(基础埋置深度是指设计室外地坪至基础底面之间的距离，简称埋深)，根据基础埋深的不同，可分为浅基础和深基础。对一般房屋的基础，若土质较好，埋深不大($d \leqslant 5m$)，采用一般方法与设备施工的基础，称为浅基础，如独立基础、条形基础、筏板基础、箱形基础及壳体基础等；如果建筑物荷载较大或下部土层较软弱，需要将基础埋置于较深处($d > 5m$)的好土层上，并必须采用特殊的施工方法和机械设备施工的基础，称为深基础，如桩基础、沉井基础及地下连续墙基础等。

(三) 地基和基础的重要性

地基基础是建筑物的根基。基础是建筑物的主要组成部分，应具有足够的强度、刚度和耐久性，以保证建筑物的安全和使用年限。地基基础工程造价约占建筑物总投资的 $10\% \sim 30\%$。此外，由于地基与基础位于地面以下，属隐蔽工程，它的勘察、设计和施工质量的好坏，直接影响建筑物的安全，一旦发生质量事故，事先往往不易发现，其补救和处理往往比上部结构困难得多，且花费大，有时甚至是不可能的。

国内外由于地基基础设计不当导致建筑失败的例子屡见不鲜，应引以为戒。

二、地基加固处理

(一) 地基处理的目的、意义、原则

当建筑物的地基存在着强度不足、压缩性过大或不均匀等问题时，为保证建筑物的安全与正常使用，有时必须考虑对地基进行人工处理。随着我国经济建设的发展和科学技术的进步，高层建筑物和重型结构物不断修建，对地基的强度和变形要求越来越高。因此，地基处理的运用也就越来越广泛。

1. 地基处理的目的与意义

在软弱地基上建造工程，可能会发生以下问题：沉降或差异沉降特大、大范围地基沉降、地基剪切破坏、承载力不足、地基液化、地基渗漏、管涌等一系列问题。地基处理的目的，就是针对这些问题，采取适当的措施来改善地基条件。这些措施主要包括以下五个方面。

(1) 改善剪切特性。地基的剪切破坏以及在土压力作用下的稳定性，取决于地基土的抗剪强度。因此为了防止剪切破坏以及减轻土压力，需要采取一定措施以增加地基土的抗剪强度。

(2) 改善压缩特性。需要研究采用何种措施以提高地基土的压缩模量，借以减少地基土的沉降。另外，防止侧向流动(塑性流动)产生的剪切变性，也是改善剪切特性的目的之一。

(3) 改善透水特性。由于在地下水的运动中所出现的问题，因此，需要研究采取何种措施使地基土变得不透水或减轻其水压力。

(4) 改善动力特性。地震时饱和松散粉细砂(包括一部分粉土)将会产生液化。为此，需要研究采取何种措施防止地基土液化，并改善其振动特性以提高地基的抗震性能。

（5）改善特殊土的不良地基特性。主要是消除或减少黄土的湿陷性和膨胀土的胀缩性等特殊土的不良地基的特性。

2. 地基处理方案选取原则

我国各地自然地理环境不同，土质各异，地基条件区域性较强，地基处理方法也多样。在选择地基处理方案时，应考虑上部结构、基础和地基的共同作用，并经过技术经济比较，选用地基处理方案或加强上部结构和处理地基相结合的方案。

（二）高压旋喷地基施工

1. 加固地基原理

高压喷射注浆法就是利用钻机把带有喷嘴的注浆管钻入（或置入）至土层预定的深度，以 20~40MPa 的压力把浆液或水从喷嘴中喷射出来，形成喷射流，冲击破坏土层及预定形状的空间。当能量大、速度快和脉动状的喷射流的动压力大于土层结构强度时，土颗粒便从土层中剥落下来，一部分细粒土随浆液或水冒出地面，其余土颗粒在射流的冲击力、离心力和重力等作用下，与浆液搅拌混合，并按一定的浆土比例和质量大小，有规律地重新排列。这样注入的浆液将冲下的部分土混合凝结成加固体，从而达到加固土体的目的。它具有增大地基强度、提高地基承载力、止水防渗、减少支挡结构物的土压力、防止砂土液化和降低土的含水量等多种功能。其施工顺序如图 4.5 所示。

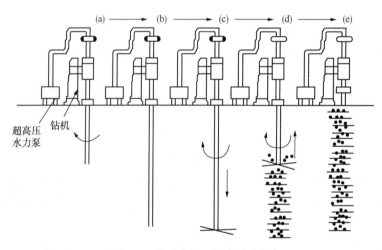

图 4.5　旋喷法施工顺序示意图

注：（a）开始钻进；（b）钻进结束；（c）高压旋喷开始；（d）边旋转边提升；（e）喷射完毕，桩体形成。

高压喷射注浆法的适用范围：淤泥、淤泥质土、黏性土、粉土、黄土、砂土、人工填土和碎石等地基。当土中含有较多的大粒径块石、坚硬黏性土、大量植物根茎或有过多的有机质时，应根据现场实验结果确定其适用程度。

2. 高压喷射注浆法的施工工艺

高压喷射注浆法的施工工艺流程如图 4.6 所示。

（1）钻机就位。钻机需平置于牢固坚实的地方，钻杆（注浆管）对准孔位中心，偏差不超过 10cm，打斜管时需按设计调整钻架角度。

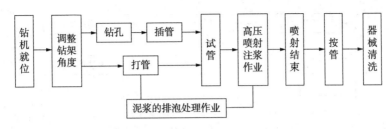

图 4.6　高压喷射注浆法的施工工艺流程

（2）钻孔下管或打管。钻孔的目的是将注浆管顺利置入预定位置，可先钻孔后下管，亦可直接打管，在下（打）管过程中，需防止管外泥沙或管内水泥浆小块堵塞喷嘴。

（3）试管。当注浆管置入土层预定深度后应用清水试压，若注浆设备和高压管路安全正常，则可搅拌制作水泥浆开始高压注浆作业。

（4）高压注浆作业。浆液的材料、种类和配合比，要视加固对象而定，在一般情况下，水泥浆的水灰比为 1∶1～0.5，若用以改善灌注桩桩身质量，则应减小水灰比或采用化学浆。高压射浆自上而下连续进行，注意检查浆液初凝时间、注浆流量、风量、压力、旋转和提升速度等参数应符合设计要求。喷射压力高即射流能量大，加固长度大，效果好，若提升速度和旋转速度适当降低，则加固长度随之增加，在射浆过程中参数可随土质不同而改变，若参数不变，则容易使浆量增大。

（5）喷浆结束与拔管。喷浆由下而上至设计高度后，拔出喷浆管，喷浆即告结束，把浆液填入注浆孔中，多余的进行清除，但需防止浆液凝固时产生收缩的影响，拔管要及时，切不可久留孔中，否则浆液凝固后不能拔出。

（6）浆液冲洗。当喷浆结束后，立即清洗高压泵、输浆管路、注浆管及喷头。

（三）深层搅拌地基施工

深层搅拌法是用于加固饱和黏性土地基的一种新技术。

1. 深层搅拌法的特点

深层搅拌法加固软土，具有如下特点：

（1）深层搅拌法由于将固化剂和原地基软土就地搅拌混合，最大限度地利用了原土。

（2）施工过程中无振动、无噪声、无污染。

（3）深层搅拌法施工时对土无侧向挤压，因而对周围建筑物的影响很小。

（4）按照不同地基土性质及工程设计要求，合理选择固化剂及其配方，设计比较灵活。

（5）土体加固后重度基本不变，对软弱下卧层不致产生附加沉降。

（6）根据上部结构的需要，可灵活地采用柱状、壁状、格栅状和块状等加固体，这些加固体与天然地基形成复合地基，共同承担建筑物的荷载。

（7）可有效提高地基承载力。

（8）施工工期较短，造价低廉，效益显著。

2. 施工工艺与施工要点

1）施工工艺

深层搅拌法的施工工艺流程如图 4.7 所示。

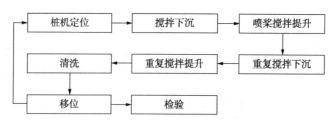

图 4.7　深层搅拌法的施工工艺流程

2）操作工艺

（1）桩机定位。利用起重机或开动绞车将桩机移动到指定桩位。为保证桩位准确，必须使用定位卡，桩位偏差不大于 50mm，导向架和搅拌轴应与地面垂直，垂直度的偏差不应超过 1.5%。

（2）搅拌下沉。当冷却水循环正常后，启动搅拌机电机，使搅拌机沿导向架切土搅拌下沉，下沉速度由电机的电流表监控；同时按预定配比拌制水泥浆，并将其倒入集料斗备喷。

（3）喷浆搅拌提升。搅拌机下沉到设计深度后，开启灰浆泵，使水泥浆连续自动喷入地基，并保持出口压力为 0.4~0.6MPa，搅拌机边旋转边喷浆边按已确定的速度提升，直至设计要求的桩顶标高。搅拌头如被软黏土包裹，应及时清理。

（4）重复搅拌下沉。为使土中的水泥浆与土充分搅拌均匀，再次将搅拌机边旋转边沉入土中，直到设计深度。

（5）重复搅拌提升。将搅拌机边旋转边提升，再次提至设计要求的桩顶标高，并上升至地面，制桩完毕。

（6）清洗。向已排空的集料斗注入适量清水，开启灰浆泵清洗管道，直至基本干净，同时将黏附于搅拌头上的土清洗干净。

（7）移位。重复上述（1）~（6）步骤，进行下根桩施工。

3）注意事项

（1）所使用的水泥浆应过筛，制备好的浆液不得离析，泵送必须连续。

（2）喷浆量及搅拌深度必须采用经国家计量部门认证的检测仪器自动记录。

（3）当水泥浆液到达出浆口后，应喷浆搅拌 30s，在水泥浆与桩端土充分搅拌后，再开始提升搅拌头。

（4）施工时因故停浆，应将搅拌头下沉至停浆点以下 0.5m 处，待恢复供浆时再喷浆搅拌提升。

（四）其他地基加固方法

1. 预压法

预压法是在建筑物建造前，对地基土进行预压，使土体中的水排出，逐渐固结，地基发生沉降，同时强度逐步提高的方法。预压法包括堆载预压法、真空预压法等。预压法适用于淤泥质土、淤泥和冲填土等饱和黏性土地基。

（1）堆载预压法。在建筑物施工前，通过在拟建场地上预先堆置重物，进行堆载预压，以达到地基土固结沉降基本完成，通过地基土的固结以提高地基承载力。预压荷载一般等于建筑物的荷载，为了加速压缩过程，预压荷载也可比建筑物的自量，称为超载预压。

堆载预压可分为塑料排水板或砂井地基堆载预压和天然地基堆载预压。

（2）真空预压法。通过在需要加固的软土地基上铺设砂垫层，并设置竖向排水通道（砂井、塑料排水板），再在其上覆盖不透气的薄膜形成一密封层使之与大气隔绝。然后用真空泵抽气，使排水通道保持较高的真空度，在土的孔隙水中产生负的孔隙水压力，孔隙水逐渐被吸出，从而使土体达到固结。该法的施工要点是：先设置竖向排水系统，埋设水平分布的滤管，砂垫层上的密封膜采用2~3层的聚氯乙烯薄膜，按先后顺序同时铺设，面积大时宜分区预压；做好真空度、地面沉降量、深层沉降、水平位移等观测；预压结束后，应清除砂槽和腐殖土层；应注意对周边环境的影响。该法适用于饱和均质黏性土及含薄层砂夹层的黏性土，特别适用于超软土地基的加固。

2. 强夯法

强夯法是利用近十吨或数十吨的重锤从近十米或数十米的高处自由落下，对土进行强力夯击并反复多次，从而达到提高地基土的强度并降低其压缩性处理的目的。强夯法的作用机理是用很大的冲击能（一般为500~800kJ），使土体中出现冲击波和很大的应力，迫使土中空隙压缩，土体局部液化，夯击点周围产生裂隙，形成良好的排水通道，使土中的孔隙水（气）顺利溢出，土体迅速固结，从而降低此深度范围内土体的压缩性，提高地基承载力。同时，强夯技术可显著减少地基土的不均匀性，降低地基差异沉降。

强夯法适用于碎石土、砂土、低饱和度的粉土和黏性土、湿陷性黄土、杂填土和素填土等地基，对于软土地基，一般来说处理效果不显著。

强夯法施工可按下列步骤进行：

（1）清理并平整施工场地。

（2）标出第一遍夯点位置，并测量场地高程。

（3）起重机就位，使夯锤对准夯点位置。

（4）测量夯前锤顶高程。

（5）将夯锤起吊到预定高度，待夯锤脱钩自由下落后，放下吊钩，测量锤顶高程以计算夯沉量。若发现因坑底倾斜而造成夯锤歪斜时，应及时将坑底整平。

（6）重复步骤（5），按设计规定的夯击次数及收锤标准，完成一个夯点的夯击。

（7）换夯点重复步骤（3）~（6），直至完成第一遍全部夯点的夯击。

（8）用推土机将夯坑填平，并测量场地高程。

（9）在达到规定的间隔时间后，按上述步骤逐次完成全部夯击遍数，最后用低能量满夯，把场地表层松土夯实，并测量场地高程。

3. 振冲法

振冲地基，又称振冲桩复合地基，是以起重机吊起振冲器，启动潜水电机带动偏心块，使振冲器产生高频振动，同时开动水泵，通过喷嘴喷射高压水成孔，然后分批填以砂石骨料形成一根根桩体，桩体与原地基构成复合地基以提高地基的承载力，减少地基的沉降和沉降差的一种快速、经济有效的加固方法。该法具有技术可靠，机具设备简单，操作技术易于掌握，施工简便，节省三材，加固速度快，地基承载力高等特点。

其施工要点如下：

（1）施工前应先在现场进行振冲试验，以确定成孔合适的水压、水量、成孔速度、填料方法、达到土体密实时的密实电流值、填料量和留振时间。

（2）振冲前，应按设计图定出冲孔中心位置并编号。

（3）启动水泵和振冲器，使振冲器以 $1\sim2m/min$ 的速度徐徐沉入土中。每沉入 $0.5\sim1.0m$，宜留振 $5\sim10s$ 进行扩孔，待孔内泥浆溢出时再继续沉入。当下沉达到设计深度时，振冲器应在孔底适当停留并减小射水压力，以便排除泥浆进行清孔。如此往复 $1\sim2$ 次，使孔内泥浆变稀，排泥清孔 $1\sim2min$ 后，将振冲器提出孔口。

（4）填料和振密方法，一般采取成孔后，将振冲器提出孔口，从孔口往下填料，然后再下降振冲器至填料中进行振密，待密实电流达到规定的数值，将振冲器提出孔口。如此自下而上反复进行直至孔口，成桩操作即告完成。

（5）振冲桩施工时桩顶部约 1m 范围内的桩体密实度难以保证，一般应予以挖除，另做地基，或用振动碾压使之压实。

4. 挤密法

利用挤密或振动在软弱土层中挤土成孔，从侧向将土挤密，然后向孔内回填碎石、砂、灰土、土等材料，形成碎石桩、砂桩、石灰桩等，与桩间土一起组成复合地基，从而提高地基承载力，减少沉降量，是深层加密处理的一种方法。深层挤密法主要有砂石桩法、石灰桩法、土或灰土挤密法等。

（1）砂石桩可采用振动成桩法或锤击成桩法施工，桩径一般为 $300\sim800mm$，桩长不宜小于 4m，桩体材料可以用碎石、卵石、角砾、圆砾、砂砾、粗砂、中砂或石屑等，桩顶部宜铺设一层厚度为 $300\sim500mm$ 的砂石垫层。此法适用于挤密松散砂土、粉土、黏性土、素填土、杂填土等地基。

（2）石灰桩的施工可以采用洛阳铲或机械成孔，成孔后填入生石灰块或同时在生石灰中掺入适量的水硬性掺和料（如粉煤灰、火山灰、炉渣等）。成孔直径常用 $300\sim400mm$，桩长一般不宜超过 $6\sim8mm$。石灰桩法用于处理饱和黏性土、淤泥、淤泥质土、素填土和杂填土等地基。

（3）土或灰土挤密桩可选用沉管（振动、锤击）、冲击或爆破等方法成孔，成孔后将孔底夯实，然后用素土或灰土在最佳含水量状态下分层回填夯实，待挤密桩施工结束后，将表层挤松的土挖除或分层夯压密实。桩孔直径宜为 $300\sim450mm$，桩顶标高以上应设置 $300\sim500mm$ 厚的 2∶8 灰土垫层。此法适用于处理地下水位以上的湿陷性黄土、素填土和杂填土等地基，可处理的地基深度为 $5\sim15mm$。

5. 换土垫层法

换土垫层法也称换填法，是将在基础底面以下处理范围内的软弱土层部分或全部挖去，然后分层换填密度大、强度高、水稳定性好的砂、碎石或灰土等材料及其他性能稳定和无侵蚀性的材料，并碾压、夯实或振实至要求的密实度为止。

换土垫层按其回填材料的不同可分为砂垫层、碎石垫层、素土垫层、灰土垫层、矿渣垫层、粉煤灰垫层等。垫层的作用是提高浅基础下地基的承载力，满足地基稳定要求；减少沉降量；加速软弱土层的排水固结；防止持力层的冻胀或液化。

目前国内常用的垫层施工方法，主要有机械碾压法、重锤夯实法和振动压实法。

1）机械碾压法

机械碾压法是采用压路机、推土机、羊足碾或其他压实机械来压实地基土。施工时先将拟建建筑物一定深度内范围的软弱土挖去，开挖的深度和宽度应根据换土垫层设计的具体要求确定。然后在基坑底部碾压，再将砂石、素土或灰土等垫层材料分层铺垫在基坑内，逐层压实。

2）重锤夯实法

重锤夯实法是用起重机械将夯锤提升到一定高度，然后自由落锤，不断重复夯击以加固地基。重锤夯实法一般适用于地下水位距地表 0.8m 以上，有效夯实深度内土的饱和度小于并接近 0.6 时。当夯击振动对邻近建筑物或设备产生有害影响时不得采用重锤夯实。

3）振动压实法

振动压实法是利用振动压实机来压实非黏性土或黏粒含量少、透水性较好的松散杂填土地基的方法。

三、桩基础施工

桩基础是由若干根沉入土中的单桩，顶部用承台或梁联系起来的一种基础形式。它的作用是将上部建筑物的荷载传递到承载力较大的深土层中，或使软弱土层挤密，以提高地基土的密实度及承载力。

桩按传力及作用性质的不同分为端承桩和摩擦桩两种。端承桩是穿过软弱土层达到坚实土层的桩，上部建筑物的荷载主要由桩尖土层的阻力来承受；摩擦桩只打入软弱土层一定深度，将软弱土层挤压密实，提高土层的密实度及承载力，上部建筑物的荷载主要由桩身侧面与土层之间的摩擦力及桩尖的土层阻力承担。

桩按施工方法分为预制桩及灌注桩。预制桩是在工厂或施工现场制作的各种材料和形式的桩（钢管桩、钢筋混凝土实心方桩、离心管桩等），然后用沉桩设备将桩沉入土中。预制桩按沉桩方法不同分为锤击沉桩（打入桩）、静力压桩、振动沉桩和水冲沉桩等。灌注桩是在施工现场的桩位处成孔，然后在孔中安放钢筋骨架，再浇筑混凝土而成，也称为就地灌注桩。灌注桩的成孔，根据设计要求和地质条件、设备情况，可采用钻孔、冲孔、抓孔和挖孔等不同方式。成孔作业还分为干式作业和湿式作业，分别采用不同的成孔设备和技术措施。

（一）钢筋混凝土预制桩施工

钢筋混凝土预制桩是在预制构件厂或施工现场预制，用沉桩设备在设计位置上将其沉入土中，其特点：坚固耐久，不受地下水或潮湿环境的影响，能承受较大的荷载，施工机械化程度高，进度快，能适应不同土层施工。

目前最常用的预制桩是预应力混凝土管桩。它是一种细长的空心等截面预制混凝土构件，是在工厂经先张预应力、离心成型、高压蒸养等工艺生产而成。

钢筋混凝土预制桩施工前，应根据施工图设计要求、桩的类型、成孔过程对土的挤压情况、地质探测和试桩等资料，制定施工方案。

1. 打桩前的准备

桩基础工程在施工前，应根据工程规模的大小和复杂程度，编制整个分部工程施工组织设计或施工方案。沉桩前，现场准备工作的内容有平整场地、抄平放线、铺设水电管网、沉桩机械设备的进场和安装以及桩的供应等。

（1）场地平整。施工场地应平整、坚实（坡度不大于10%），必要时宜铺设道路，经压路机碾压密实，场地四周应设置排水措施。

（2）抄平放线定桩位。依据施工图设计要求，把桩基定位轴线桩的位置在施工现场准确地测定出来，并做出明显的标识（用小木桩或白灰点法标出桩位，或使用龙门板拉线法确定桩位）。在打桩现场附近设置2~4个水准点，用以抄平场地和作为检查桩入土深度的依据。桩基轴线的定位点及水准点，应设置在不受打桩影响的地方。

（3）进行打桩试验。施工前应做数量不少于2根桩的打桩工艺试验，用以了解桩的沉入时间、最终沉入度、持力层的强度、桩的承载力以及施工过程中可能出现的各种问题和反常情况等，以便检验所选的打桩设备和施工工艺，确定是否符合设计要求。

（4）确定打桩顺序。打桩顺序直接影响到桩基础的质量和施工速度，应根据桩的密集程度（桩距大小）、桩的规格、长短、桩的设计标高、工作面布置、工期要求等综合考虑，合理确定打桩顺序。根据桩的密集程度，打桩顺序一般分为逐排打设、自中间向四周打设和由中间向两侧打设三种。

根据基础的设计标高和桩的规格，宜按先深后浅、先大后小、先长后短的顺序进行打桩。但一侧毗邻建筑物时，由毗邻建筑物处向另一方向施打。

（5）桩帽、垫衬和打桩设备机具准备。

2. 桩的制作、运输、堆放

1）桩的制作

较短的桩多在预制厂生产，较长的桩一般在打桩现场附近或打桩现场就地预制。

桩分节制作时，单节长度的确定，应满足桩架的有效高度、制作场地条件、运输与装卸能力的要求，同时应避免桩尖接近硬持力层或桩尖处于硬持力层。中接桩，上节桩和下节桩应尽量在同一纵轴线上预制，使上下节钢筋和桩身减少偏差。

2）桩的运输

混凝土预制桩达到设计强度70%方可起吊，达到100%后方可进行运输。如提前吊运，必须验算合格。桩在起吊和搬运时，吊点应符合设计规定，如无吊环，设计又未做规定时，绑扎点的数量及位置按桩长而定，应符合起吊弯矩最小的原则。钢丝绳与桩之间应加衬垫，以免损坏棱角。起吊时应平稳提升，吊点同时离地，如要长距离运输，可采用平板拖车或轻轨平板车。

3）桩的堆放

桩堆放时，地面必须平整、坚实，垫木间距应根据吊点确定，各层垫木应位于同一垂直线上，最下层垫木应适当加宽，堆放层数不宜超过4层。不同规格的桩，应分别堆放。

3. 锤击沉桩施工

锤击沉桩也称打入桩，是利用桩锤下落产生的冲击能量将桩沉入土中，锤击沉桩是混凝土预制桩最常用的沉桩方法。该法施工速度快，机械化程度高，适应范围广，现场文明程度高，但施工时有噪声和振动，对于城市中心和夜间施工有所限制。

1）打桩设备及选择

打桩所用的机具设备主要包括桩锤、桩架及动力装置。

（1）桩锤是把桩打入土中的主要机具，有落锤、汽锤（单动汽锤和双动汽锤）、柴油桩锤、振动桩锤等。

（2）桩架是支持桩身和桩锤，在打桩过程中引导桩的方向及维持桩的稳定，并保证桩锤沿着所要求方向冲击桩体的设备。桩架一般由底盘、导向杆、起吊设备、撑杆等组成。

（3）打桩机械的动力装置是根据所选桩锤而定的，主要有卷扬机、锅炉、空气压缩机等。当采用空气锤时，应配备空气压缩机；当选用蒸汽锤时，则要配备蒸汽锅炉和卷扬机。

2）打桩工艺

（1）吊桩就位。按既定的打桩顺序，先将桩架移动至桩位处并用缆风绳拉牢，然后将桩运至桩架下，利用桩架上的滑轮组，由卷扬机提升桩。当桩提升至直立状态后，即可将桩送入桩架的龙门导管内，同时把桩尖准确地安放到桩位上，并与桩架导管相连接，以保证打桩过程中不发生倾斜或移动。桩就位后，为了防止击碎桩顶，在桩锤与桩帽、桩帽与桩之间应放上硬木、粗草纸或麻袋等桩垫作为缓冲层，桩帽与桩顶四周应留 5~10mm 的间隙。然后进行检查，使桩身、桩帽和桩锤在同一轴线上即可开始打桩。

（2）打桩。打桩时采用"重锤低击"可取得良好效果，这是因为这样锤桩对桩头的冲击小，回弹也小，桩头不易损坏，大部分能量都用于克服桩身与土的摩阻力和桩尖阻力上，桩就能较快地沉入土中。

初打时地层软、沉降量较大，宜低锤轻打，随着沉桩加深（1~2m），速度减慢，再酌情增加起锤高度，要控制锤击应力。打桩时应观察桩锤回弹情况，如经常回弹较大时则说明桩锤太轻，不能使桩下沉，应及时更换。至于桩锤的落距以多大为宜，根据实践经验，在一般情况下，单动汽锤以 0.6m 左右为宜，柴油锤不超过 1.5m，落锤不超过 1.0m 为宜。

在打桩过程中，如突然出现桩锤回弹、贯入度突增、锤击时桩弯曲、倾斜、颤动、桩顶破坏加剧等情况，则表明桩身可能已破坏。

打桩最后阶段，沉降太小时，要避免硬打，如难沉下，要检查桩垫、桩帽是否适宜，需要时可更换或补充软垫。

（3）接桩。预制桩施工中，由于受到场地、运输及桩机设备等的限制，而将长桩分为多节进行制作。混凝土预制方桩接头数量不宜超过 2 个，预应力管桩接头不宜超过 4 个。接桩时要注意新接桩节与原桩节的轴线一致。目前预制桩的接桩工艺主要有硫黄胶泥浆锚法、电焊接桩和法兰螺栓接桩等三种。前一种适用于软弱土层，后两种适用于各类土层。

（4）打入末节桩体：

① 送桩。设计要求送桩时，送桩的中心线应与桩身吻合一致方能进行送桩。送桩下端宜设置桩垫，要求厚薄均匀。若桩顶不平可用麻袋或厚纸垫平。送桩留下的桩孔应立即回填密实。

② 截桩。在打完各种预制桩开挖基坑时，按设计要求的桩顶标高将桩头多余的部分截去。截桩头时不能破坏桩身，要保证桩身的主筋伸入承台，长度应符合设计要求。当桩顶标高在设计标高以下时，在桩位上挖成喇叭口，凿掉桩头混凝土，剥出主筋并焊接接长至设计要求长度，与承台钢筋绑扎在一起，用桩身同强度等级的混凝土与承台一起浇筑接长桩身。

4. 静力压桩施工

静力压桩是在软土地基上，利用静力压桩机或液压压桩机，用无振动的静力压力(自重和配重)将预制桩压入土中的一种新工艺。静力压桩已在我国沿海软土地基上较为广泛地采用，与普通的打桩和振动沉桩相比，压桩可以消除噪声和振动的公害，故特别适用于医院和有防震要求部门附近的施工。

静力压桩机的工作原理是：通过安置在压桩机上的卷扬机的牵引，由钢丝绳、滑轮及压梁，将整个桩机的自重力(800~1500kN)反压在桩顶上，以克服桩身下沉时与土的摩擦力，迫使预制桩下沉。桩架高度 10~40m，压入桩长度已达 37m，桩断面为 400mm×400mm~500mm×500mm。

压桩施工，一般情况下都采取分段压入，逐段接长的方法。关于接桩的方法，主要有焊接法、法兰接法和浆锚法。

为保证接桩质量，应做到：锚筋应刷净并调直；锚筋孔内应有完好螺纹，无积水、杂物和油污；接桩时接点的平面和锚筋孔内应灌满胶泥；灌注时间不得超过 2min；灌注后停歇时间应符合有关规定。

5. 其他沉桩方法

1) 水冲沉桩法

水冲沉桩法是锤击沉桩的一种辅助方法。它是利用高压水流经过桩侧面或空心管内部的射水管冲击桩尖附近土层，便于锤击沉桩。一般是边冲水边打桩，当沉桩至最后 1~2m 时停止冲水，用锤击至规定标高。水冲法适用于砂土和碎石土，有时对于特别长的预制桩，单靠锤击有一定的困难时，亦用水冲法辅助之。

2) 振动沉桩法

振动沉桩法是利用振动机，将桩与振动机连接在一起，振动机产生的振动力通过桩身使土体振动，使土体的内摩擦角减小、强度降低而将桩沉入土中。此法在砂土中效率最高。

(二) 灌注桩施工

混凝土灌注桩是直接在施工现场桩位上成孔，然后在孔内安装钢筋笼，浇筑混凝土成桩。与预制桩相比，灌注桩具有不受地层变化限制，不需要接桩和截桩，节约钢材、振动小、噪声小等特点，但施工工艺复杂，影响质量的因素多。灌注桩按成孔方法分为：钻孔灌注桩、人工挖孔灌注桩、沉管灌注桩等。

1. 灌注桩施工准备工作

1) 确定成孔施工顺序

(1) 对土没有挤密作用的钻孔灌注桩和干作业成孔灌注桩，应结合施工现场条件，按桩机移动的原则确定成孔顺序。

(2) 对土有挤密作用和振动影响的钻孔灌注桩、沉管灌注桩等，为保证邻桩不受影响造成事故，一般可结合现场施工条件确定成孔顺序：间隔 1 个或 2 个桩位成孔；在邻桩混凝土初凝前或终凝后成孔；由 5 根以上单桩组成的群桩基础，中间的桩先成孔，外围的桩后成孔。

(3) 人工挖孔桩当桩净距小于 2 倍直径且小于 2.5m 时，桩应采用间隔开挖；排桩跳挖的最小净距不得小于 4.5m，孔深不宜大于 40m。

2）桩孔结构的控制

（1）桩孔直径的偏差应符合规范规定，在施工中，如桩孔直径偏小，则不能满足设计要求（桩承载力不够）；如直径偏大，则使工程成本增加，影响经济效益。

（2）桩孔深度应根据桩型来确定控制标准。对桩孔的深度，一般先以钻杆和钻具粗挖，再以标准测量绳吊陀测量。

（3）护筒的位置主要取决于地层的稳定情况和地下水位的位置。

3）钢筋笼的制作

制作钢筋笼，可采用专用工具，人工制作。首先计算主筋长度并下料，弯制加强箍和缠绕筋，然后焊制钢筋笼。制作钢筋笼时，要求主筋环向均匀布置，箍筋的直径及间距、主筋的保护层、加强箍的间距等均应符合设计规定。钢筋笼在运输、吊装过程中，要防止钢筋扭曲变形。吊放入孔内时，应对准孔位慢放，严禁高起猛落，强行下放，防止倾斜、弯折或碰撞孔壁，为防止钢筋笼上浮，可采用叉杆对称地点焊在孔口护筒上。

4）混凝土的配制

混凝土强度等级不应低于 C15，水下浇筑混凝土不应低于 C20。所用粗、细骨料必须符合有关要求。混凝土坍落度的要求是：用导管水下灌注混凝土宜为 160~220mm，非水下直接灌注的混凝土宜为 80~100mm，非水下素混凝土宜为 60~80mm。

5）混凝土的灌注

桩孔检查合格后，应尽快灌注混凝土。灌注混凝土时，桩顶灌注标高应超过桩顶设计标高的 0.5m 以上。灌注时环境温度低于 0℃时，混凝土应采取保温措施。

2. 钻孔灌注桩

钻孔灌注桩是指利用钻孔机械钻出桩孔，并在孔中浇筑混凝土（或先在孔中吊放钢筋笼）而成的桩。根据钻孔机械的钻头是否在土壤的含水层中施工，钻孔灌注桩又分为泥浆护壁成孔和干作业成孔两种施工方法。

1）泥浆护壁成孔灌注桩

泥浆护壁成孔是利用原土自然造浆或人工造浆浆液进行护壁，通过循环泥浆将被钻头切下的土块携带排出孔外成孔，然后安装绑扎好的钢筋笼，导管法水下灌注混凝土沉桩。此法对于不论地下水高低的土层都适用，但在岩溶发育地区慎用。

（1）施工准备：

① 埋设护筒。护筒是用 4~8mm 厚钢板制成的圆筒，其内径应大于钻头直径 100mm，其上部宜开设 1~2 个溢浆孔。

护筒的作用是固定桩孔位置，防止地面水流入，保护孔口，增高桩孔内水压力，防止塌孔和成孔时引导钻头方向。

埋设护筒时，先挖去桩孔处地表土，将护筒埋入土中，保证其位置准确、稳定。护筒中心与桩位中心的偏差不得大于 50mm，护筒与坑壁之间用黏土填实，以防漏水。护筒的埋设深度，在黏土中不宜小于 1.0m，在砂土中不宜小于 1.5m。护筒顶面应高于地面 0.4~0.6m，并应保持孔内泥浆面高出地下水位 1m 以上，在受水位涨落影响时，泥浆面应高出最高水位 1.5m 以上。

② 制备泥浆。泥浆组成为水、黏土、化学处理剂和一些惰性物质。泥浆在桩孔内吸附在孔壁上，将土壁上孔隙填渗密实，避免孔内壁漏水，保持护筒内水压稳定，并具有较强的黏结力，可以稳固土壁、防止塌孔；通过循环泥浆可将切削碎的泥石碴屑悬浮后排出，起到携砂、排土的作用。同时，泥浆还可对钻头有冷却和润滑作用，保证钻头和钻具保持冷却和在孔内顺利起落。

制备泥浆方法：在黏性土中成孔时可在孔中注入清水，钻机旋转时，切削土屑与水旋拌，用原土造浆。在其他土中成孔时，泥浆制备应选用高塑性黏土或膨润土。

（2）成孔。泥浆护壁成孔灌注桩成孔方法按成孔机械分类有钻机成孔（回转钻机成孔、潜水钻机成孔、冲击钻机成孔）和冲抓锥成孔，其中以钻机成孔应用最多。

① 回转钻机成孔。回转钻机是由动力装置带动钻机回转装置转动，再由其带动带有钻头的钻杆移动，由钻头切削土层。适用于地下水位较高的软、硬土层，如淤泥、黏性土、砂土、软质岩层。

回转钻机钻孔方式根据泥浆循环方式的不同，分为正循环回转钻机成孔和反循环回转钻机成孔。正循环回转钻机成孔的工艺如图4.8所示。由空心钻杆内部通入泥浆或高压水，从钻杆底部喷出，携带钻下的土渣沿孔壁向上流动，由孔口将土渣带出流入泥浆池。反循环回转钻机成孔的工艺如图4.9所示。其泥浆带渣流动的方向与正循环回转钻机成孔的情形相反。反循环工艺的泥浆上流的速度较高，能携带较大的土渣。

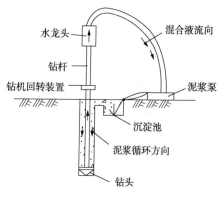

图4.8　正循环回转钻机成孔工艺原理图

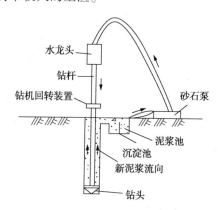

图4.9　反循环回转钻机成孔工艺流程原理图

② 潜水钻机成孔。潜水钻机是一种将动力、变速机构、钻头连在一起加以密封，潜入水中工作的一种体积小而轻的钻机。这种钻机的钻头有多种形式，以适应不同桩径和不同土层的需要，钻头可带有合金刀齿，靠电机带动刀齿旋转切削土层或岩层。钻头靠桩架悬吊吊杆定位，钻孔时钻杆不旋转，仅钻头部分放置切削下来的泥渣通过泥浆循环排出孔外。

③ 冲击钻机成孔。冲击钻机通过机架、卷扬机把带刃的重钻头（冲击锤）提高到一定高度，靠自由下落的冲击力切削破碎岩层或冲击土层成孔。部分碎渣和泥浆挤压进孔壁，大部分碎渣用掏渣筒掏出。此法设备简单，操作方便，对于有孤石的砂卵石岩、坚质岩、岩层均可成孔。

（3）清孔。成孔后，即进行验孔和清孔。验孔是用探测器检查桩位、直径、深度和孔道情况；清孔即清除孔底沉渣、淤泥浮土，以减少桩基的沉降量，提高承载能力。

（4）水下浇筑混凝土。在灌注桩、地下连续墙等基础工程中，常需要直接在水下浇筑混凝土。其方法是利用导管输送混凝土并使之与环境水隔离，依靠管中混凝土的自重，使管口周围的混凝土在已浇筑的混凝土内部流动、扩散，以完成混凝土的浇筑工作。

在施工时，先将导管放入孔中（其下部距离底面约100mm），用麻绳或铅丝将球塞悬吊在导管内水位以上0.2m（塞顶铺2~3层稍大于导管内径的水泥纸袋，再散铺一些干水泥，以防混凝土中骨料卡住球塞），然后浇入混凝土，当球塞以上导管和承料漏斗装满混凝土后，剪断球塞吊绳，混凝土靠自重推动球塞下落，冲向基底，并向四周扩散。球塞冲出导管，浮至水面，可重复使用。冲入基底的混凝土将管口包住，形成混凝土堆。同时不断地将混凝土浇入导管中，管外混凝土面不断被管内的混凝土挤压上升。随着管外混凝土面的上升，导管也逐渐提高（到一定高度，可将导管顶段拆下）。但不能提升过快，必须保证导管下端始终埋入混凝土内，其最大埋置深度不宜超过5m。混凝土浇筑的最终高程应高于设计标高约100mm，以便清除强度低的表层混凝土（清除应在混凝土强度达到2~2.5N/mm² 后方可进行）。

导管法浇筑水下混凝土的关键：一是保证混凝土的供应量应大于导管内混凝土必须保持的高度和开始浇筑时导管埋入混凝土堆内所需的埋置深度所要求的混凝土量；二是严格控制导管提升高度，且只能上下升降，不能左右移动，以避免造成管内返水事故。

2）干作业钻孔灌注桩

干作业钻孔灌注桩是先用钻机在桩位处进行钻孔，然后在桩孔内放入钢筋骨架，再灌注混凝土而成桩。

干作业成孔一般采用螺旋钻机钻孔。适用于成孔深度内没有地下水的一般黏土层、砂土及人工填土地基，不适于有地下水的土层和淤泥质土。

（1）干作业钻孔灌注桩的施工工艺为：螺旋钻机就位对中→钻机成孔、排土→钻至预定深度、停钻→起钻，测孔深、孔斜、孔径→清理孔底虚土→钻机移位→安放钢筋笼→安放混凝土溜筒→灌注混凝土成桩→桩头养护。

（2）钻机就位后，钻杆垂直对准桩位中心，开钻时先慢后快，减少钻杆的摇晃，及时纠正钻孔的偏斜或位移。钻孔时，螺旋刀片旋转削土，削下的土沿整个钻杆螺旋叶片上升而涌出孔外，钻杆可逐节接长直至钻到设计要求规定的深度。用导向钢筋将钢筋骨架送入孔内，同时防止泥土杂物掉进孔内。钢筋骨架就位后，应立即灌注混凝土，以防塌孔。灌注时，应分层浇筑、分层捣实，每层厚度50~60cm。

3. 人工挖孔灌注桩

人工挖孔灌注桩是采用人工挖掘方法成孔，然后放置钢筋笼，浇筑混凝土而成的桩基础。其施工特点是设备简单；无噪声、无振动、不污染环境，对施工现场周围原有建筑物的影响小；施工速度快，可按施工进度要求决定同时开挖桩孔的数量，必要时各桩孔可同时施工；土层情况明确，可直接观察到地质变化，桩底沉渣能清除干净，施工质量可靠。尤其当高层建筑选用大直径的灌注桩，而施工现场又在狭窄的市区时，采用人工挖孔比机械挖孔具有更大的适应性。但其缺点是人工耗量大，开挖效率低，安全操作条件差等。

施工时，为确保挖土成孔施工安全，必须考虑预防孔壁坍塌和流砂现象发生的措施。因此，施工前应根据地质水文资料，拟定出合理的护壁措施和降排水方案。护壁方法很多，可以采用现浇混凝土护壁、沉井护壁、喷射混凝土护壁等。

1）现浇混凝土护壁

现浇混凝土护壁法施工即分段开挖、分段浇筑混凝土护壁，既能防止孔壁坍塌，又能起到防水作用。

桩孔采取分段开挖，每段高度取决于土壁直立状态的能力，一般 0.5~1.0m 为一施工段，开挖井孔直径为设计桩径加混凝土护壁厚度。

护壁施工段，即支设护壁内模板(工具式活动钢模板)后浇筑混凝土，模板的高度取决于开挖土方施工段的高度，一般为 1m，由 4 块至 8 块活动钢模板组合而成，支成有锥度的内模。内模支设后，吊放用角钢和钢板制成的两半圆形合成的操作平台入桩孔内，置于内模板顶部，以放置料具和浇筑混凝土操作之用。混凝土的强度一般不低于 C15，浇筑混凝土时要注意振捣密实。

当护壁混凝土强度达到 1MPa(常温下约 24h)后可拆除模板，开挖下段的土方，再支模浇筑护壁混凝土，如此循环，直至挖到设计要求的深度。

当桩孔挖到设计深度，并检查孔底土质是否已达到设计要求后，再在孔底挖成扩大头。待桩孔全部成型后，用潜水泵抽出孔底的积水，然后立即浇筑混凝土。当混凝土浇筑至钢筋笼的底面设计标高时，再吊入钢筋笼就位，并继续浇筑桩身混凝土而形成桩基。

2）沉井护壁

当桩径较大，挖掘深度大，地质复杂，土质差(松软弱土层)，且地下水位高时，应采用沉井护壁法挖孔施工。

沉井护壁施工是先在桩位上制作钢筋混凝土井筒，井筒下捣制钢筋混凝土刃脚，然后在筒内挖土掏空，井筒靠其自重或附加荷载来克服筒壁与土体之间的摩擦阻力，边挖边沉，使其垂直地下沉到设计要求深度。

4. 沉管灌注桩

沉管灌注桩是利用锤击打桩设备或振动沉桩设备，将带有钢筋混凝土的桩尖(或钢板靴)或带有活瓣式桩靴的钢管沉入土中(钢管直径应与桩的设计尺寸一致)，造成桩孔，然后放入钢筋骨架并浇筑混凝土，随之拔出套管，利用拔管时的振动将混凝土捣实，便形成所需要的灌注桩。利用锤击沉桩设备沉管、拔管成桩，称为锤击沉管灌注桩；利用振动器振动沉管、拔管成桩，称为振动沉管灌注桩。

1）锤击沉管灌注桩

锤击沉管灌注桩适宜于一般黏性土、淤泥质土和人工填土地基。

锤击沉管灌注桩施工要点：

(1) 桩尖与桩管接口处应垫麻绳(或草绳)垫圈，以防地下水渗入管内和作缓冲层。沉管时先用低锤锤击，观察无偏移后，才可正常施打。

(2) 拔管前，应先锤击或振动套管，在测得混凝土确已流出套管时方可拔管。

(3) 桩管内混凝土尽量填满，拔管时要均匀，保持连续密锤轻击，并控制拔管速度，一般土层以不大于 1m/min 为宜，软弱土层与软硬交界处，应控制在 0.8m/min 以内为宜。

(4) 在管底未拔到桩顶设计标高前，倒打或轻击不得中断，注意使管内的混凝土保持略高于地面，并保持到全管拔出为止。

（5）桩的中心距在 5 倍桩管外径以内或小于 2m 时，均应跳打施工；中间空出的桩必须待邻桩混凝土达到设计强度的 50%以后，方可施打。

2）振动沉管灌注桩

振动沉管灌注桩采用激振器或振动冲击沉管。其施工过程为：

（1）桩机就位。将桩尖活瓣合拢对准桩位中心，利用振动器及桩管自重，把桩尖压入土中。

（2）沉管。开动振动箱，桩管即在强迫振动下迅速沉入土中。沉管过程中，应经常探测管内有无水或泥浆，如发现水、泥浆较多，应拔出桩管，用砂回填桩孔后方可重新沉管。

（3）上料。桩管沉到设计标高后停止振动，放入钢筋笼，再上料斗将混凝土灌入桩管内，一般应灌满桩管或略高于地面。

（4）拔管。开始拔管时，应先启动振动箱 8~10min，并用吊铊测得桩尖活瓣确已张开，混凝土确已从桩管中流出以后，卷扬机方可开始抽拔桩管，边振边拔。速度应控制在 1.5m/min 以内。

第五章 主体工程施工

第一节 砌体工程

一、脚手架工程搭设

(一)脚手架的基本要求与分类

脚手架是指在施工现场为安全防护、工人操作和解决楼层水平运输而搭设的支架,是施工临时设施,也是施工作业中必不可少的工具和手段。脚手架工程对施工人员的操作安全、工程质量、工程成本、施工进度以及邻近建筑物和场地影响都很大,在工程建造中占有相当重要的地位

1. 脚手架的基本要求

(1)要有足够的宽度(一般为 1.5~2.0m)、步架高度(砌筑脚手架为 1.2~1.4m,装饰脚手架为 1.6~1.8m),且能够满足工人操作、材料堆置以及运输方便的要求。

(2)应具有稳定的结构和足够的承载力,能确保在各种荷载和气候条件下,不超过允许变形、不倾倒、不摇晃,并有可靠的防护设施,以确保在架设、使用和拆除过程中的安全可靠性。

(3)应与楼层作业面高度相统一,并与垂直运输设施(如施工电梯、井字架等)相适应,以确保材料由垂直运输转入楼层水平运输的需要。

(4)搭拆简单,易于搬运,能够多次周转使用。

(5)应考虑多层作业、交叉流水作业和多工种平行作业的需要,减少重复搭拆次数。

2. 脚手架的分类

脚手架的种类很多。按构造形式分为多立杆式(也称杆件组合式)、框架组合式(如门式)、格构件组合式(如桥式)和台架等;按支固方式分为落地式、悬挑式、悬吊式(吊篮)等;按搭拆和移动方式为人工装拆脚手架、附着升降脚手架、整体提升脚手架、水平移动脚手架和升降桥架;按用途分为主体结构脚手架、装修脚手架和支撑脚手架等;按搭设位置分为外脚手架和里脚手架;按使用材料分为木、竹和金属脚手架。本节仅介绍几种常用的脚手架。

(二)多立杆式脚手架

多立杆式脚手架主要由立杆(又称立柱)、纵向水平杆(即大横杆)、横向水平杆(即小横杆)、底座、支撑及脚手板构成的受力骨架和作业层,再加上安全防护设施而组成。常用的有扣件式钢管脚手架(扣件式节点)和碗扣式钢管脚手架(碗扣式节点)两种。

1. 扣件式钢管脚手架

扣件式钢管脚手架具有承载能力大、装拆方便、搭设高度大、周转次数多、摊销费用低等优点，是目前使用最普遍的周转材料之一。

1) 扣件式钢管脚手架主要组成部件及其作用

(1) 钢管。脚手架钢管其质量应符合现行国家标准《碳素结构钢》中 Q235-A 级钢的规定，其尺寸应按表 5.1 采用。钢管宜采用 $\phi 48mm \times 3.5mm$ 的钢管，每根质量不应大于 25kg。

表 5.1　脚手架钢管尺寸　　　　　　　　　　　　　　　　　　mm

截面尺寸		最大长度	
外径/ϕ	壁厚/t	横向水平杆	其他杆
48	3.5	2200	4000~6500
51	3.0		

根据钢管在脚手架中的位置和作用不同，钢管可分为立杆、大横杆、小横杆、剪刀撑、连墙杆、水平斜拉杆、纵向水平扫地杆、横向水平扫地杆，其作用分别为：

① 立杆。平行于建筑物并垂直于地面，将脚手架荷载传递给底座。

② 大横杆。平行于建筑物并在纵向水平连接各立杆，承受、传递荷载给立杆。

③ 小横杆。垂直于建筑物并在横向连接内、外大横杆，承受、传递荷载给大横杆。

④ 剪刀撑。设在脚手架外侧面并与墙面平行的十字交叉斜杆，可增强脚手架的纵向刚度。

⑤ 连墙杆。连接脚手架与建筑物，承受并传递荷载，且可防止脚手架横向失稳。

⑥ 水平斜拉杆。设在有连墙杆的脚手架内、外立柱间的步架平面内的"之"字形斜杆，可增强脚手架的横向刚度。

⑦ 纵向水平扫地杆。采用直角扣件固定在距底座上皮不大于 200mm 处的立杆上，起约束立杆底端在纵向发生位移的作用。

⑧ 横向水平扫地杆。采用直角扣件固定在紧靠纵向扫地杆下方的立杆上的横向水平杆，起约束立杆底端在横向发生位移的作用。

(2) 扣件。扣件是钢管与钢管之间的连接件，其基本形式有三种。

① 旋转扣件(回转扣)。用于两根呈任意角度交叉钢管的连接。

② 直角扣件(十字扣)。用于两根呈垂直交叉钢管的连接。

③ 对接扣件(一字扣)。用于两根钢管的对接连接。

(3) 脚手板。脚手板是提供施工作业条件并承受和传递荷载给水平杆的板件，可用竹、木等材料制成。脚手板若设于非操作层起安全防护作用。

(4) 底座。设在立杆下端，承受并传递立杆荷载给地基。

(5) 安全网。保证施工安全和减少灰尘、噪声、光污染，包括立网和平网两部分。

2) 扣件式钢管脚手架的构造

扣件式钢管脚手架的基本构造形式有单排架和双排架两种。单排架和双排架一般用于外墙砌筑与装饰。

(1) 立杆。横距为 1.0~1.50m，纵距为 1.20~2.0m，每根立杆均应设置标准底座。由标准底座底面向上 200mm 处，必须设置纵、横向扫地杆，用直角扣件与立杆连接固定。立杆接长除顶层可以采用搭接外，其余各层必须采用对接扣件连接。立杆的对接、搭接应满足下列要求：

① 立杆上的对接扣件应交错布置，两相邻立杆的接头应错开一步，其错开的垂直距离不应小于 500mm，且与相近的纵向水平杆距离应小于 1/3 步距。

② 对接扣件距主节点(立杆、大、小横杆三者的交点)的距离不应大于 1/3 步距。

③ 立杆的搭接长度不应小于 1m，用不少于两个旋转扣件固定，端部扣件盖板的边沿至杆端距离不应小于 100mm。

(2) 大横杆。大横杆要水平设置，长度不应小于 2 跨，大横杆与立杆要用直角扣件扣紧，且不能隔步设置或遗漏。两大横杆的接头必须采用对接扣件连接。接头位置距立杆轴心线的距离不宜大于跨度的 1/3，同一步架中内外两根纵向水平杆的对接接头应尽量错开一跨，上下相邻两根纵向水平杆的对接接头也应尽量错开一跨，错开的水平距离不应小于 500mm。

(3) 小横杆。小横杆设置在立杆与大横杆的相交处，用直角扣件与大横杆扣紧，且应贴近立杆布置。小横杆距离立杆轴心线的距离不应大于 150mm；当为单排脚手架时，小横杆的一端与大横杆连接，另一端插入墙内长度不小于 180mm，当为双排脚手架时，小横杆的两端应用直角扣件固定在大横杆上。

(4) 支撑。支撑有剪刀撑(又称十字撑)和横向支撑(又称横向斜拉杆、之字撑)。剪刀撑是设置在脚手架外侧面、与外墙面平行的十字交叉斜杆，可增强脚手架的纵向刚度；横向支撑是设置在脚手架内、外排立杆之间的、呈之字形的斜杆，可增强脚手架的横向刚度。双排脚手架应设剪刀撑与横向支撑，单排脚手架应设剪刀撑。

剪刀撑的设置应符合下列要求：

① 高度 24m 以下的单、双排脚手架，均应在外侧立面的两端各设置一道剪刀撑，由底至顶连续设置；中间每道剪刀撑的净距不应大于 15m。

② 高度 24m 以上的双排脚手架应在外侧立面整个长度和高度上连续设置剪刀撑。

③ 每道剪刀撑跨越立杆的根数宜为 5~7 根，与地面的倾角宜为 45°~60°。

④ 剪刀撑的连接除顶层可采用搭接外，其余各接头必须采用对接扣件连接。搭接长度不小于 1m，用不少于两个旋转扣件连接。

⑤ 剪刀撑的斜杆应用旋转扣件固定在与之相交的横向水平杆的伸出端或立杆上，旋转扣件中心线距主节点的距离不应大于 150mm。

横向支撑的设置应符合下列要求：

① 横向支撑的每一道斜杆应在 1~2 步内，由底至顶呈"之"字形连续布置，两端用旋转扣件固定在立杆或小横杆上。

② "一"字形、开口形双排脚手架的两端均必须设置横向支撑，中间每隔 6 跨设置一道。

③ 24m 以下的封闭型双排脚手架可不设横向支撑，24m 以上者除两端应设置横向支撑外，中间应每隔 6 跨设置一道。

(5) 连墙件。连墙件(又称连墙杆)是连接脚手架与建筑物的部件。既要承受、传递风荷载，又要防止脚手架横向失稳或倾覆。

连墙件的布置形式、间距大小对脚手架的承载能力有很大影响，它不仅可以防止脚手架的倾覆，而且还可加强立杆的刚度和稳定性。

连墙件根据传力性能、构造形式的不同，可分为刚性连墙件和柔性连墙件。通常采用刚性连墙件，使脚手架与建筑物连接可靠。24m 以上的双排脚手架必须采用刚性连墙件与墙体连接；当脚手架高度在 24m 以下时，也可采用柔性连墙件(如用铅丝或 Φ6mm 钢筋)，这时必须配备顶撑顶在混凝土梁、柱等结构部位，以防止向内倾倒。

3）扣件式钢管脚手架的搭设与拆除

（1）扣件式钢管脚手架的搭设。脚手架的搭设要求钢管的规格相同，地基平整夯实；对高层建筑物脚手架的基础要进行验算，脚手架地基的四周应排水畅通，立杆底端要设底座或垫板，垫板长度不小于 2 跨，木垫板不小于 50mm 厚，也可用槽钢。

通常，脚手架的搭设顺序为：放置纵向水平扫地杆→逐根竖立立杆(随即与扫地杆扣紧)→安装横向水平扫地杆(随即与立杆或纵向水平扫地杆扣紧)→安装第一步纵向水平杆(随即与各立杆扣紧)→安装第一步横向水平杆→安装第二步纵向水平杆→安装第二步横向水平杆→加设临时斜撑杆(上端与第二步纵向水平杆扣紧，在装设两道连墙杆后可拆除)→安装第三、第四步纵横向水平杆→安装连墙杆、接长立杆，加设剪刀撑→铺设脚手板→挂安全网(向上安装重复步骤)。

开始搭设第一节立杆时，每 6 跨应暂设一根抛撑；当搭设至设有连墙件的构造点时，应立即设置连墙件与墙体连接，当装设两道连墙件后抛撑便可拆除；双排脚手架的小横杆靠墙一端应离开墙体装饰面至少 100mm，杆件相交的伸出端长度不小于 100mm，以防止杆件滑脱；扣件规格必须与钢管外径相一致，扣件螺栓拧紧，扭力矩为 40~65N·m；除操作层的脚手板外，宜每隔 1.2m 高满铺一层脚手板，在脚手架全高或高层脚手架的每个高度区段内，铺板层不多于 6 层，作业层不超过 3 层，或者根据设计搭设。

对于单排架的搭设应在墙体上留脚手架眼，但在墙体下列部位不允许留脚手架眼：①砖过梁上与过梁两端成 60° 角的三角形范围内及过梁净跨度 1/2 的高度范围内；②宽度小于 1m 的窗间墙；③梁或梁垫下及其两侧各 500mm 的范围内；④砖砌体的门窗洞口两侧 200mm 和墙转角处 450mm 的范围内；⑤其他砌体的门窗洞口两侧 300mm 和转角处 600mm 的范围内；⑥独立柱或附墙砖柱。

（2）扣件式脚手架的拆除。扣件式脚手架的拆除应按由上而下、后搭者先拆、先搭者后拆的顺序进行。严禁上下同时拆除，以及先将整层连墙件或数层连墙件拆除后再拆其余杆件；如果采用分段拆除，其高差不应大于 2 步架；当拆除至最后一节立杆时，应先搭设临时抛撑加固后，再拆除连墙件；拆下的材料应及时分类集中运至地面，严禁抛掷。

2. **碗扣式钢管脚手架**

碗扣式钢管脚手架的核心部件是碗口接头，它是由焊在立杆上的下碗扣、可滑动的上碗扣、上碗扣的限位销和焊在横杆上的接头组成。

连接时，只需将横杆插入下碗扣内，将上碗扣沿限位销扣下，顺时针旋转，靠近上碗扣螺旋面使之与限位销顶紧，从而将横杆和立杆牢固地连接在一起，形成框架结构。碗扣式接头可同时连接 4 根横杆，横杆可以相互垂直也可以偏转成一定的角度，位置随需要确定。该脚手架具有多功能、高功效、承载力大、安全可靠、便于管理、易改造等优点。

1）碗扣式钢脚手架的构配件及用途

碗扣式钢脚手架的构配件按其用途可分为主要构件、辅助构件和专用构件三类。

（1）主要构件：

① 立杆。由一定长度 ϕ48mm×3.5mm 钢管上每隔 600mm 安装碗扣接头，并在其顶端焊接立杆焊接管制成。用作脚手架的垂直承力杆。

② 顶杆。即顶部立杆，在顶端设有立杆的连接管，以便在顶端插入托撑。用作支撑架（柱）、物料提升架等顶端的垂直承力杆。

③ 横杆。由一定长度的 ϕ48mm×3.5mm 钢管两端焊接横杆接头制成，用于立杆横向连接管，或框架水平承力杆。

④ 单横杆。仅在 ϕ48mm×3.5mm 钢管一端焊接横杆接头，用作单排脚手架横向水平杆。

⑤ 斜杆。用于增强脚手架的稳定性，提高脚手架的承载力。

⑥ 底座。由 150mm×150mm×8mm 的钢板在中心焊接连接杆制成，安装在立杆的底部，用作防止立杆下沉并将上部荷载分散传递给地基的构件。

（2）辅助构件。辅助构件是用于作业面及附壁拉结等的杆部件。

① 间横杆。为满足普通钢或木脚手板的需要而专设的杆件，可搭设于主架横杆之间的任意部位，用以减小支承间距和支撑挑头脚手板。

② 架梯。由钢踏步板焊在槽钢上制成，两端带有挂钩，可牢固地挂在横杆上，用于作业人员上下脚手架的通道。

③ 连墙撑。该构件为脚手架与墙体结构间的连接件，用以加强脚手架抵抗风载及其他永久性水平荷载的能力，提高其稳定性，防止倒塌。

（3）专用构件。专用构件是用作专门用途的杆部件。

① 悬挑架。由挑杆和撑杆用碗扣接头固定在楼层内支承架上构成。用于其上搭设悬挑脚手架，可直接从楼内挑出，不需在墙体结构设预埋件。

② 提升滑轮。用于提升小物料而设计的杆部件，由吊柱、吊架和滑轮等组成。吊柱可插入宽挑梁的垂直杆中固定，与宽挑梁配套使用。

2）搭设要点

（1）组装顺序为：底座→立杆→横杆→斜杆→接头锁紧→脚手板→上层立杆→立杆连接→横杆。

（2）注意事项：

① 立杆、横杆的设置。一般地，双排外脚手架立杆的横向间距取 1.2m，横杆的步距取 1.8m，立杆的纵向间距根据建筑物结构及作用荷载等具体要求确定，常选用 1.2m、1.8m、2.4m 三种尺寸。

② 直角交叉。对一般方形建筑物的外脚手架，在拐角处两直角交叉的排架要连在一起，以增加脚手架的整体稳定性。

③ 斜杆的设置。斜杆用于增强脚手架稳定性，可装成节点斜杆，也可装成非节点斜杆。一般情况下斜杆应尽量设置在脚手架的节点上，对于高度在 30m 以下的脚手架，可根据荷载情况，设置斜杆的框架面积为整架立面面积的 1/5～1/2；对于高度在 30m 以上的高层脚手架，设置斜杆的框架面积不小于整架立面面积的 1/2。在拐角边缘及端部必须设置斜

杆，中间可均匀间隔布置。

④ 连墙撑的设置。连墙撑是脚手架与建筑物之间的连接件，用于提高脚手架的横向稳定性，承受偏心荷载和水平荷载等。一般情况下，对于高度在 30m 以下的脚手架，可 4 跨 3 步布置一个（约 40m²），对于高层及重载脚手架，则要适当加密；50m 以下的脚手架至少应 3 跨 3 步布置一个（约 25m²）；50m 以上的脚手架至少应 3 跨 2 步布置一个（约 20m²）。连墙撑尽量连接在横杆层碗扣接头内，同脚手架、墙体保持垂直，并随建筑物及架子的升高及时设置，尽量采用梅花形布置方式。

（三）其他脚手架

1. 门式钢管脚手架

门式钢管脚手架是 20 世纪 80 年代初由国外引进的一种多功能型脚手架，它由门架及配件组成。门式钢管脚手架结构设计合理，受力性能好，承载能力高，装拆方便，安全可靠，是目前国际上应用较为广泛的一种脚手架。

1）门式钢管脚手架主要组成部件

门式脚手架由门架、剪刀撑（交叉拉杆）、水平梁架（平行架）、挂扣式脚手板、连接棒和锁臂等构成基本单元。将基本单元相互连接起来并增设梯型架、栏杆等部件即构成整片脚手架。

2）门式钢管脚手架的搭设与拆除

（1）搭设。门式脚手架的搭设顺序为：铺放垫木（垫板）→拉线放底座→自一端立门架，并随即装剪刀撑→装水平梁架（或脚手板）→装梯子→装通长大横杆→装连墙件→装连接棒→装上一步门架→装锁臂→重复以上步骤，逐层向上安装→装长剪刀撑→装设顶部栏杆。

（2）拆除。拆除脚手架时，应自上而下进行，各部件拆除的顺序与安装顺序相反，不允许将拆除的部件从高空抛下，而应将拆下的部件收集分类后，用垂直吊运机具运至地面，集中堆放保管。

2. 悬吊式脚手架

悬吊式脚手架也称吊篮，主要用于建筑外墙施工和装修。它是将架子（吊篮）的悬挂点固定在建筑物顶部悬挑出来的结构上，通过设在每个架子上的简易提升机械和钢丝绳，使吊篮升降，以满足施工要求，具有节约大量钢管材料、节省劳力、缩短工期、操作方便灵活、技术经济效益好等优点。吊篮可分为两大类，一类是手动吊篮，利用手扳葫芦进行升降；另一类是电动吊篮，利用电动卷扬机进行升降。

1）手动吊篮的基本组成

手动吊篮由支承设施（建筑物顶部悬挑梁或桁架）、吊篮绳（钢丝绳或钢筋链杆）、安全绳、手扳葫芦（或倒链）和吊架组成。

2）支设要求

（1）吊篮内侧与建筑物间隙为 0.1~0.2m，两个吊篮之间的间隙不得大于 0.2m，吊篮的最大长度不宜超过 8.0m，宽度为 0.8~1.0m，高度不宜超过两层。吊篮外侧端部防护栏杆高 1.5m，每边栏杆间距不大于 0.5m，挡脚板不低于 0.18m。吊篮内侧必须于 0.6m 和

1.2m 处各设防护栏杆一道，挡脚板不低于 0.18m。吊篮顶部必须设防护棚，外侧面与两端面用密目网封严。

（2）吊篮的立杆（或单元片）纵向间距不得大于 2m。通常支承脚手板的横向水平杆间距不宜大于 1m，脚手板必须与横向水平杆绑牢或卡牢，不允许有松动或探头板。

（3）吊篮架体的外侧面和两端面应加设剪刀撑或斜撑杆卡牢。

（4）吊篮内侧两端应装有可伸缩的护墙轮等装置，使吊篮在工作时能靠紧建筑物，以减少架体晃动。同时，超过一层架高的吊篮架要设爬梯，每层架的上下人孔要有盖板。

（5）悬挂吊篮的挑梁，必须按设计规定与建筑结构固定牢靠，挑梁挑出长度应保证悬挂吊篮的钢丝绳（或钢筋链杆）垂直地面。挑梁之间应用纵向水平杆连接成整体，以保证挑梁结构的稳定。

（6）吊篮绳若用钢筋链杆，其直径不小于 16mm，每节链杆长 800mm，每 5~10 根链杆应相互连成一组，使用时用卡环将各组连接至需要的长度。安全绳均采用直径不小于 13mm 的钢丝绳通长到底布置。

（7）挑梁与吊篮吊绳连接端应有防止滑脱的保护装置。

3）操作方法

先在地面上用倒链组装好吊篮架体，并在屋顶挑梁上挂好承重钢丝绳和安全绳，然后将承重钢丝绳穿过手扳葫芦的导绳孔向吊钩方向穿入、压紧，往复扳动前进手柄，即可提升吊篮；往复扳动倒退手柄即可下落，但不可同时扳动上下手柄。如果采用钢筋链杆作承重吊杆，则先把安全绳与钢筋链杆挂在已固定好的屋顶挑梁上，然后把倒链挂在钢筋链杆的链环上，下部吊住吊篮，利用倒链升降。因为倒链行程有限，因此在升降过程中，要多次人工交替倒链，如此接力升降。

3. 附着升降式脚手架

附着升降式脚手架，是指仅需搭设一定高度并附着于工程结构上，依靠自身的升降设备和装置，随工程结构施工逐层爬升，并能实现下降作业的外脚手架。这种脚手架适用于现浇钢筋混凝土结构的高层建筑。

附着升降式脚手架按爬升构造方式分为：导轨式、主套架式、悬挑式、吊脚手架拉式（互爬式）等。其中主套架式、吊拉式采用分段升降方式；悬挑式、导轨式既可采用分段升降，亦可采用整体升降。无论采用哪一种附着升降式脚手架，其技术关键是：与建筑物有牢固的固定措施，升降过程均有可靠的防倾覆措施，且设有安全防坠落装置和措施，具有升降过程中的同步控制措施。

附着升降式脚手架主要由架体结构、附着支撑、升降装置、安全装置等组成。

1）架体结构

架体常用桁架作为底部的承力装置，桁架两端支承于横向刚架或托架上，横向刚架又通过与其连接的附墙支座固定于建筑物上。架体本身一般均采用扣件式钢管搭设，架高不应大于楼层高度的 5 倍，架宽不宜超过 1.2m，分段单元脚手架长度不应超过 8m。主要构件有立杆、纵横向水平杆、斜杆、剪刀撑、脚手板、梯子、扶手等。脚手架的外侧设密目式安全网进行全封闭，每步架设防护栏杆及挡脚板，底部满铺一层固定脚手板。整个架体的作用是提供操作平台、物料搬运、材料堆放、操作人员通行和安全防护等。

2）爬升机构

爬升机构是实现架体升降、导向、防坠、固定提升设备、连接吊点和架体通过横向刚架与附墙支座的连接等，它的作用主要是进行可靠的附墙和保证将架体上的恒载与施工活荷载安全、迅速、准确地传递到建筑结构上。

3）动力及控制设备

提升用的动力设备主要有：手拉葫芦、环链式电动葫芦、液压千斤顶、螺杆升降机、升板机、卷扬机等。目前采用电动葫芦者居多，原因是其使用方便、省力、易控。当动力设备采用电控系统时，一般均采用电缆将动力设备与控制柜相连，并用控制柜进行动力设备控制；当动力设备采用液压系统控制时，一般则采用液压管路与动力设备和液压控制台相连，然后液压控制台再与液压管路相连，并通过液压控制台对动力设备进行控制；总之，动力设备的作用是为架体实现升降提供动力。

4）安全装置

（1）导向装置。作用是保持架体前后、左右对水平方向位移的约束，限定架体只能沿垂直方向运动，并防止架体在升降过程中晃动、倾覆和水平向错动。

（2）防坠装置。作用是在动力装置本身的制动装置失效、起重钢丝绳或吊链突然断裂和梯吊梁掉落等情况发生时，能在瞬间准确、迅速锁住架体，防止其下坠造成伤亡事故发生。

4. 同步提升控制装置

同步提升控制装置的作用是使架体在升降过程中，控制各提升点保持在同一水平位置上，以便防止架体本身与附墙支座的附墙固定螺栓产生次应力和超载而发生伤亡。

5. 悬挑式外脚手架

悬挑式外脚手架是利用建筑结构外边缘向外伸出的悬挑结构来支承外脚手架，将脚手架的荷载全部或部分传递给建筑结构。悬挑式外脚手架的关键是悬挑支承结构，它必须有足够的强度、刚度和稳定性，并能将脚手架的荷载传递给建筑结构。

1）适用范围

在高层建筑施工中，遇到以下三种情况时，可采用悬挑式外脚手架。

（1）±0.000 以下结构工程回填土不能及时回填，而主体结构工程必须立即进行，否则将影响工期。

（2）高层建筑主体结构四周为裙房，脚手架不能直接支承在地面上。

（3）超高层建筑施工，脚手架搭设高度超过了架子的容许搭设高度，因此将整个脚手架按容许搭设高度分成若干段，每段脚手架支承在由建筑结构向外悬挑的结构上。

2）悬挑支承结构

悬挑支承结构主要有以下两类：

（1）用型钢作梁挑出，端头加钢丝绳（或用钢筋法兰螺栓拉杆）斜拉，组成悬挑支承结构。由于悬出端支承杆件是斜拉索（或拉杆），又简称为斜拉式。斜拉式悬挑外脚手架悬出端支承杆件是斜拉索（或拉杆），其承载能力由拉杆的强度控制，因此断面较小，能节省钢材，且自重轻。

（2）用型钢焊接的三角桁架作为悬挑支承结构，悬出端的支承杆件是三角斜撑压杆，又称为下撑式。下撑式悬挑外脚手架，悬出端支承杆件是斜撑受压杆，其承载能力由压杆稳定性控制，因此断面较大，钢材用量较多。

3）构造及搭设要点

（1）斜拉式支承结构可在楼板上预埋钢筋环，外伸钢梁（工字钢、槽钢等）插入钢筋环内固定；或钢梁一端埋置在墙体结构的混凝土内。外伸钢梁另一端加钢丝绳斜拉，钢丝绳固定到预埋在建筑物内的吊环上。

（2）下撑式支承结构可将钢梁一端埋置在墙体结构的混凝土内，另一端利用钢管或角钢制作的斜杆连接，斜杆下端焊接到混凝土结构中的预埋钢板上。当结构中钢筋过密，挑梁无法埋入时，可采用预埋件，将挑梁与预埋件焊接。预埋件的锚固筋要采用锚塞焊，并由计算确定。

（3）根据结构情况和工地条件采用其他可靠的形式与结构连接。

（4）当支承结构的纵向间距与上部脚手架立杆的纵向间距相同时，立杆可直接支承在悬挑的支承结构上；当支承结构的纵向间距大于上部脚手架立杆的纵向间距时，则立杆应支承在设置于两个支承结构之间的两根纵向钢梁上。

（5）上部脚手架立杆与支承结构应有可靠的定位连接措施，以确保上部架体的稳定。通常在挑梁或纵向钢梁上焊接 150～200mm、外径 $\phi40$mm 的短钢管，将立杆套在短钢管上顶紧固定，并同时在立杆下部设置扫地杆。

（6）悬挑支承结构以上部分的脚手架搭设方法与一般外脚手架相同，并按要求设置连墙杆。悬挑脚手架的高度（或分段的高度）不得超过 25m。

悬挑脚手架的外侧立面一般均应采用密目网（或其他围护材料）全封闭围护，以确保架上人员的操作安全及避免物件坠落。

（7）新设计组装或加工的定型脚手架段，在使用前应进行不低于 1.5 倍使用施工荷载的静载试验和起吊试验，试验合格（未发现焊缝开裂、结构变形等情况）后方能投入使用。

（8）塔式起重机应具有满足整体吊升（降）悬挑脚手架段的起吊能力。

（9）必须设置可靠的人员上下安全通道（出入口）。

（10）使用中应经常检查脚手架和悬挑支承结构的工作情况。当发现异常时及时停止作业，进行检查和处理。

二、砖砌体施工

（一）砖砌体施工的基本要求

砌体工程所用的材料应有产品的合格证书、产品性能检测报告。块材、水泥、钢筋、外加剂等应有材料主要性能的进场复验报告。严禁使用国家明令淘汰的材料。

砖砌体的组砌要求：上下错缝，内外搭接，以保证砌体的整体性；同时组砌要有规律，少砍砖，以提高砌筑效率，节约材料。实心砖墙常用的厚度有半砖、一砖、一砖半、两砖等。依其组砌形式不同，最常见的有：一顺一丁、三顺一丁、梅花丁、全丁式等。

（1）一顺一丁的砌法是一皮中全部顺砖与一皮中全部丁砖相互交替砌成，上下皮间的竖缝相互错开 1/4 砖。砌体中无任何通缝，而且丁砖数量较多，能增强横向拉结力。这种组砌方式，砌筑效率高，墙面整体性好，墙面容易控制平直，多用于一砖厚墙体的砌筑。但当砖的规格参差不齐时，砖的竖缝就难以整齐。

（2）三顺一丁的砌法是三皮中全部顺砖与一皮中全部丁砖间隔砌成。上下皮顺砖间的竖缝错开 1/2 砖长；上下皮顺砖与丁砖间竖缝错开 1/4 砖长。这种砌法由于顺砖较多，砌筑效率较高，但三皮顺砖内部纵向有通缝，整体性较差，一般使用较少。宜用于一砖半以上墙体的砌筑或挡土墙的砌筑。

（3）梅花丁又称沙包式、十字式。梅花丁的砌法是每皮中丁砖与顺砖相隔，上皮丁砖坐于下皮顺砖，上下皮间相互错开 1/4 砖长。这种砌法内外竖缝每皮都能错开，故整体性好，灰缝整齐，而且墙面比较美观，但砌筑效率较低。砌筑清水墙或当砖的规格不一致时，采用这种砌法较好。

（4）全丁砌筑法就是全部用丁砖砌筑，上下皮竖缝相互错开 1/4 砖长，此法仅用于圆弧形砌体，如水池、烟囱、水塔等。

为了使砖墙的转角处各皮间竖缝相互错开，必须在外角处砌七分头砖（3/4 砖长）。当采用一顺一丁组砌时，七分头的顺面方向依次砌顺砖，丁面方向依次砌丁砖。

砖墙的丁字接头处，应分皮相互砌通，内角相交处竖缝应错开 1/4 砖长，并在横墙端头处加砌七分头砖。

砖墙的十字接头处，应分皮相互砌通，交角处的竖缝应错开 1/4 砖长。

常温下砌砖，对普通砖、空心砖含水率宜在 10%~15%，一般应提前 1 天浇水润湿，避免砖吸收砂浆中过多的水分而影响黏结力，并可除去砖面上的粉末。但浇水过多会产生砌体走样或滑动。灰砂砖、粉煤灰砖适量浇水，其含水率控制在 5%~8% 为宜。

在墙上留置临时施工洞口，其侧边离交接处墙面不应小于 500mm，洞口净宽度不应超过 1m；临时施工洞口应做好补砌。

不得在下列墙体或部位设置脚手眼：半砖厚墙；过梁上与过梁成 60° 角的三角形范围及过梁净跨度 1/2 的高度范围内；宽度小于 1m 的窗间墙；墙体门窗洞口两侧 200mm 和转角处 450mm 范围内；梁或梁垫下及其左右 500mm 范围内。施工脚手眼补砌时，灰缝应填满砂浆，不得用干砖填塞。

设计要求的洞口、管道、沟槽应于砌筑时正确留出或预埋，未经设计同意，不得打凿墙体和在墙体上开凿水平沟槽。宽度超过 300mm 的洞口上部，应设置过梁。

砖墙每日砌筑高度不得超过 1.8m。砖墙分段砌筑时，分段位置宜设在变形缝、构造柱或门窗洞口处；相邻工作段的砌筑高度不得超过一个楼层高度，也不宜大于 4m。尚未施工楼板或屋面的墙或柱，当遇到大风时，其允许自由高度不得超过表 5.2 的规定。如超过表 5.2 中的限值时，必须采用临时支撑等有效措施。

表 5.2　墙和柱的允许自由高度　　　　　　　　　　　　　　　　　　　　　m

墙（柱）厚/mm	砌体密度>1600kg/m³			砌体密度 1300~1600kg/m²		
	风载/(kN·m²)			风载/(kN·m²)		
	0.3（约 7 级风）	0.4（约 8 级风）	0.5（约 9 级风）	0.3（约 7 级风）	0.4（约 8 级风）	0.5（约 9 级风）
190				1.4	1.1	0.7
240	2.8	2.1	1.4	2.2	1.7	1.1

续表

墙(柱)厚/mm	砌体密度>1600kg/m³			砌体密度1300~1600kg/m²		
	风载/(kN·m²)			风载/(kN·m²)		
	0.3 (约7级风)	0.4 (约8级风)	0.5 (约9级风)	0.3 (约7级风)	0.4 (约8级风)	0.5 (约9级风)
370	5.2	3.9	2.6	4.2	3.2	2.1
490	8.6	6.5	4.3	7.0	5.2	3.5
620	14.0	10.5	7.0	11.4	8.6	5.7

注：1. 本表适用于施工处相对标高(H)在10m范围内的情况。如10m<H≤15m 或 15m<H≤20m 时，表中的允许自由高度应分别乘以 0.9、0.8 的系数；如 H>20m 时，应通过抗倾覆验算确定其允许自由高度。

2. 当所砌筑的墙有横墙或其他结构与其连接，而且间距小于表列限值的 2 倍时，砌筑高度可不受本表的限制。

（二）施工前的准备

1. 砖的准备

砖要按规定的数量、品种、强度等级及时组织进场，按砖的强度等级、外观、几何尺寸进行验收，并应检查出厂合格证。常温施工时，黏土砖应在砌筑前 1~2 天浇水湿润，以浸入砖内深度 15~20mm 为宜。

2. 砂浆准备

主要是做好配制砂浆所用原材料的准备。若采用混合砂浆，则应提前两周将石灰膏淋制好，待使用时再进行拌制。

（三）其他准备

（1）检查校核轴线和标高。在允许偏差范围内，砌体的轴线和标高的偏差，可在基础顶面或楼板面上予以校正。

（2）砌筑前，组织机械进场和进行安装。

（3）准备好脚手架，搭好搅拌棚，安设搅拌机，接水，接电，试车。

（4）制备并安设好皮数杆。

（四）砖砌体的施工工艺

砖砌体的施工工艺为：抄平、放线、摆砖、立皮数杆、盘角及挂线、砌筑、勾缝与清理、楼层轴线引测、各层标高控制等。

1. 抄平放线(也称抄平弹线)

（1）抄平。砌墙前应在基础防潮层或楼层上定出各层标高，并用水泥砂浆或 C15 细石混凝土找平，使各段墙底标高符合设计要求。

（2）放线。根据龙门板或轴线控制桩上的标志轴线，利用经纬仪和墨线弹出基础或墙体的轴线、边线及门窗洞口位置线。二层以上墙体轴线可以用经纬仪或垂球将轴线引测上去。

基础放线是保证墙体平面位置的关键工序，是体现定位测量精度的主要环节，稍有疏忽就会造成错位。所以，在放线过程中要充分重视以下环节：

① 龙门板在挖槽的过程中易被碰动。因此，在投线前要对控制桩、龙门板进行复查，

避免问题的发生。

② 对于偏中基础，要注意偏中的方向。

③ 附墙垛、烟囱、温度缝、洞口等特殊部位要标清楚，防止遗忘。

2. 摆砖

摆砖也称摞底，是在弹好线的基础顶面上按选定的组砌方式先用砖试摆，目的在于核对所弹出的墨线在门窗洞口、墙垛等处是否符合砖模数，以便借助灰缝调整，使砖的排列和砖缝宽度均匀合理。摆砖时，山墙摆丁砖，檐墙摆顺砖，即"山丁檐顺"。

3. 立皮数杆

皮数杆一般是用 50mm×70mm 的方木做成，上面划有砖的皮数、灰缝厚度、门窗、楼板、圈梁、过梁、屋架等构件的位置及建筑物各种预留洞口和加筋的高度，作为墙体砌筑时竖向尺寸的控制标志。

划皮数杆时应从 ±0.000 开始。从 ±0.000 向下到基础垫层以上为基础部分皮数杆，±0.000 以上为墙身皮数杆。楼房如每层高度相同时划到二层楼地面标高为止，平房划到前后檐口为止。划完后在杆上以每五皮砖为级数，标上砖的皮数，如 5，10，15，……并标明各种构件和洞口的标高位置及其大致图例。

皮数杆一般设置在墙的转角、内外墙交接处、楼梯间及墙面变化较多的部位；如墙面过长时，应每隔 10~15m 立一根。立皮数杆时可用水准仪测定标高，使各皮数杆立在同一标高上。在砌筑前，应检查皮数杆上 ±0.000 与抄平桩上的 ±0.000 是否符合，所立部位、数量是否符合，检查合格后方可进行施工。

4. 盘角及挂线

墙体砌砖时，应根据皮数杆先在转角及交接处砌 3~5 皮砖，并保证其垂直平整，称为盘角。然后再在其间拉准线，依准线逐皮砌筑中间部分。盘角主要是根据皮数杆控制标高，依靠线锤、托线板等使之垂直。中间部分墙身主要依靠准线使之灰缝平直，一般"三七"墙以内应单面挂线，"三七"墙以上应双面挂线。

5. 砌筑、勾缝与清理

1）砌筑

砖的砌筑宜采用"三一"砌法。"三一"砌法，又叫大铲砌筑法，即一铲灰、一块砖、一挤揉，并随手将挤出的砂浆刮平。这种砌法灰缝容易饱满，黏结力强，能保证砌筑质量。

除"三一砌筑法"外也可采用铺浆法等。当采用铺浆法砌筑时，铺浆长度不宜超过750mm，施工期间气温超过 30℃，铺浆长度不宜超过 500mm。

2）勾缝与清理

勾缝是砌清水墙的最后一道工序，可以用砂浆随砌随勾缝，叫作原浆勾缝；也可砌完墙后再用 1∶1.5 水泥砂浆或加色砂浆勾缝，称为加浆勾缝。勾缝具有保护墙面和增加墙面美观的作用，为了确保勾缝质量，勾缝前应清除墙面黏结的砂浆和杂物，并洒水湿润，在砌完墙后，应划出 10mm 深的灰槽，灰缝可勾成凹、平、斜或凸形状。勾缝完毕还应清扫墙面。

6. 楼层轴线的引测

为了保证各层墙身轴线的重合和施工方便，在弹墙身线时，应根据龙门板上标注的轴线位置将轴线引测到房屋的外墙基上。二层以上各层墙的轴线，可用经纬仪或垂球引测到楼层上去，同时还需根据图上轴线尺寸用钢尺进行校核。

1）首层墙体轴线引测方法

基础砌完后，根据控制桩将主墙体的轴线，利用经纬仪引到基础墙身上，并用墨线弹出墙体轴线，标出轴线号或"中"字形式，即确定了上部砖墙的轴线位置。同时，用水准仪在基础露出自然地坪的墙身上，抄出-0.100m 或-0.150m 标高线，并在墙的四周都弹出墨线来，作为以后砌上部墙体时控制标高的依据。

2）二层以上墙体轴线引测方法

首层楼板安装完毕、抄平之后，即可进行二层的放线工作。

（1）先在各横墙的轴线中，选取在长墙中间部位的某道轴线，如图 5.1 所示，取④轴线作为横墙中的主轴线。根据基础墙①轴线，向④轴线量出尺寸，量准确后在④轴立墙上标出轴线位置。以后每层均以此④轴立线为放线的主轴线。

同样，在山墙上选取纵墙中一条在山墙中部的轴线，如图 5.1 中的 C 轴，在 C 轴墙根部标出立线，作为以上各层放纵墙线的主轴线。

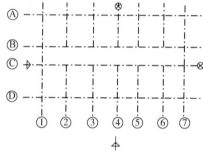

图 5.1　二层以上墙体轴线引测

（2）两条轴线选定之后，将经纬仪支架在选定的墙体轴线前，一般离开所测高度 10m 左右，用望远镜照准该轴线，在楼层操作人员的配合下，在楼板边棱上确定该墙体轴线的位置，并做好标记。依次可在楼层板确定④、C 轴的端点位置，确定互相垂直的一对主轴线。

（3）在楼层上定出了互相垂直的一对主轴线之后，其他各道墙的轴线就可以根据图纸的尺寸，以主轴线为基准线，利用钢尺及小线在楼层上进行放线。

如果没有经纬仪，可采用垂球法。

7. 各层标高的控制

基础砌完之后，除要把主墙体的轴线，由龙门桩或龙门板上引到基础墙上外，还要在基础墙上抄出一条-0.100m 或-0.150m 标高的水平线。楼层各层标高除立皮数杆控制外，亦可用在室内弹出的水平线控制。

当砖墙砌起一步架高后，应随即用水准仪在墙内进行抄平，并弹出离室内地面高 500mm 的线，在首层即为 0.5m 标高线（现场称 50 线），在以上各层即为该层标高加 0.5m 的标高线。这道水平线是控制层高及放置门、窗过梁高度的依据，也是室内装饰施工时做地面标高、墙裙、踢脚线、窗台及其他有关装饰标高的依据。

当二层墙砌到一步架高后，随即用钢尺在楼梯间处，把底层的 0.5m 标高线引入到上层，就得到二层 0.5m 标高线。如层高为 3.3m，那么从底层 0.5m 标高线往上量 3.3m 划一铅笔痕，随后用水准仪及标尺从这点抄平，把楼层的全部 0.5m 标高线弹出。

三、砌块砌体施工

用砌块代替普通黏土作为墙体材料是墙体改革的重要途径。目前工程中多采用中小型砌块。中型砌块施工，是采用各种吊装机械及夹具将砌块安装在设计位置，一般要按建筑物的平面尺寸及预先设计的砌块排列图逐块按次序吊装、就位、固定。小型砌块施工，与传统的砖砌体砌筑工艺相似，也是手工砌筑，但在形状、构造上有一定的差异。

（一）砌块安装前的准备工作

1. 编制砌块排列图

砌块砌筑前，应根据施工图纸的平面、立面尺寸，并结合砌块的规格，先绘制砌块排列图。绘制砌块排列图时在立面图上按比例绘出纵横墙，标出楼板、大梁、过梁、楼梯、孔洞等位置，在纵横墙上绘出水平灰缝线，然后以主规格为主、其他型号为辅，按墙体错缝搭砌的原则和竖缝大小进行排列。在墙体上大量使用的主要规格砌块，称为主规格砌块；与它相搭配使用的砌块，称为副规格砌块。小型砌块施工时，也可不绘制砌块排列图，但必须根据砌块的尺寸和灰缝厚度计算皮数和排数，以保证砌体尺寸符合设计要求。

若设计无具体规定，砌块应按下列原则排列：

（1）尽量多用主规格的砌块或整块砌块，减少非主规格砌块的规格与数量。

（2）砌筑应符合错缝搭接的原则，搭接长度不得小于砌块高的1/3，且不应小于150mm。

当搭接长度不足时，应在水平灰缝内设置2φ4的钢筋网片予以加强，网片两端离该垂直缝的距离不得小于300mm。

（3）外墙转角处及纵横交接处，应用砌块相互搭接，如不能相互搭接，则每两皮应设置一道拉结钢筋网片。

（4）水平灰缝一般为10～20mm，有配筋的水平灰缝为20～25mm。竖缝宽度为15～20mm，当竖缝宽度大于40mm时应用与砌块同强度的细石混凝土填实，当竖缝宽度大于100mm时，应用黏土砖镶砌。

（5）当楼层高度不是砌块（包括水平灰缝）的整数倍时，用黏土砖镶砌。

（6）对于空心砌块，上下皮砌块的壁、肋、孔均应垂直对齐，以提高砌体的承载能力。

2. 砌块的堆放

砌块的堆放位置应在施工总平面图上周密安排，应尽量减少二次搬运，使场内运输路线最短，以便于砌筑时起吊。堆放场地应平整夯实，使砌块堆放平稳，并做好排水工作；砌块不宜直接堆放在地面上，应堆在草袋、煤渣垫层或其他垫层上，以免砌块底面玷污。砌块的规格、数量必须配套，不同类型分别堆放。

3. 砌块的吊装方案

砌块墙的施工特点是砌块数量多，吊次也相应地多，但砌块的自重不是很大。砌块安装方案与所选用的机械设备有关，通常采用的吊装方案有两种：一是以塔式起重机进行砌块、砂浆的运输，以及楼板等构件的吊装，由台灵架吊装砌块。如工程量大，组织两栋房屋对翻流水等可采用这种方案；二是以井架进行材料的垂直运输，杠杆车进行楼板吊装，所有预制构件及材料的水平运输则用砌块车和劳动车，台灵架负责砌块的吊装。

除应准备好砌块垂直、水平运输和吊装的机械外，还要准备安装砌块的专用夹具和有关工具。

（二）砌块施工工艺

砌块施工时需弹墙身线和立皮数杆，并按事先划分的施工段和砌块排列图逐皮安装。

其安装顺序是先外后内、先远后近、先下后上。砌块砌筑时应从转角处或定位砌块处开始，并校正其垂直度，然后按砌块排列图内外墙同时砌筑并且错缝搭砌。

每个楼层砌筑完成后应复核标高，如有偏差则应找平校正。铺灰和灌浆完成后，吊装上一皮砌块时，不允许碰撞或撬动已安装好的砌块。如相邻砌体不能同时砌筑时，应留阶梯形斜槎，不允许留直槎。

砌块施工的主要工序：铺灰、吊砌块就位、校正、灌缝和镶砖等。

（1）铺灰。采用稠度良好(50~70mm)的水泥砂浆，铺3~5m长的水平缝。夏季及寒冷季节应适当缩短，铺灰应均匀平整。

（2）砌块安装就位。采用摩擦式夹具，按砌块排列图将所需砌块吊装就位。砌块就位应对准位置徐徐下落，使夹具中心尽可能与墙中心线在同一垂直面上，砌块光面在同一侧，垂直落于砂浆层上，待砌块安放稳妥后，才可松开夹具。

（3）校正。用线锤和托线板检查垂直度，用拉准线的方法检查水平度。用撬棍、楔块调整偏差。

（4）灌缝。采用砂浆灌竖缝，两侧用夹板夹住砌块，超过30mm宽的竖缝采用不低于C20的细石混凝土灌缝，收水后进行嵌缝，即原浆勾缝。以后，一般不应再撬动砌块，以防破坏砂浆的黏结力。

（5）镶砖。当砌块间出现较大竖缝或过梁找平时，应镶砖。采用MU10级以上的红砖，最后一皮用丁砖镶砌。镶砖工作必须在砌砖校正后即刻进行，镶砖时应注意使砖的竖缝灌密实。

（三）混凝土小砌块砌体施工

混凝土小砌块包括普通混凝土小型空心砌块和轻骨料混凝土小型空心砌块。

施工时所用的小砌块的产品龄期不应小于28天。普通混凝土小砌块饱和吸水率低、吸水速度迟缓，一般可不浇水，天气炎热时，可适当洒水湿润。轻骨料混凝土小砌块的吸水率较大，宜提前浇水湿润。底层室内地面以下或防潮层以下的砌体，应采用强度等级不低于C20的混凝土灌实小砌块的孔洞。

小砌块墙体应对孔错缝搭砌，搭接长度不应小于90mm。墙体的个别部位不能满足上述要求时，应在灰缝中设置拉结钢筋或钢筋网片，但竖向通缝仍不得超过两皮小砌块。

浇灌芯柱的混凝土，宜选用专用的小砌块灌孔混凝土，当采用普通混凝土时，其坍落度不应小于90mm。砌筑砂浆强度大于1MPa时，方可浇灌芯柱混凝土。浇灌时清除孔洞内的砂浆等杂物，并用水冲洗；先注入适量与芯柱混凝土相同的去石水泥砂浆，再浇灌混凝土。

小砌块墙体转角处和纵横交接处应同时砌筑。临时间断处应砌成斜槎，斜槎水平投影长度不应小于高度的2/3。

小砌块砌体的灰缝应横平竖直，水平灰缝厚度和竖向灰缝宽度宜为10mm，但不应大于12mm，也不应小于8mm。砌体水平灰缝的砂浆饱满度，应按净面积计算不得低于90%；竖向灰缝饱满度不得小于80%，竖缝凹槽部位应用砌筑砂浆填实；不得出现瞎缝、透明缝。

（四）蒸压加气混凝土砌块砌体施工

加气混凝土砌块可砌成单层墙或双层墙体。单层墙是将加气混凝土砌块立砌，墙厚为砌块的宽度。双层墙是将加气混凝土砌块立砌两层，中间夹以空气层，两层砌块间，每隔500mm 墙高在水平灰缝中放置 $\phi4 \sim \phi6$ 的钢筋扒钉，扒钉间距为 600mm，空气层厚度约 70~80mm。

承重加气混凝土砌块墙的外墙转角处、墙体交接处，均应沿墙高 1m 左右，在水平灰缝中放置拉结钢筋，拉结钢筋为 p6，钢筋伸入墙内不少于 1000mm。

加气混凝土砌块砌筑前，应根据建筑物的平面、立面图绘制砌块排列图。在墙体转角处设置皮数杆，皮数杆上画出砌块皮数及砌块高度，并拉准线砌筑。

加气混凝土砌块墙的上下皮砌块的竖向灰缝应相互错开，相互错开长度宜为 300mm，并且不小于 150mm。

加气混凝土砌块墙的灰缝应横平竖直，砂浆饱满，水平灰缝砂浆饱满度不应小于 90%；竖向灰缝砂浆饱满度不应小于 80%。水平灰缝厚度宜为 15mm；竖向灰缝宽度宜为 20mm。

加气混凝土砌块墙的转角处，应使纵横墙的砌块相互搭砌，砌块隔皮露端面。加气混凝土砌块墙的 T 形交接处，应使横墙砌块隔皮露端面，并坐中于纵墙砌块。

（五）粉煤灰砌块砌体施工

粉煤灰砌块墙砌筑前，应按设计图绘制砌块排列图，并在墙体转角处设置皮数杆。粉煤灰砌块的砌筑面应适量浇水。

粉煤灰砌块的砌筑方法可采用"铺灰灌浆法"。先在墙顶上摊铺砂浆，然后将砌块按砌筑位置摆放到砂浆层上，并与前一块砌块靠拢，留出不大于 20mm 的空隙。待砌完一皮砌块后，在空隙两旁装上夹板或塞上泡沫塑料条，在砌块的灌浆槽内灌砂浆，直至灌满；等到砂浆开始硬化不流淌时，即可卸掉夹板或取出泡沫塑料条。

粉煤灰砌块上下皮的垂直灰缝应相互错开，错开长度应不小于砌块长度的 1/3。其灰缝厚度、砂浆饱满度及转角、交接处的要求同加气混凝土砌块。

粉煤灰砌块墙砌到接近上层楼板底时，因最上一皮不能灌浆，可改用烧结普通砖斜砌挤紧。

砌筑粉煤灰砌块外墙时，不得留脚手眼。每一楼层内的砌块墙应连续砌完，尽量不留接槎。如必须留槎时应留成斜槎，或在门窗洞口侧边间断。

（六）石砌体施工

1. 毛石基础施工

砌筑毛石基础所用毛石应质地坚硬、无裂纹，尺寸为 200~400mm，强度等级一般为 MU20 以上，所用水泥砂浆为 M2.5~M5 级，稠度为 50~70mm，灰缝厚度一般为 20~30mm，不宜采用混合砂浆。

基础砌筑前，应校核毛石基础放线尺寸。

砌筑毛石基础的第一皮石块应坐浆，选较大而平整的石块将大面向下，分皮卧砌，上下错缝，内外搭砌；每皮厚度约 300mm，搭接不小于 80mm，不得出现通缝。毛石基础扩大部分，如做成阶梯形，上级阶梯的石块应至少压砌下级阶梯的 1/2，每阶内至少砌两皮，扩大部分每边比墙宽出 100mm。为增加整体稳定性，应大、中、小毛石搭配使用，并按规定设置拉结石，拉结石长度应超过墙厚的 2/3。毛石砌到室内地坪以下 50mm，应设置防潮层，一般用1:2.5的水泥砂浆加适量防水剂铺设，厚度为20mm。毛石基础每天砌筑高度为1.2m。

2. 石墙施工

1）毛石墙施工

首先应在基础顶面根据设计要求抄平放线、立皮数杆、拉准线，然后进行墙体施工。砌筑第一层石块时，应大面向下，其余各层应利用自然形状相互搭接紧密，面石应选择至少具有一面平整的毛石砌筑，较大空隙用碎石填塞。墙体砌筑每层高300~400mm，中间隔1m左右应砌与墙同宽的拉结石，上下层间的拉结石位置应错开。施工时，上下层应相互错缝，内外搭接，不得采用外面侧立石块、中间填心的砌筑方法。每日砌筑高度不应超过1.2m，分段砌筑时所留踏步槎高度不超过一个步架。

2）料石墙施工

料石墙的砌筑应用铺浆法，竖缝中应填满砂浆并插捣至溢出为止。上下皮应错缝搭接，转角处或交接处应用石块相互搭砌，如确有困难时，应在每楼层范围内至少设置钢筋网或拉结筋两道。

3）石墙勾缝

石墙的勾缝形式多采用平缝或凸缝。勾缝前先将灰缝刮深20~30mm，墙面喷水湿润，并修整。勾缝宜用1:1水泥砂浆，或用青灰和白灰浆掺加麻刀勾缝。勾缝线条必须均匀一致，深浅相同。

第二节　混凝土结构工程

一、钢筋工程

（一）钢筋的分类

钢筋混凝土结构中常用的钢材有钢筋和钢丝两类。钢筋分为热轧钢筋和余热处理钢筋。热轧钢筋分为热轧带肋钢筋和热轧光圆钢筋。热轧带肋钢筋的牌号由HRB和牌号的屈服点最小值构成，分为HRB335、HRB400、HRB500三个牌号；热轧光圆钢筋的牌号为HPB300。余热处理钢筋的牌号为RRB400。钢筋按直径大小分为：钢丝（直径为3~5mm）、细钢筋（直径为6~10mm）、中粗钢筋（直径为12~20mm）和粗钢筋（直径大于20mm）。钢丝有冷拔钢丝、碳素钢丝和刻痕钢丝。直径大于12mm的粗钢筋一般轧成6~12m一根；钢丝及直径为6~10mm的细钢筋一般卷成圆盘。此外，根据结构的要求还可采用其他钢筋，如冷轧带肋钢筋、冷轧扭钢筋、热处理钢筋及精轧螺纹钢筋等。

（二）钢筋的机械连接

钢筋的机械连接是指通过连接件的机械咬合作用或钢筋端面的承压作用，将一根钢筋中的力传递至另一根钢筋的连接方法；其优点有施工简便、工艺性能良好、接头质量可靠、不受钢筋焊接性的制约、可全天施工、节约钢材和能源等。常用的机械连接有套筒挤压连接、锥螺纹套筒连接等。

1. 钢筋套筒挤压连接

钢筋套筒挤压连接是将需要连接的带肋钢筋插于特制的钢套筒内,利用挤压机压缩套筒,使之产生塑性变形,靠变形后的钢套筒与带肋钢筋之间的紧密咬合来实现钢筋的连接。它适用于直径为 16~40mm 的热轧 HRB335 级、HRB400 级带肋钢筋的连接。钢筋套筒挤压连接有钢筋套筒径向挤压连接和钢筋套筒轴向挤压连接两种形式。

(1)钢筋套筒径向挤压连接:采用挤压机沿径向(即与套筒轴线垂直方向)将钢套筒挤压产生塑性变形,使之紧密地咬住带肋钢筋的横肋,实现两根钢筋的连接。当不同直径的带肋钢筋采用挤压接头连接时,若套筒两端外径和壁厚相同时,被连接钢筋的直径相差不应大于 5mm。挤压连接工艺流程:钢筋套筒检验→钢筋断料,刻画钢筋套入长度定出标记→套筒套入钢筋→安装挤压机→开动液压泵,逐渐加压套筒至接头成型→卸下挤压机→接头外形检查。

(2)钢筋套筒轴向挤压连接:采用挤压机和压模对钢套筒及插入的两根对接钢筋,沿其轴向方向进行挤压,使套筒咬合到带肋钢筋的肋间,从而使两者结合成一体。

2. 钢筋锥螺纹套筒连接

钢筋锥螺纹套筒连接是指利用锥形螺纹能承受较大的轴向力和水平力以及具有较好密封性能的原理,依靠机械力将钢筋连接在一起。操作时,首先用专用套丝机将钢筋的待连接端加工成锥形外螺纹;然后通过带锥形内螺纹的钢套筒将两根待接钢筋连接;最后利用力矩扳手按规定的力矩值使钢筋和连接钢套筒拧紧在一起。

这种接头施工工艺简便,能在施工现场连接直径为 16~40mm 的热轧 HRB335 级、HRB400 级同径和异径的竖向或水平钢筋,且不受钢筋是否带肋和含碳量的限制。它适用于一级、二级抗震等级设施的工业和民用建筑钢筋混凝土结构的热轧 HRB335 级、HRB400 级钢筋的连接施工,但不得用于预应力钢筋的连接。对于直接承受动荷载的结构构件,其接头还应满足抗疲劳性能等设计要求。锥螺纹连接套筒的材料宜采用 45 号优质碳素结构钢或其他经试验确认符合要求的钢材,其抗拉承载力不应小于被连接钢筋受拉承载力标准值的 1.1 倍。

1)钢筋锥螺纹的加工要求

(1)钢筋应先调直再下料。钢筋下料可用钢筋切断机或砂轮锯,但不得用气割下料。下料时,要求切口端面与钢筋轴线垂直,端头不得挠曲或出现马蹄形。

(2)加工好的钢筋锥螺纹丝头的锥度、牙形、螺距等必须与连接套的锥度、牙形、螺距一致,并应进行质量检验。内容包括锥螺纹丝头牙形检验和锥螺纹丝头锥度与小端直径检验。

(3)加工工艺:下料→套丝→用牙形规和卡规(或环规)逐个检查钢筋套丝质量→质量合格的丝头用塑料保护帽盖封,待查待用。钢筋锥螺纹的完整牙数,不得小于表 5.3 的规定值。

表 5.3　钢筋锥螺纹的完整牙数

钢筋直径/mm	16~18	20~22	25~28	23	36	40
完整牙数	5	7	8	10	11	12

（4）钢筋经检验合格后，方可在套丝机上加工锥螺纹。为确保钢筋的套丝质量，操作人员必须遵守持证上岗制度。操作前应先调整好定位尺，并按钢筋规格配置相对应的加工导向套。对于大直径钢筋，要分次加工到规定的尺寸，以保证螺纹的精度和避免损坏梳刀。

（5）钢筋套丝时，必须采用水溶性切削冷却润滑液。当气温低于 0℃ 时，应掺入 15% ~ 20% 的亚硝酸钠，不得采用机油作冷却润滑液。

2）钢筋连接

连接钢筋之前，先回收钢筋待连接端的保护帽和连接套上的密封盖，并检查钢筋的规格是否与连接套的规格相同，检查锥螺纹丝头是否完好无损以及有无杂质。连接钢筋时，应先把已拧好连接套一端的钢筋对正轴线拧到被连接的钢筋上，然后用力矩扳手按规定的力矩值把钢筋接头拧紧，不得拧超，以防止损坏接头丝扣。拧紧后的接头应画上油漆标记，以防有的钢筋接头漏拧。

拧紧时要拧到规定扭矩值，待测力扳手发出指示响声时，才确认其达到了规定的扭矩值，但不得加长扳手杆来拧紧。质量检验与施工安装使用的力矩扳手应分开使用，不得混用。

在构件受拉区段内，同一截面连接接头数量不宜超过钢筋总数的 50%；受压区不受限制。连接头的错开间距应大于 500mm，保护层不得小于 15mm，钢筋间净距应大于 50mm。

在正式安装前，要取三个试件进行基本性能试验。当有一个试件不合格时，应取双倍试件进行试验；如仍有一个不合格，则该批加工的接头为不合格，严禁在工程中使用。

连接套应有出厂合格证及质保书；每批接头的基本试验应有试验报告；连接套与钢筋应配套一致；连接套应有钢印标记。

安装完毕后，质量检测员应用自用的专用测力扳手对拧紧的力矩值加以抽检。

（三）钢筋的焊接

1）钢筋闪光对焊

闪光对焊广泛用于钢筋纵向连接及预应力钢筋与螺端杆的焊接。热轧钢筋的焊接宜优先采用闪光对焊，其次才考虑电弧焊。钢筋闪光对焊的原理是利用对焊机使两段钢筋接触，通过低电压的强电流，待钢筋被加热到一定温度变软后，进行轴向加压顶锻，形成对焊接头。

常用的钢筋闪光对焊工艺有连续闪光焊、预热闪光焊和闪光-预热-闪光焊。对 RRB400 级钢筋，有时在焊接后还进行通电热处理。通电热处理的目的是对对焊接头进行一次退火或高温回火处理，以消除热影响区产生的脆性组织，改善接头的塑性。通电热处理的方法是焊毕稍冷却后松开电极，将电极钳口调至最大距离，重新夹住钢筋，待接头冷却至暗黑色(焊后 20~30s)，进行脉冲式通电处理(频率约 2 次/s，通电 5~7s)。待钢筋表面呈橘红色并有微小氧化斑点出现时即可。焊接不同直径的钢筋时，其截面比不宜超过 1.5。焊接参数按大直径钢筋选择并减少大直径钢筋的调伸长度。焊接时应先对大直径钢筋预热，以使两者加热均匀。负温下焊接，冷却快，易产生淬硬现象，内应力也大。为此，负温下焊接应减小温度梯度和冷却速度。为使加热均匀，增大焊件受热区，可增大调伸长度的 10%~20%，变压器级数可降低一级或两级，使加热缓慢而均匀，降低烧化速度，焊后见红区应比常温时长。

钢筋闪光对焊后，除对接头进行外观检查(无裂纹和烧伤、接头弯折不大于3°、接头轴线偏移不大于钢筋直径的 0.1 倍，也不大于 2mm)外，还应按《钢筋焊接及验收规程》(JGJ 18—2012)中的规定进行抗拉试验和冷弯试验。

2)钢筋电弧焊

电弧焊利用弧焊机使焊条与焊件之间产生高温电弧，使焊条和电弧燃烧范围内的焊件熔化，待其凝固便形成焊缝或接头。电弧焊广泛用于钢筋接头、钢筋骨架焊接、装配式结构接头的焊接、钢筋与钢板的焊接及各种钢结构焊接。

钢筋电弧焊的接头形式主要包括搭接焊接头(单面焊缝或双面焊缝)、帮条焊接头(单面焊缝或双面焊缝)、坡口焊接头(平焊或立焊)、熔槽帮条焊接头(用于安装焊接 $d \geqslant 25mm$ 的钢筋)和窄间隙焊接头(置于 U 形铜模内)。

弧焊机有直流与交流之分，常用的为交流弧焊机。

焊条的种类很多，如 E4303、E5503 等，钢筋焊接根据钢材等级和焊接接头形式选择焊条。焊条表面涂有药皮，它可保证电弧稳定，使焊缝免致氧化，并产生熔渣覆盖焊缝以减缓冷却速度，对熔池脱氧和加入合金元素可保证焊缝金属的化学成分和力学性能。

焊接电流和焊条直径根据钢筋类别、直径、接头形式和焊接位置进行选择。

搭接接头的长度、帮条的长度、焊缝的长度和高度等，规范中都有明确规定。采用帮条或搭接焊时，焊缝长度不应小于帮条或搭接长度，焊缝高度 $h \geqslant 0.3d$ 并不得小于 4mm，焊缝宽度 $b \geqslant 0.7d$ 并不得小于 10mm。电弧焊一般要求焊缝表面平整，无裂纹，无较大凹陷、焊瘤，无明显咬边、气孔、夹渣等缺陷。在现场安装条件下，每一层楼以 300 个同类型接头为一批，每一批选取 3 个接头进行拉伸试验。如有一个不合格，取双倍试件复验；若再有一个不合格，则该批接头不合格。如对焊接质量有怀疑或发现异常情况，还可进行非破损方式(X 射线、γ 射线、超声波探伤等)检验。

3)钢筋电渣压力焊

钢筋电渣压力焊是将两钢筋安放成竖向对接形式，将焊接电流通过两钢筋端面间隙，利用在焊剂层下形成电弧和电渣的过程而产生的电弧热和电阻热来熔化钢筋，加压完成连接的一种焊接方法；其具有操作方便、效率高、成本低、工作条件好等特点，适用于高层建筑现浇混凝土结构施工中直径为 14~40mm 的热轧 HPB300 级、HRB335 级钢筋的竖向或斜向(倾斜度在 4∶1 范围内)连接，但不得在竖向焊接之后将其再横置于梁、板等构件中作为水平钢筋使用。

钢筋电渣压力焊具有电弧焊、电渣焊和压力焊的共同特点；其焊接过程可分为四个阶段，即引弧过程→电弧过程→电渣过程→顶压过程。其中，电弧和电渣两个过程对焊接质量有重要影响，故应根据待焊钢筋直径的大小，合理选择焊接参数。

4)钢筋点焊

钢筋骨架或钢筋网中交叉钢筋的焊接宜采用电阻点焊，其所适用的钢筋直径和种类有：直径为 6~15mm 的热轧 HPB300 级、HRB335 级钢筋，直径为 3~5mm 的冷拔低碳钢丝和直径为 4~12mm 的冷轧带肋钢筋。所用的点焊机有单点点焊机(用以焊接较粗的钢筋)、多头点焊机(用以焊接钢筋网)和悬挂式点焊机(可焊接平面尺寸大的骨架或钢筋网)。现场还可采用手提式点焊机。

点焊时，将已除锈污的钢筋交叉点放入点焊机的两电极间，使钢筋通电发热至一定温度后，加压使焊点金属焊牢。焊点应有一定的压入深度，对于热轧钢筋，压入深度为较小钢筋直径的 30%~45%；点焊冷拔低碳钢丝时，压入深度为较小钢丝直径的 30%~35%。

5）钢筋气压焊

钢筋气压焊是采用一定比例的氧气和乙炔焰作为热源，对需要连接的两钢筋端部接缝处进行加热，使其达到热塑状态，同时对钢筋施加 30~40MPa 的轴向压强，使钢筋顶焊在一起。该焊接方法使钢筋在还原气体的保护下，发生塑性流变后相互紧密接触，促使端面金属晶体相互扩散渗透，再结晶，再排列，形成牢固的焊接接头。这种方法设备投资少、施工安全、节约钢材和电能，不仅适用于竖向钢筋的连接，而且还适用于各种方向布置的钢筋连接。适用范围：直径为 14~40mm 的 HPB300 级、HRB335 级和 HRB400 级钢筋（25MnSi 除外）。当不同直径的钢筋焊接时，两钢筋直径差不得大于 7mm。

（四）钢筋的加工与安装

1. 钢筋加工

（1）钢筋除锈。钢筋的表面应洁净，油渍、浮皮铁锈等应在使用前清除干净。钢筋的除锈一般可通过以下两个途径：一是在钢筋冷拉或调直过程中除锈，二是用机械方法除锈。

对钢筋的局部除锈可采用手工方法。在除锈过程中如发现钢筋表面的氧化铁浮皮鳞落现象严重并已损伤钢筋截面，或在除锈后钢筋表面有严重的麻坑、斑点伤蚀截面时，应降级使用或剔除不用。

（2）钢筋调直。钢筋宜采用无延伸功能的机械设备进行调直，也可采用冷拉方法调直。当采用冷拉方法调直时，HPB300 级光圆钢筋的冷拉率不宜大于 4%；HRB335、HRB400、HRB500、HRBF335、HRBF400、HRBF500 及 RRB400 级有带肋钢筋的冷拉率不宜大于 1%。钢筋调直后应进行力学性能和质量偏差的检验，其强度应符合有关标准的规定。

（3）钢筋切断。钢筋下料时必须按下料长度切断。钢筋切断可采用钢筋切断机或手动切断器，后者一般只用于切断直径小于 12mm 的钢筋，前者可切断直径小于 40mm 的钢筋。大于 40mm 的钢筋常用氧乙炔焰或电弧割切。钢筋切断机有电动和液压两种，其切断刀片以圆弧形刀刃为好，它能确保钢筋断面垂直于轴线，无马蹄形或翘曲，便于钢筋进行机械连接或焊接。钢筋的长度应力求准确，其允许偏差在 10mm 以内。在切断过程中，如发现钢筋有劈裂、缩头或严重的弯头等现象必须切除，如发现钢筋的硬度与该钢种有较大的出入，应及时向有关人员反映，并查明情况。

（4）钢筋弯曲成型。钢筋下料后，应按弯曲设备特点、钢筋直径及弯曲角度画线，以使钢筋弯曲成设计所要求的尺寸。如弯曲钢筋两边对称，画线工作宜从钢筋中线开始向两边进行；当弯曲形状比较复杂时，可先放出实样，再进行弯曲。钢筋弯曲宜采用弯曲机和弯箍机。弯曲机可弯直径为 40mm 以下的钢筋，对于直径小于 25mm 的钢筋，当无弯曲机时，可采用扳钩弯曲。钢筋弯曲成型后，形状、尺寸必须符合设计要求，平面上应没有翘曲不平现象；钢筋弯曲点处不得有裂缝。

2. 钢筋安装

钢筋经配料、加工后方可进行安装。钢筋应在车间预制好后直接运到现场安装，但对于多数现浇结构，因条件不具备，不得不在现场直接成型安装。钢筋安装前，应先熟悉施工图，认真核对配料单，研究与相关工种的配合，确定施工方法。安装时，必须检查受力钢筋的品种、级别、规格和数量是否符合设计要求。钢筋安装完毕后，还应就下列内容进行检查并做好隐蔽工程记录，以便查证。

（1）根据设计图检查钢筋的牌号、直径、根数、间距是否正确，特别要注意检查负筋的位置。

（2）检查钢筋接头的位置及搭接长度是否符合规定。

（3）检查混凝土保护层是否符合要求。

（4）检查钢筋绑扎是否牢固，有无松动变形现象。

（5）钢筋表面不允许有油渍、漆污和片状老锈现象。

二、模板工程

（一）模板分类

（1）按材料分为木模板、钢模板、胶合板模板、钢木模板、塑料模板、钢竹模板、铝合金模板等。

（2）按结构类型分为基础模板、柱模板、楼板模板、墙模板、壳模板和烟囱模板等。

（3）按模板的形式及施工工艺分为整体式模板、定型模板、工具式模板、滑升模板、胎模等。

（4）按施工方法分为现场装拆式模板、固定式模板和移动式模板。

（5）按模板的功能分为普通成型模板，清水混凝土成型模板，有装饰的混凝土成型模板，不拆除的作为结构组成部分的永久性模板和带内、外保温层的模板等。

（二）模板组成

现浇混凝土结构工程施工用的模板系统，主要由面板、支架和连接件三部分组成。

（1）面板为构成模板并与混凝土面接触的板材。当面板为木、竹胶合板或其他达不到耐水、耐磨、平整要求的材料时，其表面一般都需要做耐磨漆、涂料涂层或做贴面处理，以满足表面平整光滑、易于脱模和提高周转次数的要求。接触混凝土的模板表面应平整，并应具有良好的耐磨性和硬度；清水混凝土模板的面板材料应能保证脱模后所需的饰面效果。脱模剂应能有效减小混凝土与模板间的吸附力，并应有一定的成膜强度，且不影响脱模后混凝土表面的后期装饰。

（2）支架是支撑面板、混凝土和施工荷载的临时结构，保证建筑模板结构牢固地组合，做到不变形、不破坏。

（3）连接件是将面板与支撑结构连接成整体的配件。

（三）模板构造要求与安装工艺

1. 模板安装要求

（1）模板安装应按配模图和施工说明书的顺序组装，以保证模板系统的整体稳定。按配模图组装的模板，为防止模板块串角，连接件应交叉对称由外向内安装。经检查合格后的预组装模板，应按安装顺序堆放，堆放层数不宜超过6层，各层间用木方支垫，上下对齐。模板位置应准确，接缝应严密、平整。预埋件、预留孔洞及水电管线、门窗洞口的位置，必须留置准确，安设牢固。

（2）支柱立杆和斜撑下的支撑面应平整垫实，并有足够的承压面。

（3）柱模板的底面应找平，下端应设置定位基准，靠紧垫平。向上继续安装模板时，模板应有可靠的支撑点，其平直度应进行校正。墙模的对拉螺栓孔应平直。相邻两柱的模板安装、校正完毕后，应及时架设柱间支撑。

（4）梁、柱分别浇筑混凝土时，应在柱模拆除后，方可支设梁模板。梁底模要按规定起拱。梁、柱接头处的模板，应尽量采用梁、柱接头专用模板。

（5）板模板的安装，应由四周向中心铺板。支柱在高度方向所设的水平撑与剪刀撑，应按构造与整体稳定性要求布置。对于不够模数的缝隙，可用木模补缝。

（6）模板安装完毕后应对模板工程进行验收，模板安装的极限偏差及预埋件和预留孔洞的极限偏差应符合规范要求。

2. 木模板

木模板的主要优点是制作拼装随意，适用于浇筑外形复杂、数量不多的混凝土结构或构件，但木模板耗用木材资源多，重复使用率低，多用于补缝或特殊构件。目前常用钢木（竹）模板和胶合板等作为模板材料。

钢木模板是以角钢为边框，以木板作面板的定型模板，用连接构件拼装成各种形状和尺寸，适用于多种结构形式，在现浇钢筋混凝土结构施工中广泛应用。

钢竹模板是以角钢为边框，以竹编胶合为面板的定型模板，这种模板刚度较大、不易变形、自重小、操作方便。

胶合板模板是以胶合板为面板，角钢为边框的定型模板。以胶合板为面板，克服了木材的不等方向性的缺点，受力性能好。这种模板具有强度高、自重小、不翘曲、不开裂及板幅大、接缝少的优点。

木模板及其支架系统一般在加工厂或现场木工棚制成元件，然后在现场拼装。拼板的板条厚度一般为 25~50mm，宽度不宜超过 200mm，以免受潮翘曲。拼条的间距取决于板条面受荷大小以及板条厚度，一般为 400~500mm。

工程施工用的木模板，其构造及支撑方法如下：

1）基础模板

现浇结构木模板多用于独立基础和条形基础的混凝土浇筑施工。独立基础木模施工常见的形式有阶梯形基础模板和杯形基础模板两种；条形基础模板由侧板、斜撑、平撑组成，侧板可用长条木板加钉竖向木挡拼制，也可用短条木板加横向木挡拼成。斜撑和平撑钉在垫木与木挡之间。

（1）阶梯形独立基础：阶梯形独立基础模板由四块侧板拼钉而成，其中两块侧板的尺寸与相应的台阶侧面尺寸相等；另两块侧板长度应比相应的台阶侧面长度长 150~200mm，高度与其相等。四块侧板用木挡拼成方框，上层台阶模板的其中两块侧板的最下一块拼板加长，以便搁置在下层台阶模板上，下层台阶模板的四周要设斜撑及平撑进行支撑，斜撑和平撑一端钉在侧板的木挡上；另一端顶紧在木桩上。

模板安装时，先在侧板内侧画出中线，在基坑底弹出基础中线。把各层台阶侧板拼成方框。然后把下层台阶模板放在基坑底，模板中线与基坑中线互相对准，并用水平尺校正其标高，在模板周围钉上木桩。木桩与侧板之间用斜撑和平撑支撑。上层台阶模板放在下层台阶模板上的安装方法相同。

（2）条形基础：条形基础模板一般由侧板、斜撑、平撑组成。侧板可用长条木板加钉在竖向木档拼制，也可用短条木板加横向木档拼成。斜撑和平撑钉在木桩（或垫木）与木档之间。

模板安装时，先在基槽底弹出基础边线，在侧板对准边线垂直竖立，用水平尺校正侧板顶面水平并用斜撑和平撑钉牢，立基础两端侧板校正并拉通线再依照通线立中间的侧板。侧板高度大于基础台阶高度时，可在侧板内侧按台阶高度弹准线，并每隔 2m 在准线上钉圆钉，作为浇筑混凝土的标识；为防止浇筑时模板变形，每隔一定距离在侧板上口钉上搭头木。

2）柱模板

柱模板由内拼板夹在两块外拼板之内组成，也可用短横板代替外拼板钉在内拼板上。柱子的特点是断面尺寸不大而比较高；柱模板由两块相对的内拼板、两块相对的外拼板和柱箍组成；柱箍的间距取决于侧压力的大小及拼板的厚度，由于侧压力下大上小，因而柱模板下部的柱箍较密；拼板上端应根据实际情况开有与梁模板连接的缺口，底部开有清理孔，沿高度每隔 2m 开有浇筑孔。为了节约木材，还可将两块外拼板全部用短横板，其中一个面上的短板有些可以先不钉死，灌筑混凝土时，临时拆开作为浇筑孔，浇灌振捣后钉死。当设置柱箍时，短横板外面要设竖向拼条，以便箍紧。

柱模板安装：安装柱模板前，应先绑扎好钢筋，测出标高标在钢筋上，同时在已灌筑的地面、基础顶面或楼面上固定好柱模板底部的木框，在预制的拼板上弹出中心线，根据柱边线及木框立模板并用临时斜撑固定，然后顶部用垂球校正，使其垂直。检查无误，即用斜撑钉牢固定。同在一条直线上的柱，应先校正两头的柱模板，再在柱模板上口中心线拉一铁丝来校正中间的柱模板。柱模板之间，还要用水平撑及剪刀撑相互牵搭住。

柱模板安装时，应注意以下事项：保证柱模的长度符合模数；柱模板根部要用水泥砂浆堵严，防止跑浆；梁、柱模板分两次支设时，在柱子混凝土达到拆模强度时，最上一段柱模板先保留不拆，以便于与梁模板连接；柱模设置的拉杆每边两根，与地面呈 45°，并与预埋在楼板内的钢筋环拉结。

3）梁模板

梁模板主要由底模、侧模、夹木及支架系统组成。底模用长条模板加拼条拼成，或用整块板条。为承受垂直荷载，在梁底模板下每隔一定间距（800～1200mm）用顶撑（琵琶撑）顶住，顶撑可用圆木、方木或钢管制成，在顶撑底要加铺垫块。

梁模板安装：沿梁模板下方地面上铺垫板，在柱模板缺口处钉衬口档，把底板搁置在衬口档上；立起靠近柱或墙的顶撑，再将梁长度等分，立中间部分顶撑，顶撑底下打入木楔，并检查调整标高；把侧模板放上，两头钉于衬口档上，在侧板底外侧铺钉夹木，再钉上斜撑和水平拉条。

梁模板安装时，应注意以下事项：

（1）梁模板支柱的设置，应经模板设计计算决定，一般情况下采用双支柱时，间距以

60~100cm 为宜。

（2）模板支柱纵、横方向的水平拉杆、剪刀撑等，均应按设计要求布置；当设计无规定时，支柱间距一般不宜大于 2m，纵横方向的水平拉杆的上下间距不宜大于 1.5m，纵横方向的垂直剪刀撑的间距不宜大于 6m。

（3）单片预组拼和整体组拼的梁模板，必须在吊装就位拉结支撑稳固后方可脱钩。

（4）若梁的跨度等于或大于 4m，应使梁底模板中部略起拱，防止由于混凝土的重力使跨中下垂。如设计无规定时，起拱高度宜为全跨长度的 1‰~3‰。

4）楼板模板

楼板模板及其支架系统主要用于抵抗混凝土的垂直荷载和其他施工荷载，保证楼板不变形下垂。模板支撑在楞木上，楞木断面一般采用 60mm×120mm，间距不宜大于 600mm，楞木支撑在梁侧模板外的托板上，托板下安装短撑，撑在固定夹板上。如跨度大于 2m 时，楞木中间应增加一至几排支撑排架作为支架系统。

楼板模板的安装：主次梁模板安装完毕后，首先安装托板，然后安装楞木，铺定型模板。铺好后核对楼板标高、预留孔洞及预埋铁等的部位和尺寸。

3. 组合钢模板

组合钢模板是一种工具式模板，由符合一定模数的若干类型板块，通过连接件和支撑件组合成多种尺寸、结构和几何形状的模板，以适应各种类型建筑物的梁、柱、板、墙、基础和设备等施工的需要，施工时可在现场直接组装，也可用其拼装成大模板、滑模、隧道模和台模等用起重机吊运安装。

组合钢模板组装灵活，通用性强，拆装方便；每套钢模可重复使用 50~100 次；加工精度高，浇筑混凝土的质量好，成型后的混凝土尺寸准确，棱角整齐，表面光滑，可以节省装修用工。

1）钢模板

钢模板包括平面模板、阴角模板、阳角模板和连接角模。钢模板采用模数制设计，宽度模数以 50mm 进级，长度为 150mm 进级，可以适应横竖拼装成以 50mm 进级的任何尺寸的模板。平面模板用于基础、墙体、梁、板、柱等各种结构的平面部位，由面板和肋组成，面板厚 2.3mm 或 2.5mm，肋上设有 U 形卡孔和 L 形插销孔，利用 U 形卡和 L 形插销等拼装成大块板。阳角模板主要用于混凝土构件阳角。阴角模板用于混凝土构件阴角，如内墙角、水池内角及梁板交接处阴角等。角模用于平模板作垂直连接构成阳角。

2）连接配件

定型组合钢模板连接配件包括 U 形卡、L 形插销、钩头螺栓、紧固螺栓、对拉螺栓、扣件等。

U 形卡是模板的主要连接件，用于相邻模板的拼装。其安装间距一般不大于 300mm，即每隔一孔卡插一个，安装方向一顺一倒相互错开；L 形插销用于插入两块模板纵向连接处的插销孔内，以增强模板纵向接头处的刚度；钩头螺栓连接模板与支撑系统的连接件；紧固螺栓用于内、外钢楞之间的连接件；对拉螺栓又称穿墙螺栓，用于连接墙壁两侧模板，保持墙壁厚度，承受混凝土侧压力及水平荷载，使模板不致变形；扣件用于扣紧钢楞之间或钢楞与模板之间的连接件，按钢楞的不同形状，分别采用蝶形扣件和"3"形扣件。

3）支撑件

定型组合钢模板的支撑件包括钢楞、柱箍、梁卡具、圈梁卡、斜撑、支架及钢桁架等。

（1）钢楞主要用于支撑钢模板并加强其整体刚度，又称龙骨。钢楞的材料有圆钢管、矩形钢管、内卷边槽钢、轻型槽钢、轧制槽钢等，可根据设计要求和供应条件选用。

（2）柱箍又称柱卡箍、定位夹箍，用于直接支撑和夹紧各类柱模板的支撑件，可根据柱模板的外形尺寸和侧压力的大小来选用。

（3）梁卡具也称梁托架，是一种将大梁、过梁等钢模板夹紧固定的装置，并承受混凝土侧压力，其种类较多。

（4）圈梁卡用于圈梁、过梁、地基梁等方矩形梁侧模的夹紧固定，目前各地使用的形式多样。

（5）斜撑由组合钢模板拼成整片墙模或柱模，在吊装就位后，下端垫平，紧靠定位基准线，模板应用斜撑调整和固定其垂直位置。

（6）支架主要用于层高较大的梁、板等水平构件模板的垂直支撑。目前常用的有扣件式钢管脚手架和碗扣式钢管脚手架，也有采用门式支架。

（7）钢桁架用于楼板、梁等，作为水平模板的支架，可以节省模板支撑和扩大施工空间，加快施工速度。

4. 其他新型模板

1）大模板

大模板是一种大尺寸的工具式模板，常用于剪力墙、筒体、桥墩的施工。一般配以相应的起重吊装机械，通过合理的施工组织安排，以机械化施工方式在现场浇筑混凝土竖向（主要是墙、壁）结构构件。

大模板由面板、次肋、主肋、支撑桁架及稳定装置组成。面板要求平整、刚度好；板面需喷涂脱模剂以利脱模。两块相对的大模板通过对销螺栓和顶部卡具固定；大模板存放时应打开支撑架，将板面后倾一定角度，防止倾倒伤人。

2）滑升模板

滑升模板（简称滑模）施工，是一种现浇混凝土工程连续成型的施工工艺。其施工方法是按照施工对象的平面形状，在地面上预先将滑模装置安装就位，随着在模板内不断地绑扎钢筋和分层浇筑混凝土，利用液压提升设备将滑模装置滑离地面并使其不断地向上滑升，直至需要的高度为止。

滑模的连续上升能加快施工速度、缩短工期、节省劳力，从而可以取得较好的效果。但由于滑模在混凝土强度还较低的情况下脱模的，故有可能使混凝土表面出现变形或环向勾缝，有时会因水平力的作用使滑模产生旋转。

（1）滑升模板构造。目前使用较多的是液压滑升模板和人工提升滑动模板。滑模的装置主要包括模板系统、操作平台系统和液压提升系统三部分。其中，模板系统由模板、围圈、提升架三部分组成。操作平台系统由操作平台和内、外吊脚手架组成。液压提升系统由支承杆、千斤顶、提升操纵装置组成。

（2）滑升模板组装。滑模组装前的准备工作：滑模的组装工作，应在起滑线以下的基础或结构的混凝土达到一定强度后方可进行；基础土方应回填平整；按照图纸，在基底上弹出结构各部位的轴线、边线、门窗等尺寸线，并标出提升架、支撑杆、平台桁架等装置的位置线和标高；在结构基底及其附近，设置一定数量的、可靠的、观测垂直偏差的控制桩和标高控制点；对滑模装置的各个部件，必须按有关制作标准检查其质量，进行除锈和刷漆等处理，核对好规格和数量并依次编号，然后妥善存放以备使用。

在一般情况下，滑升模板的组装顺序：千斤顶架→围圈→绑扎结构钢筋→桁架、木檩→内模板→外挑三脚架→外模板→平台铺板及栏杆→千斤顶→支撑杆→标尺或水位计→液压操作台→液压管路→内外吊架。

（3）滑升模板施工。滑模施工分为初滑、正常滑升、停滑和空滑四个阶段。

① 初滑：开始滑升的时间由试验决定。既要防止过早滑升造成混凝土垮塌，又要防止过晚滑升摩阻力过大，使滑升工作变得困难。

② 正常滑升：滑升时混凝土应均匀对称入模。混凝土入模的快慢与季节、滑模提升能力等因素有关。浇筑一层混凝土后提升一次模板，既可以加快施工进度，又能使新旧混凝土结合完整，保证新旧接缝平顺。在正常的气温下，一般时间间隔不小于 1h。

③ 停滑：混凝土浇至要求高程后，即可停止滑升。

④ 空滑：按照依次滑升并浇筑混凝土时，当滑模滑升至横隔板处，需将滑模向上空滑 1m，便于安装下节段外侧模板，绑扎横隔板钢筋，浇筑横隔板混凝土。

3）爬升模板

爬升模板是综合大模板与滑动模板工艺和特点的一种模板工艺，具有大模板和滑升模板共同的优点。它与滑升模板一样，在结构施工阶段依附在建筑竖向结构上，随着结构施工而逐层上升，这样模板可以不占用施工场地，也不用其他垂直运输设备。另外，它装有操作脚手架，施工时有可靠的安全围护，故可不需搭设外脚手架，特别适用于在较狭小的场地上建造多层或高层建筑。爬升模板有手动爬模、电动爬模、液压爬模、吊爬模等。

（四）隧道模

隧道模是用于同时整体浇筑竖向和水平结构的大型工具式模板，用于建筑物墙与楼板的同步施工，它能将各开间沿水平方向逐段整体浇筑，故施工的结构整体性好、抗震性能好、施工速度快，但模板的一次性投资大，模板起吊和转运需较大的起重机。

隧道模有全隧道模（整体式隧道模）和双拼式隧道模两种。前者自重大，推移时多需铺设轨道，目前逐渐少用。后者由两个半隧道模对拼而成，两个半隧道模的宽度可以不同，再增加一块插板，即可以组合成各种开间需要的宽度。

（五）模板拆除

（1）混凝土成型并养护一段时间，强度达到一定要求时，即可拆除模板。模板的拆除日期取决于混凝土硬化的快慢、模板的用途、结构的性质及环境温度。及时拆模可以提高模板周转率、加快工程进度；过早拆模，混凝土会变形、断裂，甚至造成重大质量事故。

（2）浇结构的模板及支架的拆除，如设计无规定时，应符合下列规定：

① 模板的拆除，除承重侧模外，应在混凝土强度能保证其表面及棱角不因拆模板而受损坏时方可拆除。

② 对后张法预应力混凝土结构构件，侧模宜在预应力张拉前拆除。

③ 模板拆除顺序的方法，应按照配板设计的规定进行，遵循先支后拆、后支先拆、先非承重部位和后承重部位以及自上而下的原则。

④ 多层楼板模板支架的拆除，上层楼板正在浇筑混凝土时，下一层楼板的模板支架不得拆除，再下一层楼板模板的支架仅可拆除一部分；跨度≥4m 的梁均应保留支架，其间距不得大于 3m。

⑤ 拆模时，不应对楼层形成冲击荷载，严禁用大锤和撬棍硬砸硬撬。

⑥ 拆除的模板等配件，严禁抛扔，要有人接应传递，按指定地点堆放。并做到及时清理、维修和涂刷好隔离剂，以备待用。

⑦ 底模板及支架拆除时的混凝土强度应符合设计要求.

三、混凝土工程

(一) 混凝土配制强度的确定

结构工程中所用的混凝土是以胶凝材料、粗细集料、水，按照一定配合比拌和而成的混合材料。另外，根据需要，还要向混凝土中掺加外加剂和外掺合料以改善混凝土的某些性能。因此，混凝土的原材料除胶凝材料、粗细集料和水外，还有外加剂、外掺合料(常用的有粉煤灰、硅粉、磨细矿渣等)。

在配制混凝土时，除应保证结构设计对混凝土强度等级的要求外，还应保证施工对混凝土和易性的要求，并应遵循合理使用材料、节约胶凝材料的原则，必要时还应满足抗冻性、抗渗性等的要求。

为了使混凝土的强度保证率达到 95% 的要求，在进行配合比设计时，必须使混凝土的配制强度 $f_{cu,0}$ 高于设计强度 $f_{cu,k}$。《普通混凝土配合比设计规程》(JGJ 55—2011)要求，混凝土配制强度 $f_{cu,0}$ 按下列规定确定：

(1) 当混凝土的设计强度等级小于 C60 时，配制强度应按式(5.1)计算：

$$f_{cu,0} \geqslant f_{cu,k} + 1.645\sigma \tag{5.1}$$

式中：$f_{cu,0}$ 为混凝土配制强度，MPa；$f_{cu,k}$ 为混凝土设计强度等级值，MPa；σ 为混凝土强度标准差，MPa。

混凝土强度标准差 σ 的确定方法如下：

当具有近 1~3 个月的同一品种、同一强度等级混凝土的强度资料时，σ 应按式(5.2)计算：

$$\sigma = \sqrt{\frac{\sum\limits_{i=1}^{n} f_{cu,i}^2 - n m_{f_{cu}}^2}{n-1}} \tag{5.2}$$

式中：n 为试件组数(≥30)；$f_{cu,i}$ 为第 i 组试件的抗压强度，MPa；$m_{f_{cu}}$ 为 n 组试件抗压强度的算术平均值，MPa。

对于强度等级不大于 C30 的混凝土：当 σ 计算值不小于 3.0MPa 时，应按式(5.2)的计算结果取值；当 σ 计算值小于 3.0MPa 时，σ 应取 3.0MPa。对于强度等级大于 C30 且小于 C60 的混凝土：当 σ 计算值不小于 4.0MPa 时，应按式(5.2)的计算结果取值；当 σ 计算值小于 4.0MPa 时，σ 应取 4.0MPa。

当没有近期的同一品种、同一强度等级混凝土的强度资料时，σ 可按表 5.4 取值。

表 5.4　混凝土强度标准差 σ

混凝土强度等级	≤C20	C25~C45	C50~C55
σ/MPa	4.0	5.0	6.0

（2）当混凝土的设计强度等级不小于 C60 时，配制强度应按式（5.3）计算：

$$f_{cu,0} \geqslant 1.15 f_{cu,k} \tag{5.3}$$

（二）混凝土的施工配料

1. 混凝土施工配合比

混凝土施工配合比是在实验室根据混凝土的配制强度经过试配和调整而确定的，称为实验室配合比。实验室配合比所用的粗、细集料都是不含水分的，而施工现场的粗、细集料都有一定的含水量，且含水量随温度等条件不断变化。为保证混凝土的质量，施工中应按粗、细集料的实际含水量对原配合比进行调整。混凝土施工配合比是指根据施工现场集料含水的情况，对以干燥集料为基准的"设计配合比"进行修正后得出的配合比。

施工配料是确定每拌一次所需的各种原材料数量，它根据施工配合比和搅拌机的出料容量计算。

2. 材料称量

施工配合比确定以后，需对材料进行称量，称量是否准确将直接影响混凝土的强度。为严格控制混凝土的配合比，搅拌混凝土时，应根据计算出的各组成材料的一次投料量，采用质量准确投料；其质量偏差不得超过以下规定：胶凝材料、外掺混合材料为±2%；粗、细集料为±3%；水、外加剂溶液为±2%。各种衡量器应定期校验，总是保持准确。集料含水量应经常测定，雨天施工时，应增加测定次数。

（三）混凝土的搅拌

混凝土搅拌就是将水、胶凝材料和粗细集料进行均匀拌和及混合的过程。通过搅拌，使材料达到塑化、强化的作用。

1. 搅拌方法

混凝土搅拌方法有人工搅拌和机械搅拌两种。

（1）人工搅拌。人工搅拌一般采用"三干三湿"法，即先将水泥加入砂中干拌两遍，再加入石子翻拌一遍，搅拌均匀后，边缓慢加水，边反复湿三遍，以达到石子与水泥浆无分离现象为准。同等条件下，人工搅拌要比机械搅拌多消耗 10%~15% 的水泥，且拌和质量差，故只有在混凝土用量不大而又缺乏机械设备时才会采用。

（2）机械搅拌。目前普遍使用的搅拌机根据其搅拌机理，可分为自落式搅拌机和强制式搅拌机两大类。

2. 搅拌机的选择

（1）自落式搅拌机。自落式搅拌机的搅拌鼓筒是垂直放置的。随着鼓筒的转动，叶片不断将混凝土拌合物提高，然后利用物料的自重自由下落，达到均匀拌和的目的。自落式搅拌机多用于搅拌塑性混凝土和低流动性混凝土。筒体和叶片磨损较小，易于清理，但动力消耗大、效率低。搅拌时间一般为90~120s，目前逐渐被强制式搅拌机所取代。

（2）强制式搅拌机。强制式搅拌机的鼓筒是水平放置的，其本身不转动。筒内有两组叶片，搅拌时叶片绕竖轴旋转，将材料强行搅拌，直至搅拌均匀。这种搅拌机的搅拌作用强烈，适宜于搅拌各种混凝土，具有搅拌质量好、速度快、工作效率高、操作简便及安全等优点。

3. 搅拌制度的确定

为了获得均匀优质的混凝土拌合物，除合理选择搅拌机的型号外，还必须正确地确定搅拌制度，包括搅拌机的转速、搅拌时间、装料容积及投料顺序等。

（1）搅拌机转速。对于自落式搅拌机，如果转速过高，混凝土拌合料会在离心力的作用下吸附于筒壁不能自由下落；如果转速过低，既不能充分拌和，又将降低搅拌机的工作效率。

对于强制式搅拌机，虽不受重力和离心力的影响，但其转速也不能过大，否则将会加速机械的磨损，同时，也易使混凝土拌合物产生分层离析现象。所以，强制式搅拌机叶片的转速一般为30r/min。

（2）装料容积。装料容积是指搅拌一罐混凝土所需的各种原材料松散体积之和。一般来说，装料容积是搅拌机拌筒几何容积的1/3~1/2，强制式搅拌机可取上限，自落式搅拌机可取下限。若实际装料容积超过定额装料容积的一定数值，则各种原材料不易拌和均匀，势必延长搅拌时间，降低搅拌机的工作效率，而且也不易保证混凝土的质量；当然装料容积也不必过小，否则将会降低搅拌机的工作效率。

搅拌完毕的混凝土的体积称为出料容积，一般为搅拌机装料容积的0.55~0.75。目前，搅拌机上标明的容积一般为出料容积。

（3）投料顺序。在确定混凝土各种原材料的投料顺序时，应考虑如何才能保证混凝土的搅拌质量，减少机械磨损和水泥飞扬，减少混凝土的黏罐现象，降低能耗和提高劳动生产率等。

混凝土拌合物可采用人工拌和或机械搅拌两种方式。用人工拌和时的加料顺序是先将水泥加入砂中干拌两遍，再加入石子干拌一遍，然后加水湿拌至颜色均匀即可。人工拌和质量差、水泥消耗量多，故只有在工程量很小时才采用人工拌和的方式。机械搅拌时采用的投料顺序有一次投料法、二次投料法等。

① 一次投料法。一次投料法是目前施工现场广泛使用的一种方法，也就是将砂、水泥、石子等依次放入料斗后再加水一起送入搅拌筒进行搅拌。这种方法施工工艺简单、操作方便；其投料顺序是：先倒砂，再倒水泥，然后倒入石子，将水泥夹于砂石之间。这样，生料无论在料斗内或进入筒体，首先接触搅拌机内表面或搅拌叶片的是砂或石，不会引起黏结现象，而且水泥不飞扬。最后加水搅拌，就不会使水泥吸水成团，产生"夹生"现象。

因为最初开始搅拌时，筒壁要黏附一部分水泥浆，所以许多工地在拌第一盘混凝土时，往往只加规定石子质量的一半，称为"减半石混凝土"。当使用粉状掺合料时，掺合料应和水泥同时进入搅拌机，搅拌时间相应增加50%~100%；当使用外加剂时，为保证混凝土拌合物的匀质性，必须先用水稀释，与水同时间、同方向加入搅拌筒内，搅拌时间也应增加50%~100%。

② 二次投料法。二次投料法又可分为预拌水泥砂浆法和预拌水泥净浆法。预拌水泥砂浆法是指先将水泥、砂和水投入搅拌筒搅拌 1~1.5min 后，加入石子再搅拌 1~1.5min。预拌水泥净浆法是先将水和水泥投入搅拌筒搅拌 1/2 的搅拌时间，再加入砂、石子搅拌到规定时间。试验表明：由于预拌水泥砂浆或水泥净浆对水泥有一种活化作用，因此，搅拌质量明显高于一次投料法。若水泥用量不变，混凝土强度可提高 15% 左右；或在混凝土强度相同的情况下，减少水泥用量约 15%。

当采用强制式搅拌机搅拌轻集料混凝土时，若轻集料在搅拌前已经预湿，则合理的加料顺序是：先加粗、细集料和水泥搅拌 30s，再加水继续搅拌到规定的时间；若在搅拌前轻集料未经润湿，则先加粗、细集料和总用水量的 1/2 搅拌 60s 后，再加水泥和剩余水搅拌到规定的时间。

（4）搅拌时间。搅拌时间是指从全部材料投入搅拌筒中算起，到开始卸料为止所经历的时间。它与搅拌质量密切相关：搅拌时间过短，混凝土不均匀，强度及和易性将下降；搅拌时间过长，不但降低搅拌的生产效率，同时会使不坚硬的粗集料在大容量搅拌机中因脱角、破碎等而影响混凝土的质量。对于加气混凝土，也会因搅拌时间过长而使所含气泡减少。

（四）混凝土的浇筑

1. 混凝土浇筑前的准备工作

混凝土浇筑前，应对模板、钢筋、支架和预埋件进行检查。检查模板的位置、标高、尺寸、强度和刚度是否符合要求，接缝是否严密，预埋件位置和数量是否符合图纸要求。

检查钢筋的规格、数量、位置、接头和保护层厚度是否正确；清理模板上的垃圾和钢筋上的油污，并浇水湿润木模板；最后填写隐蔽工程记录。

2. 混凝土的浇筑

混凝土浇筑前不应发生离析或初凝现象，如已发生，必须重新搅拌。混凝土运至现场后，其坍落度应满足表 5.5 的要求。

表 5.5　混凝土浇筑时的坍落度

序号	结构种类	坍落度/mm
1	基础或地面等的垫层、无配筋的厚大结构（挡土墙、基础或厚大的块体等）和配筋稀疏的结构	10~30
2	板、梁和大中型截面的柱子等	30~50
3	配筋密列的结构（薄壁、斗仓、筒仓、细柱等）	50~70
4	配筋特密的结构	70~90

注：1. 本表是指采用机械振捣的坍落度，采用人工捣实时可适当增大；

　　2. 需要配制大坍落度混凝土时，应掺入外加剂；

　　3. 曲面或斜面结构的混凝土，其坍落度值应根据实际需要另行选定；

　　4. 轻集料混凝土的坍落度，宜比表中数值减少 10~20mm；

　　5. 自密实混凝土的坍落度另行规定。

当混凝土自高处倾落时，其自由倾落高度不宜超过 2m；若混凝土自由倾落高度超过

2m，则应设溜槽、串筒或振动串筒等。

混凝土的浇筑工作，应尽可能连续进行。混凝土的浇筑应分段、分层连续进行，随浇随捣。混凝土浇筑层的厚度应符合表5.6的规定。在竖向结构中浇筑混凝土时，不得发生离析现象。

表5.6 混凝土浇筑层厚度   mm

捣实混凝土的方法		浇筑层的厚度
插入式振捣		振捣器作用部分长度的1.25倍
表面振动		200
人工捣固	在基础、无筋混凝土或配筋稀疏的结构中	250
	在梁、墙板、柱结构中	200
	在配筋密列的结构中	150
轻集料混凝土	插入式振捣	300
	表面振动（振动时需加载）	200

3. 施工缝的留设与处理

由于技术或施工组织上的原因，不能对混凝土结构一次连续浇筑完毕，而必须停歇较长的时间，其停歇时间已超过混凝土的初凝时间，致使混凝土已初凝，当继续浇混凝土时，形成了接缝，即为施工缝。

（1）施工缝的留设位置。施工缝设置的原则，一般宜留在结构受力（剪力）较小且便于施工的部位。柱子的施工缝宜留在基础与柱子交接处的水平面上，或梁的下面，或吊车梁牛腿的下面、吊车梁的上面、无梁楼盖柱帽的下面。

高度大于1m的钢筋混凝土梁的水平施工缝，应留在楼板底面以下20~30mm处，当板下有梁托时，留在梁托下部；单向平板的施工缝，可留在平行于短边的任何位置处；对于有主次梁的楼板结构，宜顺着次梁方向浇筑，施工缝应留在次梁跨度中间1/3范围内。

（2）施工缝的处理。施工缝处继续浇筑混凝土时，应待混凝土的抗压强度不小于1.2MPa方可进行。施工缝浇筑混凝土之前，应除去施工缝表面的水泥薄膜、松动石子和软弱的混凝土层，并加以充分湿润和冲洗干净，不得有积水。浇筑时，施工缝处宜先铺水泥浆（水泥：水＝1：0.4），或与混凝土成分相同的水泥砂浆一层，厚度为30~50mm，以保证接缝的质量。浇筑过程中，施工缝应细致捣实，使其紧密结合。

4. 混凝土的浇筑方法

（1）多层钢筋混凝土框架结构的浇筑。浇筑框架结构首先要划分施工层和施工段，施工层一般按结构层划分，而每一施工层中施工段的划分，则要考虑工序数量、技术要求、结构特点等。混凝土的浇筑顺序：先浇捣柱子，在柱子浇筑完毕后，停歇1~1.5h，使混凝土达到一定强度后，再浇筑梁和板。

（2）大体积钢筋混凝土结构的浇筑。大体积钢筋混凝土结构多为工业建筑中的设备基础及高层建筑中厚大的桩基承台或基础底板等；其特点是混凝土浇筑面和浇筑量大，整体性要求高，不能留施工缝，以及浇筑后水泥的水化热量大且聚集在构件内部，形成较大的内外温差，易造成混凝土表面产生收缩裂缝等。

为保证混凝土浇筑工作连续进行，不留施工缝，应在下一层混凝土初凝之前，将上一层混凝土浇筑完毕。要求混凝土按不小于式(5.4)所述的浇筑量进行浇筑：

$$Q = \frac{FH}{T} \tag{5.4}$$

式中：Q 为混凝土最小浇筑量，m^3/h；F 为混凝土浇筑区的面积，m^2；H 为浇筑层厚度，m；T 为浇筑层混凝土从开始浇筑到初凝所允许的时间间隔，h。

大体积钢筋混凝土结构的浇筑方案，一般分为全面分层、分段分层和斜面分层三种：

① 全面分层。在第一层浇筑完毕后，再回头浇筑第二层，如此逐层浇筑，直至完工为止。

② 分段分层。混凝土从底层开始浇筑，进行 2~3m 后再回头浇第二层，同样依次浇筑各层。

③ 斜面分层。要求斜坡坡度不大于 1/3，适用于结构长度大大超过厚度 3 倍的情况。

第三节　钢结构工程

一、钢结构的制作工艺

（一）放样和号料

放样是钢结构制作工艺中的第一道工序，只有放样尺寸准确，才能避免以后各道加工工序的积累误差，才能保证整个工程的质量。

1. 放样工作内容

放样的内容包括：核对图纸的安装尺寸和孔距；以 1:1 的大样放出节点；核对各部分的尺寸；制作样板和样杆作为下料、弯制、铣、刨、制孔等加工的依据。

放样时以 1:1 的比例在放样台上利用几何作图方法弹出大样。放样经检查无误后，用铁皮或塑料板制作样板，用木杆、钢皮或扁铁制作样杆。样板、样杆上应注明工号、图号、零件号、数量及加工边、坡口部位、弯折线和弯折方向、孔径和滚圆半径等。然后用样板、样杆进行号料。样板、样杆应妥善保存，直至下程结束。

2. 号料工作的内容

号料工作的内容包括：①检查核对材料；②在材料上划出切割、铣、刨、弯曲、钻孔等加工位置；③打冲孔；④标出零件编号等。

钢材如有较大弯曲等问题时应先矫正，根据配料表和样板进行套裁，尽可能节约材料。当工艺有规定时，应按规定的方向进行取料。号料应有利于切割和保证零件质量。

3. 放样号料用工具

放样号料常用工具及设备有：划针、冲子、手锤、粉线、弯尺、直尺、钢卷尺、大钢卷尺、剪子、小型剪板机、折弯机。

用作计量长度的钢盘尺，必须经授权的计量单位计量，且附有偏差卡片。使用时按偏差卡片的记录数值核对其误差数。

结构制作、安装、验收及土建施工用的量具，必须用同一标准进行鉴定，且应具有相同的精度要求。

4. 放样号料应注意的问题

（1）放样时，铣、刨的工作要考虑加工余量，焊接构件要按工艺要求放出焊接收缩量，高层钢结构的框架柱尚应预留弹性压缩量。

（2）号料时要根据切割方法留出适当的切割余量；

（3）如果图纸要求桁架起拱，放样时上、下弦应同时起拱，起拱后垂直杆的方向仍然垂直于水平线，而不与下弦杆垂直。

（4）样板、号料的允许偏差满足要求。

（二）切割

钢材下料切割方法有剪切、冲切、锯切、气割等。施工中采用哪种方法应该根据具体要求和实际条件选用。切割后钢材不得有分层，断面上不得有裂纹，应清除切口处的毛刺或溶渣和飞溅物。下面具体介绍一下气割、机械切割和等离子切割的方法。

1. 气割

氧割或气割是以氧气与燃料燃烧时产生的高温来熔化钢材，并借喷射压力将溶渣吹去，造成割缝达到切割金属的目的。但熔点高于火焰温度或难以氧化的材料，则不宜采用气割。氧与各种燃料燃烧时的火焰温度大约在 2000~3200℃。气割能切割各种厚度的钢材，设备灵活，费用经济，切割精度也高，是目前广泛使用的切割方法。气割按切割设备分类可分为：手工气割、半自动气割、仿型气割、多头气割、数控气割和光电跟踪气割。

2. 机械切割

（1）带锯机床。带锯机床适用于切断型钢及型钢构件，其效率高，切割精度高。

（2）砂轮锯。砂轮锯适用于切割薄壁型钢及小型钢管，其切口光滑，生刺较薄易清除，噪声大、粉尘多。

（3）无齿锯。无齿锯是依靠高速摩擦而使工件熔化，形成切口，适用于精度要求低的构件。其切割速度快、噪声大。

（4）剪板机、型钢冲剪机。此法适用于薄钢板、压型钢板等，其具有切割速度快、切口整齐，效率高等特点，剪刀必须锋利，剪切时调整刀片间隙。

3. 等离子切割

等离子切割适用于不锈钢、铝、铜及其合金等，在一些尖端技术上应用广泛。其具有切割温度高、冲刷力大、切割边质量好、变形小、可以切割任何高熔点金属等特点。

（三）矫正和成型

1. 矫正

在钢结构制作过程中，由于原材料变形、切割变形、焊接变形、运输变形等经常影响构件的制作及安装。矫正就是造成新的变形去抵消已经发生的变形。型钢的矫正分机械矫正、手工矫正、火焰矫正等。

型钢机械矫正在矫正机上进行，在使用时要根据矫正机的技术性能和实际使用情况进行选择。手工矫正多数用在小规格的各种型钢上，依靠锤击力进行矫正。火焰矫正是在构件局部用火焰加热，利用金属热胀冷缩的物理性能，冷却时产生很大的冷缩应力来矫正变形。

型钢矫正前首先要确定弯曲点的位置，这是矫正工作不可缺少的步骤。目测法是现在常用找弯方法，确定型钢的弯曲点时应注意型钢自重下沉产生弯曲影响的准确性。对于较长的型钢要放在水平面上，用拉线法测量。

2. 弯曲成型

型钢冷弯曲的工艺方法有滚圆机滚弯、压力机压弯，还有顶弯、拉弯等。先按型材的截面形状，材质规格及弯曲半径制作相应的胎模，经试弯符合要求方准加工。钢结构零件、部件在冷矫正和冷弯曲时，最小弯曲率半径和最大弯曲矢高应符合验收规范要求。

（1）钢板卷曲。钢板卷曲通过旋转辊轴对板料进行连接三点弯曲形成。当制件曲率半径较大时，可在常温状态下卷曲；如制件曲率半径较小或钢板较厚时，需对钢板加热后进行。钢板卷曲按其卷曲类型可分为单曲率卷制和双曲率卷制。单曲率卷制包括对圆柱面、圆锥面和任意柱面的卷制，操作简便，较常用。双曲率卷制可实现球面、双曲面的卷制，制作工艺较复杂。钢板卷曲工艺包括预弯、对中和卷曲三个过程。

（2）型材弯曲。包括型钢的弯曲和钢管的弯曲。

（3）边缘加工。在钢结构制造中，经过剪切或气割过的钢板边缘，其内部结构会发生硬化和变态。为了保证桥梁或重型吊车梁等重型构件的质量，需要对边缘进行加工，其刨切量不应小于2.0mm。此外，为了保证焊缝质量，考虑到装配的准确性，要将钢板边缘刨成或铲成坡口，往往还要将边缘刨直或铣平。

一般需要做边缘加工的部位包括：吊车梁翼缘板；支座支撑面等具有工艺性要求的加工面；设计图纸中有技术要求的焊接坡口；尺寸精度要求严格的加劲板、隔板、腹板及有孔眼的节点板等。

（四）边缘加工

钢吊车梁翼缘板的边缘、钢柱脚和肩梁承压支承面以及其他图纸要求的加工面，焊接对接口、坡口的边缘，尺寸要求严格的加劲肋、隔板、腹板和有孔眼的节点板，以及由于切割方法产生硬化等缺陷的边缘，一般需要边缘加工，采用精密切割就可代替刨铣加工。

常用的边缘加工方法有：铲边、刨边、铣边、切割等。对加工质量要求不高并且工作量不大的采用铲边，有手工铲边和机械铲边。刨边使用的是刨边机，由刨刀来切削板材的边缘。铣边比刨边机工效高、能耗少、质量优。切割有碳弧气刨，半自动与自动气割机、坡口机等方法。

（五）制孔

高强度螺栓的采用，使孔加工在钢结构制造中占有很大比重。在精度上要求也越来越高。

1. 制孔的质量

（1）精制螺栓孔。精制螺栓孔（A级、B级螺栓——I类孔）的直径应与螺栓公称直径相等，孔应具有H12的精度，孔壁表面粗糙度 $R_a \leqslant 12.5\mu m$。其孔径允许偏差应符合规定。

（2）普通螺栓孔。普通螺栓孔（C级螺栓孔——Ⅱ类孔）包括高强度螺栓（大六角头螺栓、扭剪型螺栓等）、普通螺钉、半圆头铆钉等的孔。其孔直径应比螺栓杆、钉杆的公称直径大 $1.0\sim3.0mm$，孔壁粗糙度 $R_a\leqslant25\mu m$。孔的允许偏差应符合要求。

（3）孔距。螺栓孔距的允许偏差应符合规定。如果超过偏差，应采用与母材材质相匹配的焊条补焊后重新制孔。

2. 制孔的方法

制孔通常有钻孔和冲孔两种方法。钻孔是钢结构制作中普遍采用的方法。冲孔是冲孔设备靠冲裁力产生的孔，孔壁质量差，在钢结构制作中已较少采用。

钻孔有人工钻孔和机床钻孔。前者多用于钻直径较小、料较薄的孔；后者施钻方便快捷，精度高。钻孔前先选钻头，再根据钻孔的位置和尺寸情况选择相应钻孔设备。

除了钻孔之外，还有扩孔、惚孔、铰孔等。扩孔是将已有孔眼扩大到需要的直径，惚孔是将已钻好的孔上表面加工成一定形状的孔，铰孔是将已经粗加工的孔进行精加工以提高孔的光洁度和精度。

（六）组装

组装亦称装配、组拼，是把加工好的零件按照施工图的要求拼装成单个构件。钢构件的大小应根据运输道路、现场条件、运输和安装单位的机械设备能力与结构受力的允许条件等来确定。

1. 一般要求

（1）钢构件组装应在平台上进行，平台应测平。用于装配的组装架及胎模要牢固地固定在平台上。

（2）组装工作开始前要编制组装顺序表，组拼时严格按照顺序表所规定的顺序进行组拼。

（3）组装时，要根据零件加工编号，严格检验核对其材质、外形尺寸，毛刺飞边要清除干净，对称零件要注意方向，避免错装。

（4）对于尺寸较大、形状较复杂的构件，应先分成几个部分组装成简单组件，再逐渐拼成整个构件，并注意先组装内部组件，再组装外部组件。

（5）组装好的构件或结构单元，应按图纸的规定对构件进行编号，并标注构件的质量、重心位置、定位中心线、标高基准线等。构件编号位置要在明显易查处，大构件要在三个面上都编号。

2. 焊接连接的构件组装

（1）根据图纸尺寸，在平台上画出构件的位置线，焊上组装架及胎模夹具。组装架离平台面不小于 50mm，并用卡兰、左右螺旋丝杠或梯形螺纹，作为夹紧调整零件的工具。

（2）每个构件的主要零件位置调整好并检查合格后，把全部零件组装上并进行点焊，使之定形。在零件定位前，要留出焊缝收缩量及变形量。高层建筑钢结构的柱子，两端除增加焊接收缩量的长度之外，还必须增加构件安装后荷载压缩变形量，并留好构件端头和支承点铣平的加工余量。

（3）为了减少焊接变形，应该选择合理的焊接顺序。如对称法、分段逆向焊接法、跳焊法等。在保证焊缝质量的前提下，采用适量的电流，快速施焊，以减小热影响区和温度差，减小焊接变形和焊接应力。

（七）表面处理

1. 高强度螺栓摩擦面的处理

采用高强度螺栓连接时，应对构件摩擦面进行加工处理。摩擦面处理后的抗滑移系数必须符合设计文件的要求。

摩擦面的处理方法一般有喷砂、酸洗、砂轮打磨等几种，其中喷砂处理过的摩擦面的抗滑移系数值较高，离散率较小。处理好的摩擦面严禁有飞边、毛刺、焊疤和污损等，不得涂油漆，在运输过程中防止摩擦面损伤。

构件出厂前应按批做试件检验抗滑移系数，试件的处理方法应与构件相同，检验的最小数值应符合设计要求，并附三组试件供安装时复验抗滑移系数。

2. 构件成品的防腐涂装

钢结构构件在加工验收合格后，应进行防腐涂料涂装。但构件焊缝连接处、高强度螺栓摩擦面处不能做防腐涂装，应在现场安装完后，再补刷防腐涂料。

二、钢结构连接施工工艺

（一）焊接施工

1. 焊接方法选择

焊接是钢结构使用最主要的连接方法之一。在钢结构制作和安装领域中，广泛使用的是电弧焊。在电弧焊中又以药皮焊条、手工焊条、自动埋弧焊、半自动与自动 CO_2 气体保护焊为主。在某些特殊场合，则必须使用电渣焊。焊接的类型、特点和适用范围见表5.7。

表 5.7　钢结构焊接方法选择

焊接的类型			特点	适用范围
电弧焊	手工焊	交流焊机	利用焊条与焊件之间产生的电弧热焊接，设备简单，操作灵活，可进行各种位置的焊接，是建筑工地应用最广泛的焊接方法	焊接普通钢结构
		直流焊机	焊接技术与交流焊机相同，成本比交流焊机高，但焊接时电弧稳定	焊接要求较高的钢构
	埋弧自动焊		利用埋在焊剂层下的电弧热焊接，效率高，质量好，操作技术要求低，劳动条件好，是大型构件制作中应用最广的高效焊接方法	焊接长度较大的对接、贴角焊缝，一般是有律的直焊缝
	半自动焊		与埋弧自动焊基本相同，操作灵活，但使用不够方便	焊接较短的或弯曲的对接、贴角焊缝
	CO_2 气体保护焊		用 CO_2 或惰性气体保护的实芯焊丝或药芯焊接，设备简单，操作简便，焊接效率高，质量好	用于构件长焊缝的自动焊
电渣焊			利用电流通过液态熔渣所产生的电阻热焊接，能焊大厚度焊缝	用于箱型梁及柱隔板与面板全焊透连接

2. 焊接工艺要点

（1）焊接工艺设计。确定焊接方式、焊接参数及焊条、焊丝、焊剂的规格型号等。

（2）焊条烘烤。焊条和粉芯焊丝使用前必须按质量要求进行烘焙，低氢型焊条经过烘焙后，应放在保温箱内随用随取。

（3）定位点焊。焊接结构在拼接、组装时要确定零件的准确位置，以及进行定位点焊。定位点焊的长度、厚度应由计算确定。电流要比正式焊接提高 10%~15%，定位点焊的位置应尽量避开构件的端部、边角等应力集中的地方。

（4）焊前预热。预热可降低热影响区冷却速度，防止焊接延迟裂纹的产生。预热区在焊缝两侧，每侧宽度均应大于焊件厚度的 1.5 倍以上，且不应小于 100mm。

（5）焊接顺序确定。一般从焊件的中心开始向四周扩展；先焊收缩量大的焊缝，后焊收缩小的焊缝；尽量对称施焊；焊缝相交时，先焊纵向焊缝，待冷却至常温后，再焊横向焊缝；钢板较厚时分层施焊。

（6）焊后热处理。焊后热处理主要是对焊缝进行脱氢处理，以防止冷裂纹的产生。热处理应在焊后立即进行，保温时间应根据板厚按每 25mm 板厚 1h 确定。预热及后热均可采用散发式火焰枪进行。

（二）高强度螺栓连接施工

高强度螺栓连接是目前与焊接并举的钢结构主要连接方法之一。其特点是施工方便、可拆可换、传力均匀、接头刚性好、承载能力大、疲劳强度高、螺母不易松动、结构安全可靠。高强度螺栓从外形上可分为大六角头高强度螺栓（即扭矩型高强度螺栓）和扭剪型高强度螺栓两种。高强度螺栓和与之配套的螺母、垫圈总称为高强度螺栓连接副。

1. 一般要求

（1）高强度螺栓使用前，应按有关规定对高强度螺栓的各项性能进行检验。运输过程中应轻装轻卸，防止损坏。当包装破损，螺栓有污染等异常现象时，应用煤油清洗，并按高强度螺栓验收规程进行复验，经复验扭矩系数合格后方能使用。

（2）工地储存高强度螺栓时，应放在干燥、通风、防雨、防潮的仓库内，并不得沾染脏物。

（3）安装时，应按当天需用量领取，当天没有用完的螺栓，必须装回容器内，妥善保管，不得乱扔、乱放。

（4）安装高强度螺栓时接头摩擦面上不允许有毛刺、铁屑、油污、焊接飞溅物。摩擦面应干燥，没有结露、积霜、积雪，且不得在雨天进行安装。

（5）使用定扭矩扳子紧固高强度螺栓时，每天上班前应对定扭矩扳子进行校核，合格后方能使用。

2. 安装工艺

（1）一个接头上的高强度螺栓连接，应从螺栓群中部开始安装，向四周扩展，逐个拧紧。扭矩型高强度螺栓的初拧、复拧、终拧，每完成一次应涂上相应的颜色或标记，以防漏拧。

（2）接头如既有高强度螺栓连接又有焊接连接时，宜按先栓后焊的方式施工，先终拧完高强度螺栓再焊接焊缝。

（3）高强度螺栓应自由穿入螺栓孔内，当板层发生错孔时，允许用铰刀扩孔。扩孔时，铁屑不得掉入板层间。扩孔数量不得超过一个接头螺栓的 1/3，扩孔后的孔径不应大于 1.2d（d 为螺栓直径）。严禁使用气割进行高强度螺栓孔的扩孔。

（4）一个接头多个高强度螺栓穿入方向应一致。垫圈有倒角的一侧应朝向螺栓头和螺母，螺母有圆台的一面应朝向垫圈，螺母和垫圈不应装反。

（5）高强度螺栓连接副在终拧以后，螺栓丝扣外露应为 2~3 扣，其中允许有 10% 的螺栓丝扣外露 1 扣或 4 扣。

3. 紧固方法

1）大六角头高强度螺栓连接副紧固

大六角头高强度螺栓连接副一般采用扭矩法和转角法紧固。

（1）扭矩法。使用可直接显示扭矩值的专用扳手，分初拧和终拧两次拧紧。初拧扭矩为终拧扭矩的 60%~80%，其目的是通过初拧，使接头各层钢板达到充分密贴，终拧扭矩把螺栓拧紧。

（2）转角法。根据构件紧密接触后，螺母的旋转角度与螺栓的预拉力成正比的关系确定的一种方法。操作时分初拧和终拧两次施拧。初拧可用短扳手将螺母拧至与构件靠拢，并作标记。终拧用长扳手将螺母从标记位置拧至规定的终拧位置。转动角度的大小在施工前由试验确定。

2）扭剪型高强度螺栓紧固

扭剪型高强度螺栓有一特制尾部，采用带有两个套筒的专用电动扳手紧固。紧固时用专用扳手的两个套筒分别套住螺母和螺栓尾部的梅花头，接通电源后，两个套筒按反向旋转，拧到尾部后即达相应的扭矩值。一般用定扭矩扳手初拧，用专用电动扳手终拧。

三、钢结构安装

（一）单层钢结构安装

单层钢结构安装主要有钢柱安装、吊车梁安装、钢屋架安装等。

1. 钢柱的安装

一般钢柱的弹性和刚性都很好，吊装时为了便于校正一般采用一点吊装法，常用的钢柱吊装法有旋转法、递送法和滑行法。对于重型钢柱可采用双机抬吊吊装法。

杯口柱吊装方法如下：

（1）在吊装前先将杯底清理干净。

（2）操作人员在钢柱吊至杯口上方后，各自站好位置，稳住柱脚并将其插入杯口。

（3）在柱子降至杯底时停止落钩，用撬棍撬柱子，使其中线对准杯底中线，然后缓慢将柱子落至底部。

（4）拧紧柱脚螺栓。

2. 钢吊车梁的安装

钢吊车梁安装一般采用工具式吊耳或捆绑法进行吊装。在进行安装以前应将吊车梁的分中标记引至吊车梁的端头，以利于吊装时按住牛腿的定位轴线临时定位。

3. 钢屋架的安装

1）钢屋架吊装稳定验算

钢屋架吊装时，屋架本身应具有一定刚度，同时应合理布置吊点位置或采用加固措施（主要是屋架的平面外加固），保证吊装过程中屋架不失稳。

对于上、下弦为双拼角钢的钢屋架，如其最小规格能满足表 5.8 要求时，可保证吊装过程中的稳定性要求。不满足表 5.8 要求以及其他形式的屋架，可通过内力计算获得屋架中单根杆件内力。

表 5.8　保证屋架吊装稳定性的弦杆最小规格　　　　　　　　mm

弦杆截面	屋架跨度/m						
	12	15	18	21	24	27	30
上弦杆	90×60×8	100×75×8	100×75×8	120×80×8	120×80×8	150×100×12	200×120×12
下弦杆	65×6	75×8	90×8	90×8	120×80×8	120×80×10	150×100×10

2）一般钢屋架安装

钢屋架在安装前应进行强度、稳定性等验算，不满足要求时应采取加固措施，一般可通过在屋架上、下弦杆绑扎固定加固杆件的方式予以加强。

钢屋架吊装时的注意事项如下：

（1）绑扎时必须绑扎在屋架节点上，以防止钢屋架在吊点处发生变形。绑扎节点的选择应符合钢屋架标准图要求或经计算确定。

（2）屋架吊装就位时应以屋架下弦两端的定位标记和柱顶的轴线标记严格定位并点焊加以临时固定。

（3）第一榀屋架吊装就位后，应在屋架上弦两侧对称设缆风绳固定，第二榀屋架就位后，每坡用一个屋架间调整器，进行屋架垂直度校正，再固定两端支座处并安装屋架间水平及垂直支撑。

3）预应力钢屋架安装

预应力钢屋架是一种刚柔并济的新型结构形式，由于其承载力高、结构变形小、稳定性好、对下部结构要求低和适用跨度大等优点，在钢结构工程中运用越来越多。其常用的结构形式有：张弦梁、弦支穹顶、索穹顶、拉索拱等。

预应力钢屋架安装工艺的重点在于索体的安装、张拉施工及施工过程中的检测和索力调整等，其技术要点如下：

（1）索体安装：

① 索体安装前应根据拉索构造特点、空间受力状态和施工条件等综合确定拉索安装方法（整体张拉法、分布张拉法和分散张拉法），并搭设施工胎架及索体安装平台（应确保索体各连接节点标高位置和安装、张拉操作空间的要求）。

② 索体室外存放时，应注意防潮、防雨。构件焊接、切割施工时，其施工点应与拉索保持移动距离或采取保护措施。

③ 索体安装前应在地面利用放线盘、牵引及转向等装置将索体放开，并提升就位。

④ 当风力大于三级、气温低于4℃时，不宜进行拉索安装。

⑤ 传力索夹安装需考虑拉索张拉后直径变小对索夹夹具持力的影响。索夹间螺栓一般分为初拧(拉索张拉前)、中拧(拉索张拉后)和终拧(结构承受全部恒载后)等过程。

(2) 张拉施工及检测：

① 根据设计和施工仿真计算确定优化张拉顺序和程序。张拉操作中应建立以索力控制为主或结构变形控制为主的规定，并提供每根索体规定索力和伸长值的偏差。

② 张拉预应力宜采用油压千斤顶，张拉过程中应监测索体位置变化，并对索力、结构关键节点的位置进行监控。

③ 预制拉索应进行整体张拉，由单根钢绞线组成的群锚拉索可逐根张拉。

④ 对直线索可采用一端张拉，对折线索宜采用两端张拉。多个千斤顶同时工作时，应同步加载。索体张拉后应保持顺直状态。

⑤ 索力调整、位移标高或结构变形的调整应采用整索调整方法。

⑥ 索力、位置调整后，对钢绞线拉索夹片锚具应采取放松措施，使夹片在低应力动载下不松动。

4. 平面钢桁架的安装

一般来说钢桁架的侧向稳定性较差(可参照屋架进行强度、稳定性验算)，在条件允许的情况下最好经扩大拼装后进行组合吊装，即在地面上将两榀桁架及其上的天窗架、檩条、支撑等拼装成整体，一次进行吊装，这样不但能提高工作效率，也有利于提高吊装稳定性。

桁架临时固定如需用临时螺栓和冲钉，则每个节点应穿入的数量必须经过计算确定，并应符合下列规定：

(1) 不得少于安装孔总数的1/3。

(2) 至少应穿两个临时螺栓。

(3) 冲钉穿入数量不宜多于临时螺栓的30%。

(4) 扩钻后螺栓的孔不得使用冲钉。

随着技术的进步，预应力钢架的应用越来越广泛，预应力钢桁架的安装分为以下几个步骤：

(1) 钢桁架现场拼装。

(2) 在钢桁架下弦安装张拉锚固点。

(3) 对钢桁架进行张拉。

(4) 对钢桁架进行吊装。

在预应力钢桁架安装时应注意的事项：

(1) 受施工条件限制，预应力筋不可能紧贴桁架下弦，但应尽量靠近桁架下弦。

(2) 在张拉时为防止桁架下弦失稳，应经过计算后按实际情况在桁架下弦加设固定隔板。

(3) 在吊装时应注意不得碰撞张拉筋。

5. 门式刚架安装

门式刚架的特点一般是跨度大，侧向刚度很小。安装程序必须保证结构形成稳定的空间体系，并不导致结构永久变形。应根据场地和起重设备条件最大限度地将扩大拼装工作在地面完成。

安装顺序宜先从靠近山墙的有柱间支撑的两榀刚架开始，在刚架安装完毕后应将其间的檩条、支撑、隔撑等全部装好，并检查其垂直度，然后以这两榀刚架为起点，向房屋另一端顺序安装。

除最初安装的两榀刚架外，所有其余刚架间的檩条、墙梁和檐檩的螺栓均应在校准后再行拧紧。

刚架安装宜先立柱子，然后将在地面组装好的斜梁吊起就位，并与柱连接。构件吊装应选择好吊点，大跨度构件的吊点必须经计算确定，对于侧向刚度小、腹板宽厚比大的构件，应采取防止构件扭曲和损坏的措施。构件的捆绑部位，应采取防止构件局部变形和损坏的措施。

（二）高层钢结构安装

1. 施工工艺流程

多层与高层钢结构安装工艺流程如图 5.2 所示。

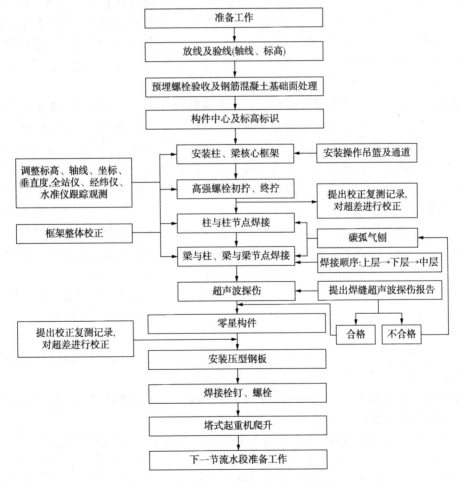

图 5.2　多层与高层钢结构安装工艺流程

2. 预埋件、钢柱及钢梁的安装工艺

1) 地脚螺栓的预埋

地脚螺栓安装精度直接关系到整个钢结构安装的精度，是钢结构安装工程的第一步。埋设整体思路：为了保证预埋螺栓的埋设精度，将每一根柱下的所有螺杆用角钢或钢模板联系制作为一个整体框架，在基础底板钢筋绑扎完、基础梁钢筋绑扎前将整个框架进行整体就位并临时定位，然后绑扎基础梁的钢筋，待基础梁钢筋绑扎完后对预埋螺栓进行第二次校正定位，交付验收，合格后浇筑混凝土。施工顺序如下：

（1）测量放线：首先根据原始轴线控制点及标高控制点对现场进行轴线和标高控制点的加密，然后根据控制线测放出的轴线再测放出每一个埋件的中心十字交叉线和至少两个标高控制点。

（2）螺栓套架的制作：螺栓定位套架的制作采用的角钢等型钢将预埋螺栓固定为一个整体。预埋螺栓的制作精度：预埋螺栓中心线的间距<2mm，预埋螺栓顶端的相对高差<2mm。

（3）预埋螺栓的埋设：在底板钢筋绑扎完成之后、地板梁钢筋绑扎之前，预埋件的埋设工作即可插入。根据测量工所测放出的轴线，将预埋螺栓整体就位，首先找准埋件上边四根固定角钢的纵横向中心线（预先量定并刻画好），并使其与测量定位的基准线吻合；然后用水准仪测出埋件四个角上螺栓顶面的标高，高度不够时在埋件下边四根固定角钢的四个角下用钢筋或者角钢抄平。

地脚螺栓预埋时，预埋螺栓埋设质量不仅要保证埋件埋设位置准确，更重要的是固定支架牢固，因此，为了防止在浇筑混凝土时埋件产生位移和变形，除了保证该埋件整体框架有一定的强度以外，还必须采取相应的加固措施：先把支架底部与底板钢筋焊牢固定，四边加设刚性支撑，一端连接整体框架，另一端固定在地基底板的钢筋上；待基础梁的钢筋绑扎完毕，再把预埋件与基础梁的钢筋焊接为一个整体，在螺栓固定前后应注意对埋件的位置及标高进行复测。

地脚螺栓在浇筑前应再次复核，确认其位置及标高准确、固定牢靠后方可进入浇筑工序；混凝土浇筑前，螺纹上要涂黄油并包上油纸，外面再装上套管，在浇筑过程中，要对其进行监控，便于出现移位时可尽快纠正。

地脚螺栓的埋设精度，直接影响到结构的安装质量，所以埋设前后必须对预埋螺栓的轴线、标高及螺栓地伸出长度进行认真的核查、验收。标高以及水平度的调整一定要精益求精，确保钢柱就位。

对已安装就位弯曲变形的地脚螺栓，严禁碰撞和损坏，钢柱安装前要将螺纹清理干净，对已损伤的螺牙要进行修复。

整个支架应在钢筋绑扎之前进行埋设，固定完后，土建再进行绑扎，绑扎钢筋时不得随意移动固定支架及地脚螺栓。

土建施工时一定要注意成品保护，避免使安装好的地脚螺栓松动、移位。

2) 钢柱的安装

钢柱安装顺序：按先内筒安装、后外筒安装，先中部后四周，先下后上的安装顺序进行安装。钢柱吊点设置在钢柱的顶部，直接用临时连接板（连接板至少4块）。

（1）第一段钢柱的吊装。安装前要对预埋件进行复测，并在基础上进行放线。根据钢柱的柱底标高调整好螺杆上的螺母，然后钢柱直接安装就位。当由于螺杆长度影响，螺母无法调整时，可以在基础上设置垫板进行垫平，就是在钢柱四角设置垫板，并由测量人员跟踪抄平，使钢柱直接安装就位即可。每组垫板宜不多于4块。垫板与基础面和柱底面的接触应平整、紧密。此方法适用于混凝土标高大于设计标高的部分。

钢柱用塔式起重机吊升到位后，首先将钢柱底板穿入地脚螺栓，放置在调节好的螺母上，并将柱的四面中心线与基础放线中心线对齐吻合，四面兼顾，中心线对准或已使偏差控制在规范许可的范围以内时，穿上压板，将螺栓拧紧。即为完成钢柱的就位工作。

当钢柱与相应的钢梁吊装完成并校正完毕后，及时通知土建单位对地脚进行二次灌浆，对钢柱进一步稳固。钢柱内需在浇筑混凝土时，土建单位应及时插入。

（2）上部钢柱的吊装。上部钢柱的安装与首段钢柱的安装不同点在于柱脚的连接固定方式。钢柱吊点设置在钢柱的上部，利用四个临时连接耳板作为吊点。吊装前，下节钢柱顶面和本节钢柱底面的渣土和浮锈要清除干净，保证上下节钢柱对接面接触顶紧。

下节钢柱的顶面标高和轴线偏差、钢柱扭曲值一定要控制在规范的要求以内，在上节钢柱吊装时要考虑进行反向偏移回归原位的处理，逐节进行纠偏，避免造成累积误差过大。

钢柱吊装到位后，钢柱的中心线应与下面一段钢柱的中心线吻合，并四面兼顾，活动双夹板平稳插入下节柱对应的安装耳板上，穿好连接螺栓，连接好临时连接夹板，并及时拉设缆风绳对钢柱进一步进行稳固。钢柱完成后，即可进行初校，以便钢柱及斜撑的安装。

（3）巨型组合钢柱的安装。超高层钢结构中存在的巨型组合钢柱的安装，一般采用分片吊装的方法，现场组合焊接成整体。组合柱的分解以满足吊装设备起重能力，便于现场安装焊接为原则。

3）钢梁的安装

钢梁的数量一般是钢柱的几倍，起重吊钩每次上下的时间随着建筑物的升高越来越长，所以选择安全快速的绑扎、提升、卸钩的方法直接影响吊装效率。钢梁吊装就位时必须用普通螺栓进行临时连接，并在塔式起重机的起重性能内对钢梁进行串吊。钢梁的连接形式有栓接和栓焊连接。钢梁安装时可先将腹板的连接板用临时螺栓进行临时固定，待调校完毕后，更换为高强度螺栓并按设计和规范要求进行高强度螺栓的初拧及终拧以及钢梁焊接。

（1）钢梁安装顺序。总体随钢柱的安装顺序进行，相邻钢柱安装完毕后，及时连接之间的钢梁，使安装的构件及时形成稳定的框架，并且每天安装完的钢柱必须用钢梁连接起来，不能及时连接的应拉设缆风绳进行临时稳固。按先主梁后次梁、先下层后上层的安装顺序进行安装。

（2）钢梁吊点的设置。钢梁吊装时为保证吊装安全及提高吊装速度，根据以往超高层钢结构工程的施工经验，建议由制作厂制作钢梁时预留吊装孔，作为吊点。

钢梁若没有预留吊装孔，可以使用钢丝绳直接绑扎在钢梁上。吊索角度不得小于45°。为确保安全，防止钢梁锐边割断钢丝绳，要对钢丝绳在翼板的绑扎处进行防护。

（3）钢梁吊装方法。为了加快施工进度，提高工效，对于质量较轻的钢梁可采用一机多吊（串吊）的方法。

（4）钢梁的就位与临时固定。钢梁吊装前，应清理钢梁表面污物；对产生浮锈的连接板和摩擦面在吊装前进行除锈。

待吊装的钢梁应装配好附带的连接板，并用工具包装好螺栓。

钢梁吊装就位时要注意钢梁的上下方向以及水平方向，确保安装正确。

钢梁安装就位时，及时夹好连接板，对孔洞有偏差的接头应用冲钉配合调整跨间距，然后再用普通螺栓临时连接。普通安装螺栓数量按规范要求不得少于该节点螺栓总数的30%，且不得少于2个。

为了保证结构稳定、便于校正和精确安装，对于多楼层的结构层，应首先固定顶层梁，再固定下层梁，最后固定中间梁。当一个框架内的钢柱钢梁安装完毕后，应及时对此进行测量校正。

4）斜撑安装

斜撑的安装为嵌入式安装，即在两侧相连接的钢柱、钢梁安装完成后，再安装斜撑。为了确保斜撑的准确就位，斜撑吊装时应使用捯链进行配合，将斜撑调节至就位角度，确保快速就位连接。

5）桁架安装

桁架是结构的主要受力和传力结构，一般截面较大，板材较厚，施工中应尽量不分段整体吊装，若必须分段施工，也应在起重设备允许的范围内尽量少分段施工，以减少焊缝收缩对精度的影响。分段后桁架段与段之间的焊接应按照正确的流程和顺序进行施焊，先上下弦，再中间腹杆，由中间向两边对称进行施焊。散件高空组装顺序为先上弦、再下弦和竖向直腹杆，最后嵌入中间斜腹杆，然后进行整体校正焊接。同时，应根据桁架跨度和结构特点的不同设置胎架支撑，并按设计要求进行预起拱。

（三）钢结构构件的校正

钢构件安装完成并形成稳定框架后，应及时进行校正，钢构件校正应先进行局部构件校正，再进行整体校正，主要使用捯链、楔铁、千斤顶进行调整，采用全站仪、经纬仪、水准仪进行数据观测。同时标高控制常采用相对标高进行控制，控制相对高度。

钢柱吊装就位后，应先调整钢柱柱顶标高，再调整钢柱轴线位移，最后调整钢柱垂直度；钢梁吊装前应检查校正柱牛腿处标高和柱间距，吊装过程中监测钢柱垂直度变化情况，并及时校正。

1）钢柱顶标高检查及误差调整

每节钢柱的长度制造允许误差 Δh 和接头焊缝的收缩值 Δw，通过柱顶标高测量，可在上一节钢柱吊装的接头间隙中及时调整。但对于每节柱子长度受荷载后的压缩值 Δz，由于荷载的不断增加，下部已安装的各节柱的压缩值也不断增加，难以通过制作长度的预先加长来精确控制压缩值。因此，要根据设计提供每层钢柱在主体结构吊装封顶时的荷载压缩值。在吊装时，每节钢柱的柱顶标高控制都从+1.00cm 的标高基准线引测，使每次吊装的柱顶标高达到设计标高，利用接头间隙及时调整 $\Delta h+\Delta w+\Delta z$ 的综合误差。

具体方法：首先在柱顶架设水准仪，测量各柱顶标高，根据标高偏差进行调整。可切割上节柱的衬垫板（3mm 内）或加高垫板（5mm 内），进行上节柱的标高偏差调整。若标高误差太大，超过了可调节的范围，则将误差分解至后几节柱中调节。

2）钢柱轴线调整

上下柱连接保证柱中心线重合。如有偏差，采用反向纠偏回归原位的处理方法，在柱与柱的连接耳板的不同侧面加入垫板（垫板厚度为 0.5~1.0mm），拧紧螺栓。另一个方向的轴线偏差通过旋转、微移钢柱，同时进行调整。钢柱中心线偏差调整每次在 3mm 以内，如偏差过大则分 2~3 次调整。上节钢柱的定位轴线不允许使用下一节钢柱的定位轴线，应从控制网轴线引至高空，保证每节钢柱的安装标准，避免过大的累积误差。

3）钢柱垂直度调整

在钢柱偏斜方向的一侧顶升千斤顶。在保证单节柱垂直度不超过规范要求的前提下，将柱顶偏移控制到零，最后拧紧临时连接耳板的高强度螺栓。临时连接板的螺栓孔可在吊装前进行预处理，比螺栓直径扩大约 4mm。

第六章 防水工程施工

第一节 地下防水工程

"防、排、截、堵相结合，刚柔相济，因地制宜，综合治理"的原则是我国建筑防水技术发展至今的实践经验总结。地下防水工程的设计和施工应遵循这一原则，并根据建筑功能及使用要求，按现行规范正确划定防水等级，合理确定防水方案。

目前，地下防水工程应用技术正由单一防水向多道设防、刚柔并济方向发展；刚性防水材料从普通防水混凝土向高性能、外加剂纤维抗裂以及聚合物水泥混凝土方向发展；柔性防水材料从普通沥青纸胎油毡向聚酯胎、玻纤胎高聚物改性沥青以及合成高分子片材方向发展；防水涂料和密封防水材料也从沥青基向高聚物改性沥青、高分子以及聚合物无机涂料方向发展。新材料、新技术、新工艺的推广促使我国地下防水应用技术水平有新的飞跃和提高。

一、防水混凝土工程施工

防水混凝土结构具有材料来源丰富、施工简便、工期短、造价低、耐久性好等优点，是我国地下结构防水的一种主要形式。防水混凝土可通过调整配合比，或掺入外加剂、掺合料等措施配制而成，其抗渗等级不得小于 P6，其试配混凝土的抗渗等级应比设计要求提高 0.2MPa。常用的防水混凝土有普通防水混凝土、外加剂防水混凝土（如三乙醇胺、氯化铁、加气剂或减水剂等）和膨胀水泥防水混凝土。

用于防水混凝土的水泥品种宜采用硅酸盐水泥、普通硅酸盐水泥，采用其他品种水泥时应经试验确定。宜选用坚固耐久、粒形良好的洁净石子，其最大粒径不宜大于 40mm。砂宜选用坚硬、抗风化性强、洁净的中粗砂，不宜使用海砂。用于拌制混凝土的水，应符合相关标准规定。

防水混凝土胶凝材料总用量不宜小于 320kg/m³，在满足混凝土抗渗等级、强度等级和耐久性条件下，水泥用量不宜小于 260kg/m³；砂率宜为 35%~40%，泵送时可增至 45%；水胶比不得大于 0.50，在有侵蚀介质时水胶比不宜大于 0.45；防水混凝土宜采用预拌商品混凝土，其入泵坍落度宜控制在 120~160mm，坍落度每小时损失不应大于 20mm，总损失值不应大于 40mm；掺引气剂或引气型减水剂时，混凝土含气量应控制在 3%~5%；预拌制混凝土的初凝时间宜为 6~8h；防水混凝土应采用机械拌制，搅拌时间不宜少于 2min。

普通防水混凝土适用于一般工业与民用建筑及公共建筑的地下防水工程。膨胀水泥混凝土因密实性和抗裂性均较好地适用于地下工程防水和地上防水构筑物的后浇带。外加剂防水混凝土应按地下防水结构的要求及具体条件选用。

防水混凝土工程质量的好坏不仅取决于设计与材质等因素的影响。施工质量亦有重大影响，工程实践证明，施工质量低下也是地下结构渗漏水的主要原因之一，因此施工时应特别强调质量问题。

1. 防水混凝土的施工要点

（1）关于模板。模板应表面平整，拼缝严密不漏浆，吸水性好，有足够的承载力和刚度。一般情况下模板固定仍采用对拉螺栓，为防止在混凝土内造成引水通路，应在对拉螺栓或管套中部加焊（满焊）ϕ70~80mm 的止水环或方形止水片。如模板上钉有预埋小方木，则拆模后将螺栓贴底割去，再抹膨胀水泥砂浆封堵，效果更好。

（2）关于混凝土浇筑。混凝土应严格按配料单进行配料，为了增强均匀性，应采用机械搅拌，搅拌时间至少 2min，运输时防止漏浆和离析。混凝土浇筑时应分层连续浇筑，其自由倾落高度不得大于 1.5m，并采用机械振捣，不得漏振、欠振。

（3）关于养护。防水混凝土的养护条件对其抗渗性影响很大，终凝后 4~6h 即应覆盖草袋，12h 后浇水养护，3 天内浇水 4~6 次／天，3 天后 2~3 次／天，养护时间不少于 14 天。

（4）关于拆模。防水混凝土不能过早拆模，一般在混凝土浇筑 3 天后，将侧模板松开，在其上口浇水养护 14 天后方可拆除。拆模时混凝土必须达到 70%的设计强度，应控制混凝土表面温度与环境温度之差≤15℃。

2. 薄弱部位的混凝土浇筑注意事项

1）施工缝的施工

底板混凝土应连续浇筑不得留施工缝；墙体水平施工缝宜留在底板表面以上 300mm，剪力和弯矩较小处，且距孔洞边缘不宜小于 300mm。垂直施工缝应避开地下水和裂隙水较多的地段，并尽量与变形缝相结合。施工缝部位应认真做好防水处理，使上下层黏结密实，从而可以阻隔地下水的渗透。水平施工缝与垂直施工缝继续浇筑前，应将其表面浮浆和杂物清除干净，先铺净浆，再铺 30~50mm 厚的 1：1 水泥砂浆或涂刷混凝土界面处理剂，并及时浇灌混凝土。

2）穿墙管道应在浇筑混凝土前预埋

所有预埋管道和预留孔均应在混凝土浇筑前埋设，并进行检查校准，严禁浇后打洞。结构变形或管道伸缩量较小时，穿墙管可采用主管外焊止水板或黏遇水膨胀橡胶圈直接埋入混凝土内的固定式防水法，并应预留凹槽，槽内用嵌缝材料嵌填密实。采用遇水膨胀止水圈的穿墙管，管径宜小于 50mm，止水圈应用胶黏剂满粘固定于管上，并应涂缓胀剂。结构变形或管道伸缩量较大或有更换要求时，应采用套管式防水法，套管应加焊止水环，金属止水环应与主管满焊密实，翼环与套管应满焊密实，并在施工前将套管内表面清理干净。穿墙管线较多时，宜相对集中，采用穿墙盒方法。穿墙盒的封口钢板应与墙上的预埋角钢焊严，并从钢板上的预留浇注孔注入改性沥青柔性密封材料或细石混凝土处理。

3）结构变形缝防水处理

地下工程变形缝的设置应满足密封防水、适应变形、施工方便、容易检查的要求。常用的构造做法采用中埋式橡胶止水带或金属止水带与外贴防水层或遇水膨胀橡胶条复合使用的方式。遇水膨胀橡胶条是一种新型建筑防水材料，遇水后能吸水膨胀，最大膨胀率2.5~5.5 倍（可调），挤密新老混凝土之间缝隙形成不透水的可塑性胶体，规格 30mm（宽）×

5mm(厚)×延长米。

安装止水带时，圆环中心必须对准变形缝中央，安装必须固定好位置，不得偏移。浇筑与止水带接触的混凝土时，应严格控制水灰比和水泥用量，并不得出现粗骨料集中或漏振现象，对底板或顶板设置的止水带底部，应特别注意振捣密实，排除气泡。振捣棒不得碰撞止水带。

4）后浇带施工

后浇带是大面积混凝土结构的刚性接缝，适用于不允许设置柔性变形缝且后期变形已趋于稳定的结构。应留设在受力较小、变形较小的部位，间距宜为3~60m，宽度宜为700~1000mm。断面形式可留成平直缝、阶梯缝或企口缝，结构钢筋不得断开。应注意留缝位置准确，断口垂直，边缘混凝土密实。补缝混凝土应优先选用补偿收缩混凝土，强度等级应比两侧混凝土提高一个等级，浇筑时应做结合层并细致捣实，认真浇水养护，养护时间不得少于14天。

3. 防水混凝土结构层施工工艺

1）施工准备工作

施工前应做好以下准备工作：①编制施工方案（包括：连续浇筑时的程序，施工缝的位置及防水处理方法，大体积混凝土底板采取分区分层浇筑，高墙体分层交圈浇筑的划分，运输车辆及人员的行走路线，浇筑的起点流向以及减少内外温差的措施等）；②防水混凝土的试配和选择材料工作；③做好各种防水、止水材料及设备工具的准备；④做好地下工程排降水以及防止地面水流入基坑；⑤落实任务，明确责任，做好技术与安全交底。

2）施工工艺与技术要求

包括模板的安装，钢筋的绑扎安装，设备管线的安装，混凝土制备，防水混凝土的运输，防水混凝土的浇筑、养护。防水混凝土的养护对抗渗性能影响极大，混凝土早起脱水或养护过程中缺少必要的水分和温度，抗渗性会大幅度降低。因此，当混凝土进入终凝（浇后4~6h）时即应覆盖草袋，并经常浇水养护，保持湿润以防干裂，养护时间不少于14天。防水混凝土拆模时，必须注意结构表面与周围气温的温差不应过大，否则结构表面会产生温度应力而开裂，影响混凝土的抗渗性；拆模后应及时填土，以避免干缩和温差引起开裂。在基础周围800mm以内宜用灰土或亚黏土回填，并分层夯实，每层厚度不大于300mm。施工时应防止损伤防水构造。

防水混凝土结构的抗渗性能，应以标准条件下养护的防水混凝土抗渗试块的试验结果评定。抗渗试块的留置组数，每单位工程不得少于2组。试块应在浇筑地点制作，其中至少有1组应在标准条件下养护，其余试块应与构件在相同条件下养护。试块养护期不少于28天，不超过90天，如原材料、配合比或施工方法有变化均应另行留置试块。

二、水泥砂浆防水层施工

水泥砂浆防水层是用水泥砂浆、素灰（纯水泥浆）交替抹压涂刷4层或5层的多层水泥砂浆防水层。其防水原理是分层闭合，构成一个多层整体防水层，各层的残留毛细孔道互相堵塞住，使水分不可能透过其毛细孔，从而具有较好的抗渗防水性能。

水泥砂浆防水层包括普通防水砂浆、聚合物水泥砂浆和掺外加剂或掺和料防水砂浆。

由于普通防水砂浆的多层做法比较烦琐，因此在工程中已不多用。不适用于环境有侵蚀性、持续振动或温度高于 80℃ 的地下工程。

水泥砂浆防水层做法分为外抹面防水（或称迎水面防水）和内抹面防水（也称背水面防水）。对外抹面（迎水面）基层的防水常采用 5 层做法；对内抹面（背水面）基层的防水常采用 4 层做法。采用 4 层抹面水泥砂浆防水层施工方法见表 6.1，5 层抹面水泥砂浆防水层的施工方法与 4 层抹面的前 4 层相同，只是在第 4 层水泥砂浆抹压 2 遍后用毛刷均匀涂刷水泥浆一道（厚 1mm），最后抹平压光。

防水层的施工顺序，一般是先抹顶板，再抹墙面，后抹地面。施工前要进行如下基层处理：清洁表面，浇水湿润，修补缺损，使表面平整、坚实、粗糙、清洁、潮湿，以增强防水层与基层间的黏结力。

表 6.1　4 层抹面水泥砂浆防水层施工法

层次	水灰比（质量比）	操作要求	作用
第一层 灰层厚 2mm	0.4~0.5	1. 分两次抹压，基层浇水湿润后，先均匀刮抹 1mm 厚素灰作为结合层，并用铁抹子往返用力刮抹 5~6 遍，使素灰填实基层空隙，以增加防水层的黏结力，随后再抹 1mm 厚的素灰找平层，厚度要均匀 2. 抹完后，用湿毛刷或排笔蘸水在素灰层表面一次均匀水平涂刷 1 遍，以堵塞和填平毛细孔道，增加不透水性	防水层的第一道防线
第二层 水泥砂浆层 厚 4~5mm	0.4~0.45 水泥：砂 = 1：2.5	1. 在素灰初凝时进行，即当素灰干燥到用手指能按入水泥砂浆层 1/4~1/2 时进行，抹压要轻，以免破坏素灰层，但也要使水泥砂浆层薄薄压入素灰层 1/4 左右，以使第一、第二层结合牢固 2. 水泥砂浆初凝前用扫帚将表面扫成横条纹	起骨架和保护素灰作用
第三层 素灰层 厚 2mm	0.37~0.4	1. 待第二层水泥砂浆凝固并具有一定强度后（一般隔 24h）适当浇水湿润即可进行第三层，操作方法同第一层，其作用也和第一层相同 2. 施工时如第二层表面析出有游离氢氧化钙的白色薄膜，则需要用水冲洗并刷干净后再进行第三层，以免影响第三层之间的黏结，形成空鼓	防水作用
第四层 水泥砂浆层厚 4~5mm	0.4~0,45 水泥：砂 = 1：2.5	1. 配合比与操作方法同第二层水泥砂浆，但抹完后不扫条纹，而是在水泥砂浆凝固前，水分蒸发过程中，分次用铁抹子抹压 5~6 遍，以增加密实性，最后再压光 2. 每次抹压间隔时间应视施工现场湿度大小、气温高低及通风条件而定，一般抹压前 3 遍的间隔时间为 1~2h，最后从抹压到压光，夏季约 10~12h，冬季最长 14h，以免砂浆凝固后反复抹压破坏了其表面的水泥结晶，使其强度降低而产生起砂现象	由于水泥砂浆凝固前抹压了 5~6 遍，增加了密实性，因此不仅起着保护第三层素灰和骨架的作用，而且还具有防水作用

1. 各类防水砂浆及其防水剂的化学组成

各类防水砂浆防水剂的化学组成见表 6.2。

表 6.2　各类防水砂浆防水剂的化学组成

防水砂浆种类	防水剂类别	
掺小分子防水剂的砂浆	无机类	氯化钙、无机铝盐
	有机类	有机硅、脂肪酸
掺塑化膨胀剂的砂浆	钙钡石膨胀源	硫铝酸盐、木钙萘系减水剂
聚合物水泥砂浆	橡胶类	氯丁胶乳、羧基丁苯胶乳、丁苯胶乳
	橡塑类	丙烯酸酯乳液、环氧乳液
	胶乳或粉状聚合物改性水硬性材料	丙烯酸酯胶乳+改性水泥 环氧乳液+改性水泥 粉状聚合物+改性水泥

2. 防水砂浆施工

1）基层的处理

基层处理十分重要，是保证防水层与基层表面结合牢固，不空鼓和密实不透水的关键。基层处理包括清理、浇水、刷洗、补平等工序，使基层表面保持潮湿、清洁、平整、坚实、粗糙。

（1）混凝土基层的处理。新建混凝土工程，拆除模板后，立即用钢丝刷将混凝土表面刷毛，并在抹面前浇水冲刷干净；旧混凝土工程补做防水层时，需用钻子、剁斧、钢丝刷将表面凿毛，清理平整后再冲水，用棕刷刷洗干净；混凝土基层表面凹凸不平、蜂窝孔洞，应根据不同情况分别进行处理；混凝土结构的施工缝要沿缝剔成八字形凹槽，用水冲洗后，用素灰打底，水泥砂浆压实抹平。

（2）砖砌体基层的处理。对于新砌体，应将其表面残留的砂浆等污物清除干净，并浇水冲洗。对于旧砌体，要将其表面酥松表皮及砂浆等污物清理干净，至露出坚硬的砖面，并浇水冲洗。对于石灰砂浆或混合砂浆砌的砖砌体，应将缝剔深 1cm，缝内呈直角。

（3）毛石和料石砌体基层的处理。这种砌体基层的处理与混凝土和砖砌体基层处理基本相同。对于石灰砂浆或混合砂浆砌体，其灰缝要剔深 1cm，缝内呈直角。对于表面凹凸不平的石砌体，清理完毕后，在基层表面要做找平层。找平层的做法是：先在石砌体表面刷一道水灰比 0.5 左右的水泥浆，厚约 1mm，再抹 1~1.5cm 厚的 1∶2.5 水泥砂浆，并将表面扫成毛面。一次不能找平时，要间隔 2 天分次找平。

2）砂浆抹面施工操作要点

（1）混凝土顶板与墙面防水层操作。素灰层，厚 2mm。先抹一道 1mm 厚素灰，用铁抹子往返用力刮抹，使素灰填实基层表面的孔隙。随即在已刮抹过素灰的基层表面再抹一道厚 1mm 的素灰找平层，抹完后，用湿毛刷在素灰层表面按顺序涂刷一遍。

第一层水泥砂浆层，厚 6~8mm。在素灰层初凝时抹水泥砂浆层，要防止素灰层过软或过硬，过软会将素灰层破坏；过硬则黏结不良，要使水泥砂浆薄薄压入素灰层厚度的 1/4 左右。抹完后，在水泥砂浆初凝时用扫帚按顺序向一个方向扫出横向条纹；第二层水泥砂浆层，厚 6~8mm。按照第一层的操作方法将水泥砂浆抹在第一层上，抹后在水泥砂浆凝固前水分蒸发过程中，分次用铁抹子压实，一般以抹压 2~3 次为宜，最后再压光。

（2）砖墙面和拱顶防水层的操作。第一层是刷水泥浆一道，厚度约为1mm，用毛刷往返涂刷均匀，涂刷后，可抹第二、第三、第四层等，其操作方法与混凝土基层防水相同。

（3）石墙面和拱顶防水层的操作。待找平层（为一层素灰，一层砂浆）水泥砂浆充分硬化后，再在其表面适当浇水湿润，即可进行防水层施工，其操作方法与混凝土基层防水相同。

（4）地面防水层的操作。地面防水层操作与墙面、顶板操作不同的地方是，素灰层（一层、三层）不采用刮抹的方法，而是把拌和好的素灰倒在地面上，用棕刷往返用力涂刷均匀，第二层和第四层是在素灰层初凝前后把拌和好的水泥砂浆层按厚度要求均匀铺在素灰层上，按墙面、顶板操作要求抹压，各层厚度也均与墙面、顶板防水层相同。地面防水层在施工时要防止践踏，应由内向外顺序进行。

（5）特殊部位的施工。结构阴阳角处的防水层，均需抹成圆角，阴角直径5cm，阳角直径1cm。防水层的施工缝需留斜坡阶梯形槎，槎子的搭接要依照层次操作顺序层层搭接。留槎的位置一般留在地面上，也可留在墙面上，所留的槎子均需离阴阳角20cm以上。

三、地下卷材防水层施工

卷材防水层是指防水卷材和相应的胶结材料胶合而成的一种单层或多层防水层。目前常用的卷材品种主要有高聚物改性沥青防水卷材、合成高分子防水卷材。根据防水卷材胎体材料的不同可分为纤维胎、金属箔胎、复合胎、黄麻布、聚酯毡等品种，从而形成了防水卷材高、中、低档系列品种。如APP改性沥青防水卷材（聚酯胎）就属于高档防水材料，SBS改性沥青防水卷材（黄麻胎）就属于中低档防水卷材。再如三元乙丙橡胶属高档合成高分子防水卷材。

卷材防水是地下防水工程的主要做法。卷材防水层适用于铺贴在整体的混凝土结构基层上以及铺贴在整体的水泥砂浆、沥青砂浆等找平层上。基层表面必须牢固、平整、圆滑、清洁、干燥且易于黏结。地下防水卷材应尽量采用品质优良的沥青卷材或合成高分子防水卷材和高聚物改性沥青防水卷材等新型高效防水材料。

根据卷材铺贴在地下结构的内侧或外侧可分为外防水和内防水两种。外防水，即将卷材铺贴在地下防水结构的迎水面的铺贴法，采用全外包，其防水效果良好，因其可借助土压力压紧卷材并与承重结构一起抵抗地下水的渗透侵蚀作用，因而应用广泛。外防水卷材的铺贴方法有外防外贴法和外防内贴法。

1. 外防外贴法施工

外贴法是在地下防水结构墙体做好以后，把卷材防水层直接铺贴在外表面上，然后再砌筑保护墙。

外贴法的施工程序：

（1）浇筑防水结构底板混凝土垫层，在垫层上抹1:3水泥砂浆找平层，抹平压光。

（2）在底板垫层上砌永久性保护墙，保护墙的高度为$B+(200\sim500)$mm（B为底板厚度），墙下平铺油毡条一层。

（3）在永久性保护墙上砌临时性保护墙，保护墙的高度为$150\times$（油毡层数+1）。临时性保护墙应用石灰砂浆砌筑。

（4）在永久性保护墙和垫层上抹 1：3 水泥砂浆找平层，转角要抹成圆弧形。在临时性保护墙上抹石灰砂浆做找平层，并刷石灰浆。若用模板代替临时性保护墙，应在其上涂刷隔离剂。

（5）保护墙找平层基本干燥后，满涂冷底子油一道，但临时性保护墙不涂冷底子油。

（6）在垫层及永久性保护墙上铺贴卷材防水层，转角处加贴卷材附加层，铺贴时应先底面、后立面，四周接头甩槎部位应交叉搭接（错开长度 150mm），并贴于保护墙上，从垫层折向立面的卷材永久性保护墙的接触部位应用胶结材料紧密贴严，与临时性保护墙（或围护结构模板接触部位）应分层临时固定在该墙（或模板）上。

（7）油毡铺贴完毕，在底板垫层和永久性保护墙卷材面上抹热沥青或玛碲脂，并趁热撒上干净的热砂，冷却后在垫层、永久性保护墙和临时性保护墙上抹 1：3 水泥砂浆，作为卷材防水层的保护层。

（8）浇筑防水结构的混凝土底板和墙身混凝土时，保护墙作为墙体外侧的模板。

（9）防水结构混凝土浇筑完工并检查验收后，拆除临时保护墙，清理出甩槎接头的卷材，如有破损进行修补后再依次分层铺贴防水结构外表面的防水卷材。此处卷材可错槎接缝，上层卷材盖过下层卷材不应小于 150mm，接缝处加盖条。

（10）卷材防水层铺贴完毕，立即进行渗漏检验，有渗漏的立即修补，无渗漏时砌永久性保护墙。永久性保护墙每隔 5~6m 及转角处应留缝，缝宽不小于 20mm，缝内用油毡或沥青麻丝填塞。保护墙与卷材防水层之间的缝隙，随砌砖随用 1：3 水泥砂浆填满。保护墙施工完毕，随即回填土。

2. 外防内贴法施工

内贴法施工是在地下防水结构墙体未做之前，先将永久性保护墙全部砌完，再将卷材铺贴在永久性保护墙和底板垫层上，待防水层全部做完，最后浇筑围护结构混凝土。

内贴法的施工程序如下：

（1）做混凝土垫层，如保护墙较高，可采取加大永久性保护墙下垫层厚度的做法，必要时可配置加强钢筋。

（2）在混凝土垫层上砌永久性保护墙，保护墙厚度采用一砖墙，其下干铺油毡一层。

（3）保护墙砌好后，在垫层和保护墙表面抹 1：3 水泥砂浆找平层，阴阳角处应抹成钝角或圆角。

（4）找平层干燥后，刷冷底子油 1~2 遍。冷底子油干燥后，将卷材防水层直接铺贴在保护墙和垫层上。铺贴卷材防水层时应先铺立面，后铺平面。铺贴立面时，应先转角，后大面。

（5）卷材防水层铺贴完毕，及时做好保护层，平面上可浇一层 30~50mm 厚的细石混凝土或抹一层 1：3 水泥砂浆，立面保护层可在卷材表面刷一道沥青胶结料，趁热撒一层热砂，冷却后再在其表面抹一层 1：3 水泥砂浆保护层，并搓成麻面，以利于与混凝土墙体的黏结。

（6）浇筑防水结构的底板和墙体混凝土，回填土。

粘贴卷材的沥青胶结材料厚度一般为 1.5~2.5mm；卷材的搭接长度，长边不应小于 100mm，短边不应小于 150mm，上下层及相邻两幅卷材的接缝应错开 1/3~1/2 幅宽，且不得相互垂直铺贴。在立面与平面的转角处，卷材的接缝应留在平面上距立面不小于 600mm 处；在所有转角处均应铺贴附加层。附加层可用两层同样卷材或一层抗拉强度高的卷材，如无胎油毡、沥青玻璃布油毡，附加层应按加固处形状仔细粘贴紧密。

采用外贴法时，每层卷材应先铺底面，后铺立面。多层卷材的交接处应交叉搭接。错槎接缝连接，上层卷材应盖过下层卷材。采用内贴法施工时，卷材宜先铺立面，后铺平面。铺贴立面时，先转角后大面。

第二节 屋面防水工程

屋面防水工程是房屋建筑的一项重要工程。根据建筑物的类别、重要程度、使用功能要求以及防水层耐用年限等有关技术规范将屋面防水分为 Ⅰ、Ⅱ 两个等级。根据不同的屋面防水等级，设计人员进行屋面工程的设计时，应对屋面工程的防水、保温、隔热综合考虑。对防水有特殊要求的建筑屋面，应进行专项防水设计。

屋面工程包括保温层、找平层、卷材防水层、细部构造 4 个分项工程。构造层次有结构层、隔汽层、找坡层、找平层、隔离层、保温隔热层、卷材防水层、保护层。目前，常用的屋面防水做法有屋面卷材防水、屋面涂膜防水，设计人员可根据建筑物的性质、使用功能、气候条件等因素进行组合，具体施工应根据工程设计而定。

一、卷材防水屋面

卷材防水屋面是用胶结材料粘贴卷材进行防水的屋面，具有自重轻、防水性能好的优点，其防水层(卷材)的柔韧性好，能适应一定程度的结构振动和胀缩变形。卷材防水层所用卷材主要有高聚物改性沥青防水卷材和合成高分子防水卷材两大系列。

（一）卷材屋面构造要求

1. 结构层

结构层施工质量的好坏将直接影响屋面工程质量。结构层应有足够的强度和刚度，承受荷载时不致产生显著变形。铺设屋面隔汽层和找平层以前，结构层必须清扫干净。

2. 找坡层和找平层

屋面找坡层的作用主要是为了快速排水和不积水，一般工业厂房和公共建筑只要对顶棚水平度要求不高或建筑功能允许，应首先选择结构找坡，既节省材料、降低成本，又减轻了屋面荷载。混凝土结构层宜采用结构找坡，坡度不应小于 3%；当采用材料找坡时，宜采用质量轻、吸水率低和有一定强度的材料，坡度宜为 2%。

当用材料找坡时，为了减轻屋面荷载和施工方便，可采用质量轻和吸水率低的材料。找坡材料的吸水率宜小于 20%，过大的吸水率不利于保温及防水。找坡层应具有一定的承载力，保证在施工及使用荷载的作用下不产生过大变形。找平层直接铺抹在结构层或保温层上。

找平层施工必须保证施工质量，原材料、配合比必须符合设计要求和有关规定。找平层施工表面要平整，黏结牢固，没有松动、起壳、起砂等现象。找平层必须符合设计要求，用 2m 左右长的方尺找平。找平层的两个面相接处，如墙、天窗壁、伸缩缝、女儿墙、管道泛水处以及檐口、天沟、斜沟、水落口、屋脊等均应做成圆弧，其圆弧半径高聚物改性沥青卷材为 50mm，合成高分子卷材为 20mm。

找平层施工时，每个分格内的水泥砂浆应一次连续铺成，应由远到近、由高到低，待砂浆稍收水后用抹子压实抹平；终凝前，轻轻取出嵌缝条，注意成品保护。如气温低于 0℃ 则不宜施工，找平层完工后 12h 要浇水养护，硬化后，分格缝应嵌填密封材料。

3. 隔离层

隔离层的作用是找平、隔离。设在卷材防水层、保温层与刚性保护层之间，其目的是减少防水层与其他层次之间的黏结力、机械咬合力、摩擦力；同时可防止保护层施工时对防水层的损坏。对于不同的屋面保护层材料，所用的隔离层材料有所不同，一般为低等级砂浆、土工布、无纺聚酯纤维布、塑料薄膜或干铺沥青卷材等。

4. 保温、隔热层

保温层应根据所需传热系数或热阻选择吸水率低、密度和导热系数小并有一定强度的轻质、高效的保温材料。有板状材料保温层、纤维材料保温层、整体材料保温层等。屋面坡度较大时，保温层应采取防滑措施；纤维材料做保温层时，应采取防止压缩的措施；封闭式保温层或保温层干燥有困难的卷材屋面，宜采取排汽构造措施。隔热层根据地域、气候、屋面形式、环境及使用功能等条件，采取种植、架空和蓄水等方式。种植隔热层的构造层次应包括植被层、种植土层、过滤层和排水层等，种植土四周应设挡墙，挡墙下部应设泄水孔，并应与排水出口连通。架空隔热层宜在屋顶有良好通风的建筑物上采用，不宜在寒冷地区采用，架空隔热层的高度宜为 180~300mm，架空板与女儿墙的距离不应小于 250mm，当屋面宽度大于 10m 时，架空隔热层中部应设置通风屋脊。蓄水隔热层不宜在寒冷地区、地震设防地区和振动较大的建筑物上采用，蓄水隔热层的蓄水池应采用强度等级不低于 C25、抗渗等级不低于 P6 的现浇混凝土，蓄水池内宜采用 20mm 厚防水砂浆抹面。

5. 保护层

保护层的作用是延长卷材或涂膜防水层的使用期限。对于不上人屋面和上人屋面的要求，所用保护层的材料有所不同。目前常用的材料简单易得，施工方便，经济可靠。

采用淡色涂料做保护层时，应与防水层黏结牢固，厚薄应均匀，不得漏涂。铝箔、矿物粒料，通常是在改性沥青防水卷材生产过程中，直接覆盖在卷材表面作为保护层，覆盖铝箔时要求平整，无皱折，厚度应大于 0.05mm；矿物粒料粒度应均匀一致，并紧密黏附于卷材表面。水泥砂浆做保护层时，表面应抹平压光，并应设表面分格缝，分格面积宜为 1m²。采用块体材料做保护层时，宜设分格缝，其纵横间距不宜大于 10m，分格缝宽度宜为 20mm，并应用密封材料嵌填。采用细石混凝土做保护层时，表面应抹平压光，并应设分格缝，其纵横间距不应大于 6m，分格缝宽度宜为 10~20mm，并应用密封材料嵌填。块体材料、水泥砂浆、细石混凝土保护层与女儿墙或山墙之间，应预留宽度为 30mm 的缝隙，缝内宜填塞聚苯乙烯泡沫塑料，并应用密封材料嵌填。

（二）卷材防水的施工工艺

基层表面清理、修补→喷、涂基层处理剂→节点附加增强处理→定位、弹线、试铺→铺贴卷材→收头、节点密封→清理、检查、修整→淋（蓄）水试验→保护层施工。

1. 基层表面清理、修补

卷材防水施工前首先检查其基层质量是否符合规定和设计要求，并进行清理、清扫。若存在凹凸不平、起砂、起皮、裂缝、预埋件固定不牢等缺陷，应及时进行修补。检查基层干燥度是否符合要求，干燥程度的简易检验方法为用 $1m^2$ 卷材平坦地干铺在找平层上，静置 3~4h 后掀开检查，找平层覆盖部位与卷材上未见水印即可铺设。

2. 喷、涂基层处理剂

选择好合适的基层处理剂，检查其质保资料和阅读使用说明书。基层处理剂可采用喷涂法或涂刷法施工。喷、涂基层处理剂前，应用毛刷对屋面节点、周边、拐角等处先行涂刷，然后均匀喷、涂于基层表面，要求喷、涂均匀，厚薄一致，不能漏刷、露底，干燥后（常温经过 4h）开始铺贴卷材。

3. 节点附加增强处理

节点即细部构造，是屋面工程中最容易出现渗漏的薄弱环节。调查表明，在渗漏的屋面工程中，70%以上是节点渗漏，主要包括天沟、泛水、水落口、管根、檐口、阴阳角等处。在节点处首先铺贴 1~2 层卷材附加层，附加层的做法应参照现行的施工图集、施工规范要求和设计要求执行。下面列举几种节点附加增强处理的做法。

1）天沟、檐沟防水构造

在天沟、檐沟与屋面交接处空铺宽度不应小于 200mm 的附加层；对外檐封口的防水层应收头固密封材料定密封，上面用水泥砂浆抹压。

2）泛水防水构造

铺贴泛水处的卷材应采用满粘法。墙体为砖墙时，卷材收头可直接铺至女儿墙压顶下，用压条钉压固定并用密封材料封闭严密，压顶应做防水处理；卷材收头也可压入砖墙凹槽内固定密封，凹槽距屋面找平层高度不应小于 250mm，凹槽上部的墙体应做防水处理。墙体为混凝土时，卷材收头可采用金属压条钉压，并用密封材料封固。

3）变形缝防水构造

变形缝处的泛水高度不小于 250mm，变形缝内宜填充泡沫塑料，上部填放衬垫材料，并用卷材封盖，顶部应加扣混凝土盖板或金属盖板。

4）水落口防水构造

水落口埋设标高，应考虑水落口设防时增加的附加层和柔性密封层的厚度及排水坡度加大的尺寸；水落口周围直径 500mm 范围内坡度不应小于 5%，并应用防水涂料涂封，其厚度不应小于 2mm。水落口与基层接触处，应留宽 20mm、深 20mm 的凹槽，嵌填密封材料。

4. 铺贴卷材

1）铺贴卷材的顺序

同一屋面铺贴时应先铺贴细部节点、附加层和屋面排水比较集中等部位，然后由最低处向上进行。天沟、檐沟卷材铺贴应顺天沟、檐沟去向，减少卷材搭接，有多跨和高低跨时，应按先高后低、先远后近的顺序进行。大面积屋面施工时，应根据屋面特征及面积大小等因素合理划分流水施工段，并在屋面基层上放出每幅卷材的铺贴位置，弹上标记。施工段的界线宜设在屋脊、天沟、变形缝处。

2）铺贴卷材的方向

铺贴卷材应根据屋面坡度和屋面是否有振动来确定。屋面坡度小于3%时，卷材宜平行屋脊铺贴；屋面坡度在3%~15%时，卷材可平行或垂直于屋脊铺贴；屋面坡度大于15%或屋面受振动时，沥青防水卷材应垂直于屋脊铺贴。高聚物改性沥青和合成高分子防水卷材可平行或垂直于屋脊铺贴，但上下层卷材不得垂直铺贴。

3）铺贴卷材搭接及宽度要求

铺贴卷材采用搭接法，平行屋脊的搭接缝，应顺流水方向；垂直屋脊的搭接缝，应顺当地年最大频率风向。上下层及相邻两幅卷材的搭接缝应错开，叠层铺贴的各层卷材，在天沟与屋面的交接处，应采用叉接法搭接，搭接缝应错开；搭接缝宜留在屋面或天沟侧面，不宜留在沟底。高聚物改性沥青和合成高分子卷材的搭接缝应用密封材料封严。

4）铺贴卷材的施工方法

高聚物改性沥青防水卷材的施工方法一般有冷粘法、自粘法、热熔法；而合成高分子防水卷材的施工方法一般有冷粘法、自粘法、热风焊接法。

（1）冷粘法。冷粘法是指在常温下采用胶黏剂（带）将卷材与基层或卷材之间黏结的施工方法。

冷粘法施工要点：胶黏剂涂刷应均匀，不露底，不堆积。卷材空铺、点粘、条粘时，应按规定的位置及面积涂刷胶黏剂。铺贴卷材应平整顺直，搭接尺寸准确，接缝应满涂胶黏剂，并排尽卷材下面的空气，辊压黏结牢固，不得扭曲、皱折。破折溢出的胶黏剂随即刮平封口，也可采用热熔法接缝。接缝口应用密封材料封严，宽度不应小于10mm。

（2）自粘法。自粘法是指采用带有自粘胶的防水卷材进行黏结的施工方法。

自粘法施工要点：卷材底面胶黏剂表面敷有一层隔离纸，铺贴时只要剥去隔离纸即可直接铺贴。应注意隔离纸必须完全撕净，彻底排除卷材下面的空气，并辊压后黏结牢固。低温施工时，立面、大坡面及搭接部位宜采用热风机加热后随即粘牢。

（3）热熔法。热熔法是指采用火焰加热熔化热熔型防水卷材底层的热熔胶进行黏结的施工方法。

热熔法施工要点：采用专用的导热油炉加热烘烤卷材与基层接触的底面，加热温度不应高于200℃，使用温度不应低于180℃。铺贴时，可采用滚铺法，即边加热烘烤边滚动卷材铺贴的方法。喷火枪头与卷材保持50~100mm距离，与基层呈30°~45°角，将火焰对准卷材与基层交接处，同时加热卷材底面热熔胶面和基层，至热熔胶层出现黑色光泽，发亮至稍有微泡缓缓出现，慢慢放下卷材平铺于基层，然后排气辊压，使卷材与基层粘牢。要求铺贴的卷材平整顺直，搭接尺寸准确，不得扭曲。

（4）热风焊接法。热风焊接法是指采用热空气焊枪进行防水卷材搭接黏合的施工方法。

热风焊接法施工要点：卷材铺贴应平整顺直，搭接尺寸正确；施工时焊接缝的结合面应清扫干净，应无水滴、油污及附着物。先焊长边搭接缝后焊短边搭接缝，焊接处不得有漏焊、缺焊、焊焦或焊接不牢的现象，也不得损害非焊接部位的卷材。

根据卷材与基层或卷材之间粘贴方法的不同又分为满粘法、条粘法、点粘法、空铺法。其中满粘法是指卷材与基层全部黏结的施工方法，适用于屋面面积小、屋面结构变形不大且基层较干燥的情况；条粘法是指在铺设防水卷材时，卷材与基层采用条状黏结的施工方法；点粘法是指在铺设防水卷材时，卷材或打孔卷材与基层采用点状黏结的施工方法；空铺法是指在铺设防水卷材时，卷材与基层在周边一定宽度内黏结，其余部分不黏结的施工方法。

卷材防水层上有重物覆盖或基层变形较大时，应优先采用空铺法、点粘法、条粘法，但距屋面周边 800mm 内以及叠层铺贴的各层卷材之间应满粘。立面或大坡面铺贴防水卷材时，应采用满粘法。

5）淋（蓄）水试验

防水层做完后及时做淋水试验（淋水 2h，无积水，无渗漏）或蓄水试验（蓄水 24h 无渗漏），合格后封闭屋面，防止防水层遭到破坏。

6）保护层施工

卷材铺设完毕，经检查合格后，应立即进行保护层的施工，及时保护防水层免受损伤，从而延长卷材防水层的使用年限。上人屋面保护层包括细石混凝土保护层（刚性保护层）和块体材料保护层；不上人屋面保护层有水泥砂浆保护层和浅色涂料保护层。

涂料保护层一般在现场配置，施工前防水层表面应干净无杂物，涂刷应均匀，不漏涂。水泥砂浆、块体材料或细石混凝土做保护层时，应设置隔离层与防水层分开，保护层宜留设分格缝。分格缝对于水泥砂浆保护层宜为 4～6m，分格面积块体材料保护层宜小于 100m^2，细石混凝土保护层不宜大于 36m^2。刚性保护层与女儿墙、山墙之间应预留宽度为 30mm 的缝隙，并用密封材料嵌填严密。

二、涂膜防水屋面

涂膜防水屋面适用于防水等级为 Ⅱ 级的屋面防水，也可作为 Ⅰ 级屋面多道防水设防中的一道防水层。涂膜防水屋面是指在屋面基层上涂刷防水涂料，经固化后形成一层有一定厚度和弹性的整体涂膜，从而达到防水目的的一种防水屋面形式。这种屋面具有施工操作简便、无污染、冷操作、无接缝、能适应复杂基层、防水性能好、温度适应性强、容易修补等特点。

所用的防水涂料有高聚物改性沥青防水涂料和合成高分子防水涂料、聚合物水泥防水涂膜 3 类。根据防水涂料形成液态的方式可分为溶剂型、反应型和水乳型 3 类。

涂膜防水层施工工艺流程：清理、验收基层→涂刷基层处理剂→施工缓冲层及附加层→施工涂膜防水层→淋（蓄）水试验→施工屋面保护层→检查验收。

（一）基层处理剂涂刷

基层处理剂与防水材料应相适应。水乳型防水涂料，可用掺 0.2%～0.5% 乳化剂的水溶液或软化水稀释质量比为（1∶0.5）～（1∶1）；若为溶剂型防水涂料，可直接用相应的溶剂稀释后的涂料薄涂；高聚物改性沥青防水涂料也可用石油沥青冷底子油。聚合物水泥涂料由聚合物乳液与水泥在施工现场调配而成，应随配随用。要求涂刷均匀，覆盖完全，干燥后方可进行涂膜施工。

（二）涂膜防水层施工

1. 涂膜防水层涂布方法

刷浆法：一般用棕刷、长柄刷、圆滚刷蘸防水涂料进行涂刷。也可边倒涂料于基层边上用刷子刷开刷匀，但倒料时要控制涂料均匀倒洒，涂布立面时则采用蘸刷法。用于涂刷立面和细部节点处理以及黏度较小的各种防水涂料应采用小面积施工。

刮涂法：利用橡皮刮刀、钢皮刮刀、油灰刀和牛角刀等工具将厚质防水涂料均匀批刮于防水基层上。刮涂时，先将涂料倒在基层上，然后用力按刀，使刮刀与被刮面的倾角为50°~60°，来回将涂料刮涂 1~2 次，不能往返多次，以免出现"皮干里不干"现象。用于黏度较大的各种防水涂料的大面积施工。

喷涂法：将涂料倒入储料或供料桶中，利用压缩空气，通过喷枪将涂料均匀喷涂于基层上，其特点为涂膜质量好、工效高、劳动强度低。涂料出口应与被喷面垂直，喷枪移动时应与喷面平行。用于黏度较小的高聚物改性沥青防水涂料和合成高分子防水涂料的大面积施工。

2. 涂膜防水层施工要点

涂布时先立面后平面。涂刷遍数、间隔时间、用量等，必须按事先试验确定的数据进行，总厚度应符合设计要求。在前一遍涂料干燥后，应将涂层上的灰尘、杂质清除干净，缺陷(如气泡、皱折、露底、翘边等)处理后，再进行后一遍涂料的涂刷。各遍涂料的涂刷方向应相互垂直，涂层之间的接槎，在每遍涂刷时应退槎 50~100mm，接槎时应超过 50~100mm，避免接槎处渗漏。

涂料涂布应分条按顺序进行，分条宽度 0.8~1.0m(与胎体增强材料宽度相一致)，以免操作人员踩坏刚涂好的涂层。

涂层间夹铺胎体增强材料时，应在涂料第二遍或第三遍涂刷时铺设，要边涂布边铺设胎体。胎体应铺贴平整，排除气泡，并与涂料黏结牢固。在胎体上涂布涂料时，应使涂料浸透胎体，覆盖完全，不得有胎体外露现象。最上面的涂层厚度不应小于1mm。

三、刚性防水屋面

刚性防水工程是以水泥、砂、石为原料，掺入少量外加剂、高分子聚合物等材料，通过调整配合比、减少孔隙率、增加密实度而配制的具有一定抗渗能力的水泥砂浆或混凝土防水材料做防水层的屋面。刚性防水屋面主要有普通细石混凝土防水屋面、补偿收缩混凝土防水屋面、块体刚性防水屋面等。它适用于屋面结构刚性较大、地质条件较好、无保温层的装配式或整体浇筑的钢筋混凝土屋盖，但不适用于设有松散保温材料层的屋面以及有较大震动或冲击的建筑屋面。刚性防水屋面要求设计可靠、构造合理、精心施工、确保质量。

（一）材料要求

防水层的细石混凝土宜用普通硅酸盐水泥或硅酸盐水泥，用矿渣硅酸盐水泥时应采用减少泌水性措施，不得使用火山灰质水泥。防水层的细石混凝土和砂浆中，粗骨料的最大粒径不宜超过 15mm，含泥量不应大于 1%；细骨料应采用中砂或粗砂，含泥量不应大于 2%；拌和用水应采用不含有害物质的洁净水。混凝土水灰比不应大于 0.55，水泥最小用量不应小于 330kg/m³，含砂率宜为 35%~40%，灰砂比应为 1：2~2.5，并宜掺入外加剂；混凝土强度不得低于 C20。普通混凝土、补偿收缩混凝土的自由膨胀率应为 0.05%~0.1%。

块体刚性防水层使用的块体应无裂纹、无石灰颗粒、无灰浆泥面、无缺棱掉角，质地密实，表面平整。

（二）结构层施工

当屋面结构层为装配式钢筋混凝土屋面板时，应采用稀释混凝土灌缝，强度等级不应小于 C20 级，并可掺微膨胀剂，板缝内应设置构造钢筋，板端缝应用密封材料嵌缝处理。找坡应采用结构找坡，坡度宜为 2%~3%。天沟、檐沟应用水泥砂浆找坡，找坡厚度大于 20mm 时，宜采用细石混凝土。刚性防水屋面的结构层宜为整体浇筑的钢筋混凝土结构。承重结构的施工同卷材防水屋面。

（三）隔离层施工

在结构层与防水层之间设有一道隔离层，以使结构层与防水层的变形互不制约，从而减少防水层受到的拉应力，避免开裂。隔离层可有石灰黏土砂浆或纸筋灰、麻筋灰、卷材、塑料薄膜等起隔离作用的材料制成。

1）石灰黏土砂浆隔离层施工

基层板面清扫干净、洒水湿润后，将石灰膏：砂：黏土配合质量比为 1：2.4：3.6 的配制料铺抹在板面上，厚度约 10~20mm，表面压实、抹光、平整、干燥后进行防水层施工。

2）卷材隔离层施工

用 1：3 水泥砂浆将结构层找平，并压实抹光养护，再在干燥的找平层上铺一层 3~8mm 的干细砂滑动层，然后铺一层卷材搭接缝用热沥青玛蹄脂胶结，或在找平层铺一层塑料薄膜作为隔离层。注意保护隔离层。

（四）刚性防水层施工

刚性防水层宜设分格缝，分格缝应设在屋面板支承处、屋面转折处或交接处。分格缝间距一般宜不大于 6m，或"一间一分格"。分格面积以不超过 36m² 为宜，缝宽宜为 20~40mm，分格缝中应嵌填密封材料。刚性防水层与山墙、女儿墙、变形缝两侧墙体交接处应留有宽度为 30mm 的缝隙，并用密封材料嵌填。泛水处应铺设卷材或涂膜附加层，收头和变形缝做法应符合设计或规范要求。

1）现浇细石混凝土防水层施工

首先清理干净隔离层表面，支分隔缝模板，不设隔离层时，可在基层上刷一遍 1：1 素水泥浆，放置 φ4~6mm 的双向冷拔低碳钢丝网片，间距为 100~200mm，位置宜居中稍偏上，保护层厚度不小于 10mm，且在分格处断开。混凝土的浇筑按先远后近、先高后低的顺序，一次浇完一个分格，不留施工缝，防水层厚度不宜小于 40mm，泛水高度不应低于

120mm，泛水转角处要做成圆弧或钝角。混凝土宜用机械振捣，直至密实和表面泛浆，泛浆后用铁抹子压实抹平。混凝土收水初凝后，及时取出分格缝隔板，修补缺损，二次压实抹光；终凝前进行第三次抹光；终凝后，立即养护，养护时间不得少于 14 天，施工合适气温为 5~35℃。

2）补偿收缩混凝土防水层施工

在细石混凝土中掺入膨胀剂，硬化后产生微膨胀来补偿混凝土的收缩，钢筋约束混凝土膨胀，又使混凝土产生预压自应力，从而提高其密实性和抗裂性，提高抗渗能力。膨胀剂的掺量可按内掺法计算，按配合比准确称量，膨胀剂与水泥同时投料，连续搅拌时间应不少于 3min。补偿收缩混凝土防水层的施工要求与普通细石混凝土防水层基本相同，可参照执行。

第三节　室内防水工程

厕浴间、厨房等室内的楼地面应优先选用涂料或刚性防水材料在迎水面做防水处理，也可选用柔性较好且易于与基层粘贴牢固的防水卷材。墙面防水层宜选用刚性防水材料或经表面处理后与粉刷层有较好结合性的其他防水材料。

一、涂料防水

涂料防水是无定型材料，现场调制后，通过刷、刮、抹、喷等操作，固化形成具有防水功能的膜层材料。它具有使形状复杂、节点繁多的作业简单、易行、无连接缝、防水效果可靠、易于维修的特点，越来越受到建筑业的青睐。防水涂料涂膜施工成型、力学性能受环境温度、湿度、基层的平整度等条件的影响、制约，因此施工过程中要严格操作。

（一）单组分聚氨酯防水涂料施工

1. 工艺流程

单组分聚氨酯防水涂料施工工艺流程：清理基层→细部附加层施工→第一遍涂膜防水层→第二遍涂膜防水层→第三遍涂膜防水层→第一次蓄水试验→保护层、饰面层施工→第二次蓄水试验→工程质量验收。

2. 操作要点

（1）清理基层：将基层表面的灰皮、尘土、杂物等铲除清扫干净，对管根、地漏和排水口等部位应认真清理。遇有油污时，可用钢刷或砂纸刷除干净。表面必须平整，如有凹陷处应用 1:3 水泥砂浆找平。最后，基层用干净的湿布擦拭一遍。

（2）细部附加层施工：地漏、管根、阴阳角等处应用单组分聚氨酯涂刮一遍做附加层处理，两侧各在交接处涂刷 200mm。地面四周与墙体连接处以及管根处，平面涂膜防水层宽度和平面拐角上返高度各≥250mm。地漏口周边平面涂膜防水层宽度和进入地漏口下返均为≥40mm，各细部附加层也可做一布二涂单组分聚氨酯涂刷处理。

（3）常温下第一遍涂膜达到表干时间后，再进行第二遍涂膜施工。

（二）聚合物水泥防水涂料（简称 JS 防水涂料）施工

1. 工艺流程

聚合物水泥防水涂料施工工艺流程：清理基层→配制防水涂料→底面防水层→细部附加层→涂刷中间防水层→涂刷表面防水层→第一次蓄水试验→保护层、饰面层施工→第二次蓄水试验→工程质量验收。

2. 操作要点

（1）细部附加层：对地漏、管根、阴阳角等易发生漏水的部位应进行密封或加强处理，方法如下：按设计要求在管根等部位的凹槽内嵌填密封胶，密封材料应压嵌严密，防止裹入空气，并与缝壁黏结牢固，不得有开裂、鼓泡和下塌现象。在地漏、管根、阴阳角和出入口等易发生漏水的薄弱部位，可加一层增强胎体材料，材料宽度不小于 300mm，搭接宽度应不小于 100mm。施工时先涂一层 JS 防水涂料，再铺胎体增强材料，最后，涂一层 JS 防水涂料。

（2）大面积涂刷涂料时，不得加铺胎体；如设计要求增加胎体时，必须使用耐碱网格布或 $40g/m^2$ 的聚酯无纺布。

（三）聚合物乳液（丙烯酸）防水涂料施工

（1）聚合物乳液（丙烯酸）防水涂料施工工艺流程：清理基层→底面防水层→细部附加层→涂刷中间防水层→铺贴增强层→涂刷上层防水层→涂刷表面防水层→防水层第一次蓄水试验→保护层、饰面层施工→第二次蓄水试验→工程质量验收。

（2）操作要点：

① 涂刷底层：取丙烯酸防水涂料倒入一个空桶中约 2/3，少许加水稀释并充分搅拌，用滚刷均匀地涂刷底层，用量约为 $0.4kg/m^2$，待手摸不粘手后进行下一道工序。

② 细部附加层：按设计要求在管根等部位的凹槽内嵌填密封胶，密封材料应压嵌严密，防止裹入空气，并与缝壁黏结牢固，不得有开裂、鼓泡和下塌现象；地漏、管根、阴阳角等易漏水部位的凹槽内，用丙烯酸防水涂料涂覆找平；在地漏、管根、阴阳角和出入口易发生漏水的薄弱部位，必须增加一层胎体增强材料，宽度不小于 300mm，搭接宽度不得小于 100mm，施工时先涂刷丙烯酸防水涂料，再铺增强层材料，然后再涂刷两遍丙烯酸防水涂料。

③ 涂刷中、面层防水层：取丙烯酸防水涂料，用滚刷均匀地涂在底层防水层上面，每遍涂约 $0.5\sim0.8kg/m^2$，其下层增强层和中层必须连续施工，不得间隔；若厚度不够，加涂一层或数层，以达到设计规定的涂膜厚度要求为准。

（四）改性聚脲防水涂料施工

1. 材料

改性聚脲防水涂料是以聚脲为主要原料，配以多种助剂制成，属于无有机溶剂环保型双组分合成高分子柔性防水涂料。

2. 施工要点

（1）工艺流程。改性聚脲防水涂料施工工艺流程：清理基层→细部附加层施工→第一遍涂膜防水层→第二遍涂膜防水层→第一次蓄水试验→保护层、饰面层施工→第二次蓄水试验→工程质量验收。

（2）操作要点：

① 配料：将甲、乙料先分别搅拌均匀，然后按比例倒入配料桶中充分拌和均匀备用，取用涂料应及时密封。配好的涂料应在 30min 内用完。

② 附加层施工：地漏、管根、阴阳角等处用调配好的涂料涂刷（或刮涂）一遍，做附加层处理。

③ 涂膜施工：附加层固化后，将配好的涂料用塑料刮板在基层表面均匀刮涂，厚度应均匀、一致。第一遍涂膜固化后，进行第二遍刮涂。刮涂要求与第一遍相同，刮涂方向应与第一遍刮涂方向垂直。在第二遍涂膜施工完毕尚未固化时，其表面可均匀地撒上少量干净的粗砂。

（五）水泥基渗透结晶型防水涂料施工

1. 工艺流程

水泥基渗透结晶型防水涂料施工工艺流程：基层检查→基层处理→基层润湿→制浆→重点部位的加强处理→第一遍涂刷涂料—制浆→第二遍涂刷涂料→检验→养护→检验→第一次蓄水试验→找坡层、垫层、饰面层施工→第二次蓄水试验工程质量验收。

2. 操作要点

（1）基层处理：先修理缺陷部位，如封堵孔洞，除去有机物、油漆等其他黏结物，遇有大于 0.4mm 以上的裂纹，应进行裂缝修理；对蜂窝结构或疏松结构，均应凿除，松动杂物用水冲刷至见到坚实的混凝土基面并将其润湿，涂刷浓缩剂浆料，再用防水砂浆填补、压实，掺合剂的掺量为水泥含量的 2%；打毛混凝土基面，使毛细孔充分暴露；底板与边墙相交的阴角处加强处理。用浓缩剂料团趁潮湿嵌填于阴角处，用手锤或抹子捣固压实。

（2）制浆：按体积比将粉料与水倒入容器内，搅拌 3~5min 混合均匀。一次制浆不宜过多，要在 20min 内用完，混合物变稠时要频繁搅动，中间不得加水、加料。

（3）第一遍涂刷涂料：涂料涂刷时，需用半硬的尼龙刷，不宜用抹子、滚筒、油漆刷等；涂刷时应来回用力，以保证凹凸处都能涂上，涂层要求均匀，不应过薄或过厚，控制在单位用量之内。

（4）第二遍涂刷涂料：待上道涂层终凝 6~12h 后，仍呈潮湿状态时进行；如第一遍涂层太干，则应先喷洒些雾水后再进行增效剂涂刷。此遍涂层也可使用相同量的浓缩剂。

（5）养护：养护必须用干净水，在涂层终凝后做喷雾养护，不应出现明水，一般每天需喷雾水 3 次，连续数天，在热天或干燥天气应多喷几次，使其保持湿润状态，防止涂层过早干燥。蓄水试验需在养护完 3~7 天后进行。

（6）重点部位加强处理：房间的地漏、管根、阴阳角、非混凝土或水泥砂浆基面等处用柔性涂料做加强处理。

二、复合防水施工

虽然传统的单层防水施工技术在工程中应用较多。由于商品混凝土的应用，使混凝土本体抗渗成为可能；高性能防水材料的应用，也可在一定程度上满足工程不渗不漏的要求。但是，仅仅依靠混凝土自防水或其他单层防水技术远远不能满足各类防水工程不渗不漏的要求。而复合防水技术则弥补了相关方面的不足。

（一）聚乙烯丙纶卷材-聚合物水泥复合防水施工

指采用聚乙烯丙纶卷材为主体以一定厚度的聚合物水泥防水黏结料冷粘卷材，形成整体的复合防水层施工。聚乙烯丙纶卷材的中间芯片为低密度聚乙烯片材，两面为热压一次成型的高强丙纶长丝无纺布，厚度≥0.7mm。聚乙烯丙纶的原料必须是原生的正规优质品，严禁使用再生原料及二次复合生产的卷材。聚合物水泥防水黏结料是以配套专用胶与水泥加水配制而成，黏结料应具有较强的黏结力和防水功能。

1. 工艺流程

聚乙烯丙纶卷材-聚合物水泥复合防水施工工艺流程：验收基层→清理基层→聚合物水泥防水黏结料配制→细部附加层处理→涂刷聚合物水泥防水黏结料→防水层粘贴→嵌缝封边→验收→第一次蓄水试验→验收→保护层→饰面施工→第二次蓄水试验→工程质量验收。

2. 操作要点

（1）聚合物水泥防水黏结料配制及使用要求：配制时，将专用胶放置于洁净的干燥器中，边加水边搅拌至专用胶全部溶解，然后加入水泥继续搅拌均匀，直至浆液无凝结块体、不沉淀时即可使用。每次配料必须按作业面工程量预计数量配制，聚合物水泥黏结料宜于4h内使用完，剩余的黏结料不得随意加水使用。聚合物水泥防水黏结料用于卷材与基层或卷材与卷材之间黏结，也可作为卷材接缝的密封嵌填。

（2）防水层应先做立墙、后做地面。

（3）管根附加层处理。

第一层：先测出已安装的(非敞开管口)管道直径 D，然后以 $D+200$mm 为边长，裁卷材成正方形，在正方卷材中心以 $D-5$mm 为直径画圈，用剪刀沿圆周边剪下[图 6.1(a)]，再从正方形一边的中部为起点裁剪开至圆形外径[图 6.1(b)]；在已裁好的正方形卷材和管根部位，分别涂刷聚合物水泥防水黏结料，将附加层卷材套粘在管道根部紧贴在管壁和地面上，粘贴必须严密压实、不空鼓。

第二层：指大面防水层的卷材作业至管根时，方法与第一层相同，圆口应大于直径剪裁，粘贴时应注意剪裁口应与第一层的剪裁口错开[图 6.1(c)]。

第三层：另剪裁一块正方形卷材，截切尺寸方法均同第一层做法，但侧边的剪口，粘贴时应与图 6.1(a)相反[图 6.1(d)]；然后，涂刷聚合物水泥防水黏结料在管根粘贴牢固。

第四层：做管根卷材围子。裁一块长方形卷材，长度为管周长即 $D×3.14+40$mm，宽度为围子高度即 $H+30$mm(H 一般为80mm)，从垂直长边方向均匀剪成小口，剪裁尺寸深度等于1/2高度[图 6.1(e)]。将卷材围子与管根分别涂刷聚合物水泥防水黏结料，绕管根将围子紧紧粘贴牢固并压实，用黏结料封边[图 6.1(f)]。

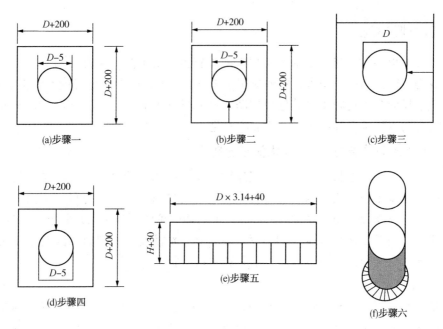

图 6.1 管根附加层做法示意图

（4）地漏、坐便器出水管、穿墙管做法的卷材裁剪，与管根附加层处理过程大致相同，但不剪口，直接套在管根上。

（5）从图 6.2 可以看出，阳角附加层做法如下：

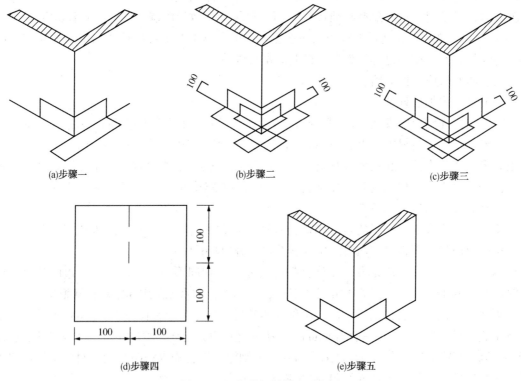

图 6.2 阳角附加层做法示意图

第一层(内附加层)：先剪裁 200mm 宽卷材做附加层，立面与平面各黏结 100mm[图 6.2(a)]。

第二层：将平面交接处的卷材向上返至立面大于 250mm[图 6.2(b)、图 6.2(c)]。

第三层及第四层(外附加层)：另剪裁一块 200mm 的正方形卷材，从任意一边的中点剪口直线至中心，前开口朝上，粘贴在阳角主防水上[图 6.2(d)]。

第四层：再剪裁与上述尺寸相同的附加层，剪口朝下，粘贴在阳角上[图 6.2(e)]。

(6) 从图 6.3 可以看出，阴角附加层做法如下：

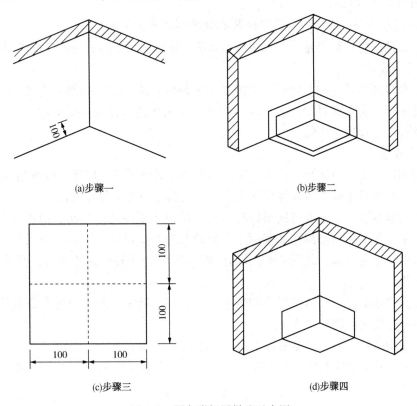

(a)步骤一   (b)步骤二

(c)步骤三   (d)步骤四

图 6.3　阴角附加层做法示意图

第一层(内附加层)：先剪裁 200mm 宽卷材做附加层，立面与平面各粘结 100mm[图 6.3(a)]。

第二层(主防水层)：将平面交接处的卷材向上翻至立面大于 250mm[图 6.3(b)]。

第三层及第四层(外附加层)：将卷材用剪刀裁成 200mm 的正方形片材，从其中任意一边的中点剪至方片中心点[图 6.3(c)]；然后，将被剪开部位折合重叠，折叠口朝上，涂刷水泥黏结阴角部位[图 6.3(d)]。

第四层方法与第三层相同，只是折叠口朝下。

(7) 主体防水层(大面积防水层)施工程序：

① 基层涂刷聚合物水泥防水黏结料：用毛刷或刮板均匀涂刮黏结料，厚度达到 1.3mm 以上，涂刮完的黏结料面上及时铺贴卷材。

② 卷材的铺贴：按粘贴面积将预先剪裁好的卷材铺贴在立墙、地面，铺贴时不应用力

拉伸卷材，不得出现皱折。用刮板推操压实并排除卷材下面的气泡和多余的防水黏结料浆。

③ 卷材搭接：卷材的搭接缝宽度长边为100mm，短边120mm。搭接缝边缘用聚合物水泥防水黏结料勾缝涂刷封闭，密封宽度不小于50mm。相邻两边卷材铺贴时，两个短边接缝应错开；如双层铺贴时，上下层的长边接缝应错开 1/2～1/3 幅宽。

（二）刚性防水材料与柔性防水涂料复合施工

刚柔防水材料复合施工，指底层采用无机抗渗堵漏防水材料作刚性防水，上层作柔性涂膜防水的两者复合施工。

1. 无机抗渗堵漏防水材料与单组分聚氨酯防水涂料复合施工

无机抗渗堵漏防水材料是由无机粉料与水按一定比例配制而成的刚性抗渗堵漏剂。

1）工艺流程

刚性防水材料与柔性防水涂料复合施工工艺流程：清理基层→细部附加层→刚性防水层→单组分聚氨酯防水涂料柔性防水层→撒砂→第一次蓄水试验→保护层、面层施工→第二次蓄水试验→工程质量验收。

2）操作要点

（1）附加层施工：将地漏、管根、阴阳角等部位清理干净，用无机抗渗堵漏材料嵌填、压实、刮平。阴阳角用抗渗堵漏材料刮涂两遍，立面与平面分别为200mm。

（2）刚性防水层：以抗渗堵漏材料与水按产品使用说明比例配制，搅拌成均匀、无团块的浆料，用橡胶刮板均匀刮涂在基面上，要求往返顺序刮涂，不得留有气孔和砂眼，每遍的刮压方向与上遍垂直，共刮两遍，每遍刮涂完毕，用手轻压无印痕时，开始洒水养护，避免涂层粉化。

（3）柔性防水层：刚性防水层养护表干后，管根、地漏、阴阳角等节点处用单组分聚氨酯涂刮一遍，做法同附加层施工。

（4）大面积涂刮单组分聚氨酯防水涂料，涂刷2～3遍。

（5）最后一遍防水涂料施工完尚未固化前，可均匀撒布粗砂，以增加防水层与保护层之间的黏结力。

2. 抗渗堵漏防水材料与聚合物防水涂料复合施工

1）工艺流程

抗渗堵漏防水材料与聚合物防水涂料复合施工工艺流程：清理基层→细部附加层→刚性防水层→聚合物水泥防水涂料柔性防水层→撒砂→第一次蓄水试验→保护层、面层施工→第二次蓄水试验→工程质量验收。

2）操作要点

（1）附加层施工：地漏、管根、阴阳角、沟槽等处清理干净，用水不漏材料嵌填、压实、刮平。

（2）刚性防水层：将缓凝型水不漏搅拌成均匀浆料。用抹子或刮板抹两遍浆料，抹压后潮湿养护。

（3）柔性防水层：刚性防水层表面必须平整干净，阴阳角处呈圆弧形。按规定比例配制聚合物水泥防水涂料，在桶内用电动搅拌器充分搅拌均匀，直到料中不含团粒。

（4）涂覆底层：待刚性防水层干固后，即可涂覆底层涂膜。

（5）涂覆中、面层：待底层涂膜干固后，即可涂覆中、面层涂膜。涂膜厚度不小于1.2mm。涂覆时涂料如有沉淀，应随时搅拌均匀；每层涂覆必须按规定取料，切不可过多或过少；涂覆要均匀，不应有局部沉积。涂料与基层之间黏结严密，不得留有气泡；各层之间的间隔时间，以前一层涂膜干固、不粘手为准。

（三）界面渗透型防水液与柔性防水涂料复合施工

采用界面渗透型防水液进行大面积喷涂，管根、阴阳角等细部采用柔性防水涂料进行处理的复合防水施工。界面渗透型防水液可直接喷于混凝土表面、水泥砂浆和水泥方砖面层，柔性防水涂料可采用浓缩乳液防水涂料、单组分聚氨酯防水涂料、聚合物水泥防水涂料。

1. 材料

（1）界面渗透型防水液，又称防水液（Deep Penetration Sealer，简称 DPS）。

（2）柔性防水涂料：浓缩乳液防水涂料（Repair Mortsr&Overlay Concentrate，简称 RMO 涂料），是以防水浓缩乳液与水泥混合后制成的防水涂料。

（3）单组分聚氨酯防水涂料、聚合物水泥防水涂料。

2. 工艺流程

界面渗透型防水液与柔性防水涂料复合施工工艺流程：清理基层→基层湿润→大面喷涂防水液（刚性防水层）→细部附加层施工（柔性防水涂料）→局部涂刷柔性防水涂料→第一次蓄水试验→保护层施工→饰面层施工→第二次蓄水试验→工程质量验收。

3. 操作要点

（1）基层处理：基层应清除干净，去除污迹、灰皮、浮渣等。混凝土基层应坚实、平整；若有蜂窝、麻面、干裂、酥松等缺陷，应进行修补。修补前剔凿缺陷部位，彻底清洗干净后喷涂界面渗透型防水液，用水泥砂浆修补抹平。遇有可见裂缝，用浓缩乳液防水涂料刮涂。

（2）基层湿润：旧混凝土或新浇筑的混凝土表面，先用水冲刷或润湿，湿润后的基层不应有明水。

（3）制备防水液：防水液是使用原液直接喷涂，严禁掺水稀释；使用前，将溶液储存桶摇动 2~3min，再把桶内溶液倒入背伏式喷雾器备用。如果溶液有冻结现象，应待完全溶化后使用；防水液使用前，应加入微量酚酞（粉红色酸碱指示剂），并用力摇匀浴液至产生泡沫时，喷涂于混凝土表面（粉红色 4h 后自动消失）。

（4）喷涂防水液：防水液可直接喷干混凝土表面或水泥方砖、水泥砂浆面层。一般只需喷涂一次。对特殊要求的部位，可视混凝土及砂浆表面粗糙程度不同加喷。新浇筑混凝土强度到 1.2MPa 能上人时，即可进行喷涂。大面积喷涂时，应先里后外，左右喷射，每次喷涂应覆盖前一喷涂圈的一半，使防水液充分、均匀地浸透全部施工面。平面与立面之间的交接处喷涂，应有 150mm 的搭接层。垂直表面上喷涂时，如果溶液往下流，应加快喷嘴喷射速度；同时，边喷边刷，使整个区域均匀覆盖之后再以同样的覆盖率进行一次以使喷涂面完全饱和，要在喷涂后 15~20min 内检查该区域；如发现某些区域干得较快，则待检查完毕再重新在该区域加以喷涂，多余的防水液并不能渗透，而浮于表面成黏稠状。对多余的黏状物，可用水冲掉或刮掉。防水液正常的渗透时间为 1~2h；若天气干燥时，可在喷涂后 1h 于混凝土表面轻喷清水，以便溶液更好地渗入。30min 后便可允许轻度触碰。处理 3h 后或表面干燥时可行走，喷涂 24h 后可进行其他作业。

（5）细部附加层施工：①采用浓缩乳液防水涂料施工：先按体积比配制涂料，搅拌均匀后静止 10min（使其反应充分）待用，严禁在使用过程中加水、加料。已搅拌好的浓缩乳液防水涂料应在 2h 内用完，已凝固的料不得搅拌再用。在大面喷涂防水液 24h 后，对管根、阴阳角、地漏等部位，即可进行局部附加层部位的施工。先在附加层部位涂刷底料后，涂刷第一遍净浆涂粘料。每次涂层表干后（约 4h）再涂刷一遍，一般涂刷 3~4 遍，每次涂刷均匀，总涂层厚度为 0.8mm。冬期施工时，可用热风机进行局部加热。②采用单组分聚氨酯防水材料、聚合物水泥防水涂料（JS）做附加层施工：在大面积喷涂完防水液 24h 后，对管根、阴阳角、地漏等部位，即可进行局部附加层部位的施工。附加层涂层厚度不小于 1.5mm。操作要点与单组分聚氨酯防水材料、聚合物水泥涂料施工相同。混凝土基层出现表面疏松或可见裂缝较多时，应采用刚柔复合做法。

三、泳池用聚氯乙烯膜片施工

聚氯乙烯（PVC）膜材为一种最大厚度仅 1.5mm、兼装饰和防水于一体的泳池专用防水材料。采用该种材料作为游泳池的防水面层，不仅从外观上等同于或者超过马赛克（瓷砖）面层的美观效果，而且防水效果好。

（一）材料

聚氯乙烯膜片是以聚氯乙烯树脂为主要原料、并加入添加剂等制成的片材，分为增强型聚氯乙烯膜片和非增强型聚氯乙烯膜片，增强型是在膜片中加入纤维网而提高片材的强度。该膜片可用于主体结构为混凝土或钢等材料泳池的防水和装饰工程，铺设在泳池主体结构的迎水面。

（二）设计

聚氯乙烯膜片的安装方式可分为导轨锁扣式和聚氯乙烯复合型钢（钢板）焊挂式。应根据工程的具体条件，选择聚氯乙烯膜片的安装方式。对有特殊防滑要求的部位，应铺设具有特殊防滑功能的聚氯乙烯膜片。在泳池底表面，最好在聚氯乙烯膜片下设置聚酯无纺布。对聚氯乙烯膜片下设置盲沟的工程，优先选用增强型聚氯乙烯膜片，并在聚氯乙烯膜片下铺设聚酯无纺布。

（三）施工要点

1. 施工准备

聚氯乙烯膜片用于不同形状、规模、结构的泳池时，池壁表面应顺直（顺直度在 3mm 以内）、平整，池底表面应平整（平整度在 3mm 以内）、光滑、干净，不得有沙砾或其他尖锐物件留存，并通过专项验收；泳池的排水系统、过滤系统、预埋管件、预留洞口等，应按设计要求完成，并通过专项验收；聚氯乙烯膜片施工前，主体结构的基层表面应进行杀菌处理。

2. 工艺流程

关于泳池用聚氯乙烯膜片施工工艺流程：铺设泳池池壁→铺设泳池池底→铺设泳池池角或弧形角边→焊接泳池池壁和池底的交接叠缝→检验→修补→复验。

3. 操作要点

（1）聚氯乙烯膜片施工的环境气温宜为 10~36℃。

（2）聚氯乙烯膜片铺设应符合下列规定：①膜片铺设前应作下料分析，绘出铺设顺序和裁剪图；②膜片铺设时应拉紧，不可人为硬折和损伤；③膜片之间形成的节点，应采用 T 形，不宜出现十字形；④膜片应采用固定件固定，铆钉间距为 200mm；⑤池壁应先沿水平方向铺设，然后自上而下铺设。宽幅聚氯乙烯膜片必须铺在池壁上端。池壁上端的聚氯乙烯膜片应压住下端的聚氯乙烯膜片；⑥池底平面铺设宜沿横向进行，多层搭接缝应留在阴角处；⑦池壁与池底的焊接缝应留在池底距池壁 150mm 处。

（3）工程塑料导轨和聚氯乙烯型钢复合件与泳池主体结构的连接应采用机械式或焊接固定，固定点间隔不得大于 200mm。

（4）锁扣与工程塑料导轨间应紧密结合，聚氯乙烯膜片受压后不得脱落。

（5）法兰片应坚固密封；法兰上的螺钉头不得外露。

（6）加强型聚氯乙烯膜片应采用热空气焊接技术。

（7）应采用聚氯乙烯膜片密封胶对焊接缝进行密封处理。涂密封胶处应均匀、圆滑，密封胶缝的宽度宜为 2~5mm。

（8）非加强型聚氯乙烯膜片应按照泳池的实际尺寸，采用高周波焊接机焊接加工后，再运至泳池现场安装。

（四）维护和管理

膜片泳池工程竣工验收后，应由使用单位指派专人负责管理。严禁在聚氯乙烯膜片上凿孔打洞、重物冲击；不得在聚氯乙烯膜片上堆放杂物和增设构筑物。需要在聚氯乙烯膜片上增加设施时，应做好相应的防水和装饰处理；泳池每 7~15 天应定期进行水线清洗；泳池中严禁直接投加原装药品。药品应进行稀释后投加；泳池池水的 pH 值应控制在 7.2~7.6 范围内；当聚氯乙烯膜片表面有明显污迹时，应及时采用专用吸污工具清理干净，严禁使用金属刷或其他尖硬、锋利工具清洁聚氯乙烯膜片表面。不得采用硫酸铜类清洗剂清洗；对难洗的严重污迹，可采用低酸化学清洁剂清洗；泳池使用时，环境温度应控制在 5~40℃。当环境温度低于 5℃，在冰冻来临前，应在聚氯乙烯膜片泳池内安装或使用防冰冻装置(例如：泳池防冰冻浮箱、防冰冻液等)；同时，应将池水排干，及时清洗聚氯乙烯膜表面上的脏物、污迹，做好保护措施。

第七章　建筑节能施工

第一节　建筑节能施工的重要性与现状

一、建筑节能施工技术的重要性

我国在能源资源方面存在严重的短缺问题，所以在进行建筑工程建设的过程中，应当强化建筑节能施工技术，以达到有效节能降耗的目标。从目前建筑行业的发展进程来看，业内也广泛关注节能降耗的问题，在实际开展建筑工程建设工作的过程中，科学制定出良好的节能施工技术应用计划，强化对于节能环保理念的推广和应用。

合理采用节能技术，既能够切实达到成本控制的效果，还可以在现有的基础上实现成本管理水平的提升，最大限度提高资源的利用效率，最终实现行业整体的可持续发展。在建筑工程建设施工过程中不断应用各种节能施工技术，能够有效保障能源的应用效率，使得各项成本费用都能够发挥出其应有的作用。

合理应用节能技术可以在现有的基础上降低施工作业中普遍存在的资源浪费现象，有效解决建筑垃圾过多的问题。强化对于资源回收技术的应用，能够使得部分建筑垃圾在回收利用的过程中发挥出更多的价值，在减少成本投入的同时，还能够达到生态环保的效果。积极应用当下新型的环保绿色资源，可以在减少资源浪费现象的基础上提高资源产业的多元化发展水平。

节能施工技术在建筑工程建设领域的应用直接影响着行业整体的发展水平，优化节能施工技术可以切实提升工程整体的经济效益，进而带动行业整体的可持续发展，与此同时，在建筑工程建设过程中采用节能施工技术势必会涉及各种材料以及设备的应用，这样一来，便能够带动其他相关产业的发展，例如节能材料、电子以及机械产业等，营造出多个产业共同发展的良好局面。

二、我国建筑节能技术发展应用的现状

房屋建筑施工项目的质量是人们的日常生活安全和财产安全的重要保障。我国人口较多，对于各类资源的需求量较大，在满足人们日常生活需求的基础上要尽量做到资源的节约。就目前的实际状况来说，建筑节能施工技术可以有效减少资源消耗，符合我国未来发展的指导方向，同时也是未来建筑行业发展的主要方向。通常情况对于房屋建筑的施工过程来说，对于施工材料的选择，要尽量选择可再生资源，防止过度使用和消耗自然资源，同时也要严格把控房屋建筑的施工质量。建筑节能施工技术施工周期较短，但需要在施工之前做较多的准备工作，例如对于工程施工图纸的设计以及相关施工材料的选择，要尽量

选择当前新型的节能材料，并不断研究和开发新技术与新材料，促进建筑行业的健康环保发展。

第二节 建筑节能施工技术的应用

一、建筑屋面节能施工

在建筑屋面施工中，节能施工技术的应用体现在保温隔热屋面的应用上，保温隔热屋面主要指的是严格按照相应的规范和标准要求，基于科学可行的施工方案展开相应的保温隔热层施工。该类型屋面通常情况下对板材有着较高平整性的要求，在实际粘贴时务必要保证缝隙之间的严密程度，若是在铺设过程中使用的材料较为松散，应当将材料有效压实，如此才能够有效降低屋面表层粗糙的可能性，从根本上保障坡向的精确性。施工人员应当第一时间采取相应的防水措施，以实现屋面自身保温效果的优化提升，还可以将隔水层铺设于保温层与找平层之间，提高屋面的强度。

除了保温隔热屋面以外，若想在建筑屋面施工中达到良好的节能效果，还可以使用架空隔热屋面，这种屋面对有较好通风条件的平屋面建筑来说有着较强的实用性，但若是施工场所的天气比较寒冷，且通风条件差，便无法有效应用架空隔热屋面。要注意的是，在实际展开架空隔热屋面施工的时候，应当切实保障好地面的平整度，并确保铺设的牢固性，合理采用水泥砂浆等材料填充缝隙，在设置屋面出风口的过程中，需要在负压区域内进行设置，并在正压区域中设置进风口。在建筑屋面节能施工中，屋面的架空高度是至关重要的影响因素之一，基于此，施工人员务必综合考虑屋面的高度以及坡度，进而确定合理的架空高度，要注意的是，在实际铺设架空板的时候务必保障屋面具有良好的清洁度，此举有利于提升隔热层气流的通畅程度。

二、门窗节能施工

在门窗节能施工方面，应当注重保障好建筑外窗的气密性，强化对于相关材料的合理选择，确保具有更好的密封效果，与此同时还要将那些更具高密封性以及弹性松软性的材料应用于墙同门窗框之间的缝隙位置。在开展门窗框密封工作时，可以适当加强橡塑以及橡胶等材料的应用，在进行玻璃和门窗扇密封工作的时候可使用各种类型的弹性压条提高气密性。为有效提升门窗节能效果，可以强化对于各种新型玻璃的应用，新型玻璃主要指的是那些有着较低辐射的玻璃，与此同时，这种类型的玻璃还有着较高的透光率以及较低的反射率，有助于吸收太阳辐射能量。此外有着较低的长波红外热透光率的要求，所以在保温性能方面很高，若是将其制作成中空玻璃，便会使得传热系数得到大幅降低，甚至仅为普通单层玻璃的 25% 左右。门窗边框与墙体连接处应预留出保温层厚度，并做好门窗框表面的保护。窗户辅框安装验收合格后方可进行窗口部位的保温抹灰施工，门窗口施工时应先抹门窗侧口、窗台和窗上口，再抹大面墙。

三、墙体保温节能施工

一般来说墙体保温层可以在外侧和内侧分别设置。相对于外保温来说，内保温施工较为简单，但存在保温效果不足、防火安全隐患大及减少使用面积等问题，而外保温能较好解决上述问题。由于建筑外墙保温系统是一种复合构造层，因此外墙保温层开裂、空鼓、脱落的问题多出现在各构造层交界处，常见有保温层脱落和饰面层脱落的现象。对于墙体保温施工来说，可以采用喷涂、抹灰、粘贴等多种方法，施工中应根据实际情况以及施工要求，确定最佳的施工方式。以抹灰方式施工的保温砂浆墙体节能做法最易出现质量问题，施工中要对墙体展开相应的修平和清洁工作，切实保障保温层厚度能够与相关标准相适应，在需要的情况下应当针对墙面进行冲筋处理。在抹灰的过程中需强化对于厚度的把控，确保其能够维持在 10mm 左右，若是上一层单位强度能够满足相关规定，便可以继续进行下一层的施工。一般来说，保温砂浆常应用在采暖与非采暖隔墙的内保温部位，但若是应用于墙体外侧，则应采取相应的防裂以及防水措施。

四、建筑节水施工

对于房屋建筑节能施工来说，实现以建筑节水为目的的施工技术是较为重要的组成部分。在最初的设计阶段便要综合考虑水质的标准，采取相应的处理回收利用措施。

建筑节水最主要的方法是对雨水进行收集并回收再利用，特别是大尺度屋面雨水收集再利用系统施工中，施工单位在完成屋面防水处理的同时，更要完成对于相应的雨水收集储备用水构造技术的细部处理，当遇到长期无雨的天气状况时，便可以利用这部分水资源浇灌周围树木。在污水回收利用方面，施工人员在应用建筑节能施工技术的过程中应当注重对于特殊净化设备的应用，应严格遵循"高品质多使用、低品质少使用"的原则，比如在人们日常生活中使用过的水可以将其处理之后用在绿化和景观上，对回收的污水应用在建筑的厕所给水系统中用于冲洗厕所，这样既能够满足用水的相关标准和要求，还能够有效节约水资源。

五、环境保护

建筑工程在施工过程中应优化选择合理的施工方式，减少在土壤污染、水污染及扬尘等方面对于生态环境产生的负面影响。例如在进行基坑施工的时候，可以在基坑附近设置1.5m 高安全栏杆，并在外面悬挂绿色的密目网。在地上施工的过程中，应当构建封闭式的室外脚手架，要注意的是，脚手架本身应当在建筑物 1.5m 以上，并在外面悬挂上绿色的密目网。针对施工现场道路，相关工作人员应当从其道路的实际用途出发，展开相应的硬化处理工作，合理进行土方的堆放。在施工开展的全过程中，工作人员需要实时动态地对现场进行洒水，并及时清扫灰尘。与此同时，施工单位可以将封闭式垃圾站设置于施工现场，以便于更加科学合理地进行施工垃圾的清理和运输工作。一旦出现大风天气，且大风处在 5级以上的情况下，应当强化采取相应的防尘措施，否则不能展开露天作业。

下篇 施工管理

第八章　施工质量管理

第一节　工程质量管理概述

一、质量管理和工程项目质量管理

我国标准《质量管理体系 基础和术语》（GB/T 19000—2016/ISO 9000：2015）关于质量管理的定义是：在质量方面指挥和控制组织的协调活动。与质量有关的活动，通常包括质量方针和质量目标的建立、质量策划、质量控制、质量保证和质量改进等。所以，质量管理就是建立和确定质量方针、质量目标及职责，并在质量管理体系中通过质量策划、质量控制、质量保证和质量改进等手段来实施和实现全部质量管理职能的所有活动。

工程项目质量管理是指在工程项目实施过程中，指挥和控制项目参与各方关于质量的相互协调的活动，是围绕着使工程项目满足质量要求，并开展的策划、组织、计划、实施、检查、监督和审核等所有管理活动的总和。它是工程项目的建设、勘察、设计、施工、监理等单位的共同职责，项目参与各方的项目经理必须调动与项目质量有关的所有人员的积极性，共同做好本职工作，才能完成项目质量管理的任务。

全面质量管理(Total Quality Management，TQM)是企业管理的中心环节，是企业管理的纲领，它和企业的经营目标是一致的。这就要求将企业的生产经营管理和质量管理有机地结合起来。

二、全面质量管理

(一) 全面质量管理的基本概念

全面质量管理是以组织全员参与为基础的质量管理模式，它代表了质量管理的最新阶段，最早起源于美国。阿曼德·费根堡姆指出："全面质量管理是为了能够在最经济的水平上，并充分考虑到满足用户要求的条件下进行市场研究、设计、生产和服务，把企业内各部门研制质量、维持质量和提高质量的活动构成为一体的一种有效体系。"他的理论经过世界各国的继承和发展，得到了进一步的扩展和深化。1994 年版 ISO 9000 族标准中对全面质量管理的定义为：一个组织以质量为中心，以全员参与为基础，目的在于通过让顾客满意和本组织所有成员及社会受益而达到长期成功的管理途径。国家标准《质量管理体系 基础和术语》（GB/T 19000—2008/ISO 9000：2005）对质量下的定义为：一组固有特性满足要求的程度。国家标准《质量管理体系 基础和术语》（GB/T 19000—2016/ISO 9000：2015）对质量下的定义为：客体的一组固有特性满足要求的程度。目前更流行、更通俗的定义是从用户的角度去定义质量：质量是用户对一个产品（包括相关的服务）满足程度的度量。质量是产品或服务的生命。质量受企业生产经营管理活动中多种因素的影响，是企业各项工作的综合反映。要保证和提高产品质量，必须对影响质量的各种因素进行全面而系统的管理。全面质量管理，就是企业组织全体职工和有关部门参加，综合运用现代科学和管理技术成果，控制影响产品质量的全过程和各因素，经济地研制生产和提供用户满意的产品的系统管理活动。

（二）全面质量管理的基本要求

1. 全过程管理

任何一个工程（产品）的质量都有一个产生、形成和实现的过程，整个过程是由多个相互联系、相互影响的环节所组成，每一个环节或重或轻地影响着最终的质量状况。因此，要搞好工程质量管理，必须把形成质量的全过程和有关因素控制起来，形成一个综合的管理体系，做到以防为主，防检结合，重在提高。

2. 全员的质量管理

工程（产品）的质量是企业各方面、各部门、各环节工作质量的反映。每一环节、每一个人的工作质量都会不同程度地影响着工程（产品）的最终质量。工程质量人人有责，只有人人都关心工程的质量，做好本职工作，才能生产出好质量的工程。

3. 全企业的质量管理

全企业的质量管理一方面要求企业各管理层次都要有明确的质量管理内容，各层次的侧重点要突出，每个部门应有自己的质量计划、质量目标和对策，层层控制；另一方面就是要把分散在各部门的质量职能发挥出来。

4. 多方法的管理

影响工程质量的因素越来越复杂，既有物质的因素，又有人为的因素；既有技术因素，又有管理因素；既有内部因素，又有企业外部因素。要搞好工程质量，就必须把这些影响因素控制起来，分析它们对工程质量的不同影响，灵活运用各种现代化管理方法来解决工程质量问题。

（三）全面质量管理的基本指导思想

1. 质量第一、以质量求生存

任何产品都必须达到所要求的质量水平，否则就没有或未实现其使用价值，从而给消费者、给社会带来损失。从这个意义上讲，质量必须是第一位的。贯彻"质量第一"就要求企业全员，尤其是领导层，要有强烈的质量意识；要求企业在确定质量目标时，首先应根据用户或市场的需求，科学地确定质量目标，并安排人力、物力、财力予以保证。当质量与数量、社会效益与企业效益、长远利益与眼前利益发生矛盾时，应把质量、社会效益和长远利益放在首位。"质量第一"并非"质量至上"。质量不能脱离当前的市场水准，也不能不问成本一味地讲求质量。应该重视对质量成本的分析，把质量与成本加以统一，确定最适合的质量。

2. 用户至上

在全面质量管理中，这是一个十分重要的指导思想。"用户至上"，就是要树立以用户为中心，为用户服务的思想。要使产品质量和服务质量尽可能满足用户的要求。产品质量的好坏最终应以用户的满意程度为标准。这里所谓用户是广义的，不仅指产品出厂后的直接用户，而且指在企业内部，下道工序是上道工序的用户，如混凝土工程、模板工程的质量直接影响混凝土浇筑这一下道关键工序的质量。每道工序的质量不仅影响下道工序质量，也会影响工程进度和费用。

3. 质量是设计、制造出来的，而不是检验出来的

在生产过程中，检验是重要的，它可以起到不允许不合格品出厂的把关作用，同时还可以将检验信息反馈到有关部门。但影响产品质量好坏的真正原因并不在检验，而主要在于设计和制造。设计质量是先天性的，在设计的时候就已经决定了质量的等级和水平；而制造只是实现设计质量，是符合性质量。两者不可偏废，都应重视。

4. 突出人的积极因素

从某种意义上讲，在开展质量管理活动过程中，人的因素是最积极、最重要的因素。与质量检验阶段和统计质量控制阶段相比较，全面质量管理阶段格外强调调动人的积极因素的重要性。这是因为现代化生产多为大规模系统，环节众多，联系密切复杂，远非单纯靠质量检验或统计方法就能奏效的。必须调动人的积极因素，加强质量意识，发挥人的主观能动性，以确保产品和服务的质量。全面质量管理的特点之一就是全体人员参加的管理，"质量第一，人人有责"。

要增强质量意识，调动人的积极因素，一靠教育，二靠规范，需要通过教育培训和考核，同时还要依靠有关质量的立法以及必要的行政手段等各种激励及处罚措施。

5. 全面质量管理的运转模式

质量保证体系运转方式是按照计划(P)、执行(D)、检查(C)、处理(A)的管理循环进行的，它包括4个阶段和8个工作步骤。

1) 4个阶段

(1) 计划阶段。按使用者要求，根据具体生产技术条件，找出生产中存在的问题及其原因，拟定生产对策和措施计划。

(2) 执行阶段。按预定对策和生产措施计划，组织实施。

(3) 检查阶段。对生产成品进行必要的检查和测试，即把执行的工作结果与预定目标对比，检查执行过程中出现的情况和问题。

(4) 处理阶段。把经过检查发现的各种问题及用户意见进行处理。凡符合计划要求的予以肯定，形成文件标准化。对不符合设计要求和不能解决的问题，转入下一循环以便进一步研究解决。

2) 8个步骤

(1) 调查分析现状，找出问题。这一步骤是对工程质量状况进行调查分析，找出存在的质量问题。不能凭印象和表面作判断，结论要用数据表示。

(2) 分析各种影响因素。要把影响质量的可能因素一一加以分析，找出出现问题的各个薄弱环节。

(3) 找出主要影响因素。影响因素有主次之分，要努力找出主要因素进行解剖，才能改进工作，提高产品质量。

(4) 研究对策，针对主要因素拟定措施，制订计划，确定目标。

以上①~④属于P阶段工作内容。

(5) 执行措施，为D阶段的工作内容。

(6) 检查工作成果，对执行情况进行检查，找出经验教训，为C阶段的工作内容。

(7) 巩固措施, 制定标准, 把成熟的措施订成标准(规程、细则), 形成制度。

(8) 将遗留问题转入下一个循环。

以上⑦和⑧为 A 阶段的工作内容。

3) PDCA 循环的特点

4 个阶段缺一不可, 先后次序不能颠倒。就好像一只转动的车轮, 在解决质量问题中滚动前进, 逐步使产品质量提高。企业的内部 PDCA 循环各级段都有, 整个企业是一个大循环, 企业各部门又有自己的循环。大循环是小循环的依据, 小循环又是大循环的具体和逐级贯彻落实的体现。PDCA 循环不是在原地转动, 而是在转动中前进。每个循环结束, 质量便提高一步。

A 阶段是一个循环的关键, 这一阶段的目的在于总结经验, 巩固成果, 纠正错误, 以利于下一个管理循环。

质量的好坏反映了人们质量意识的强弱, 也反映了人们对提高产品质量意识的认识水平。有了较强的质量意识, 还应使全体成员对全面质量管理的基本思想和方法有所了解。

第二节　施工质量事故的预防

建立健全施工质量管理体系, 加强施工质量控制, 就是为了预防施工质量问题和质量事故, 在保证工程质量合格的基础上, 不断提高工程质量。所以, 施工质量控制的所有措施和方法, 都是预防施工质量事故的措施。具体来说, 施工质量事故的预防, 应运用风险管理的理论和方法, 从寻找和分析可能导致施工质量事故发生的原因入手, 抓住影响施工质量的各种因素和施工质量形成过程的各个环节, 采取有针对性的预防控制措施。

一、施工质量事故发生的原因

施工质量事故发生的原因大致有如下四类。

(1) 技术原因。技术原因指引发质量事故是由于在项目勘察、设计、施工中技术上的失误。例如, 地质勘察过于疏略, 对水文地质情况判断错误, 致使地基基础设计采用不正确的方案或结构设计方案不正确, 计算失误, 构造设计不符合规范要求; 施工管理及实际操作人员的技术素质差, 采用了不合适的施工方法或施工工艺等。这些技术上的失误是造成质量事故的常见原因。

(2) 管理原因。管理原因指引发的质量事故是由于管理上的不完善或失误。例如, 施工单位或监理单位的质量管理体系不完善, 质量管理措施落实不力, 施工管理混乱, 不遵守相关规范, 违章作业, 检验制度不严密, 质量控制不严格, 检测仪器设备管理不善而失准, 以及材料质量检验不严等原因引起质量事故。

(3) 社会、经济原因。社会、经济原因指引发的质量事故是由于社会上存在的不正之风及经济上的原因, 滋长了建设中的违法违规行为, 而导致出现质量事故。例如, 违反基本建设程序, 无立项、无报建、无开工许可、无招投标、无资质、无监理、无验收的"七无"工程, 边勘察、边设计、边施工的"三边"工程, 屡见不鲜, 几乎所有的重大施工质量事故都能从这个方面找到原因; 某些施工企业盲目追求利润而不顾工程质量, 在投标报价中随意压低标价，中标后则依靠违法的手段或修改方案追加工程款，甚至偷工减料等，这些因素都会导致发生重大工程质量事故。

（4）人为事故和自然灾害原因。人为事故和自然灾害原因指造成质量事故是由于人为的设备事故、安全事故，导致连带发生的质量事故，以及严重的自然灾害等不可抗力造成的质量事故。

二、施工质量事故预防的具体措施

（1）严格按照基本建设程序办事。首先要做好项目可行性论证，不可未经深入的调查分析和严格论证就盲目拍板定案；要彻底搞清工程地质水文条件方可开工；杜绝无证设计、无图施工；禁止任意修改设计和不按图纸施工；工程竣工不进行试车运转、不经验收不得交付使用。

（2）认真做好工程地质勘察。地质勘察时要适当布置钻孔位置和设定钻孔深度。钻孔间距过大，不能全面反映地基实际情况；钻孔深度不够，难以查清地下软土层、滑坡、墓穴、孔洞等有害地质构造。地质勘察报告必须详细、准确，防止因根据不符合实际情况的地质资料而采用错误的基础方案，导致地基不均匀沉降、失稳，使上部结构及墙体开裂、破坏、倒塌。

（3）科学地加固处理好地基。对软弱土、冲填土、杂填土、湿陷性黄土、膨胀土、岩层出露、岩溶、土洞等不均匀地基要进行科学的加固处理。要根据不同地基的工程特性，按照地基处理与上部结构相结合使其共同工作的原则，从地基处理与设计措施、结构措施、防水措施、施工措施等方面综合考虑治理。

（4）进行必要的设计审查复核。要请具有合格专业资质的审图机构对施工图进行审查复核，防止因设计考虑不周、结构构造不合理、设计计算错误、沉降缝及伸缩缝设置不当、悬挑结构未通过抗倾覆验算等原因，导致质量事故的发生。

（5）严格把好建筑材料及制品的质量关。要从采购订货、进场验收、质量复验、存储和使用等几个环节，严格控制建筑材料及制品的质量，防止不合格或是变质、损坏的材料和制品用到工程上。

（6）对施工人员进行必要的技术培训。要通过技术培训使施工人员掌握基本的建筑结构和建筑材料知识，懂得遵守施工验收规范对保证工程质量的重要性，从而在施工中自觉遵守操作规程，不蛮干，不违章操作，不偷工减料。

（7）依法进行施工组织管理。施工管理人员要认真学习、严格遵守国家相关政策法规和施工技术标准，依法进行施工组织管理；施工人员首先要熟悉图纸，对工程的难点和关键工序、关键部位应编制专项施工方案并严格执行；施工作业必须按照图纸和施工验收规范、操作规程进行；施工技术措施要正确，施工顺序不可搞错，脚手架和楼面不可超载堆放构件和材料；要严格按照制度进行质量检查和验收。

（8）做好应对不利施工条件和各种灾害的预案。要根据当地气象资料的分析和预测，事先针对可能出现的风、雨、高温、严寒、雷电等不利施工条件，制定相应的施工技术措施。还要对不可预见的人为事故和严重自然灾害做好应急预案，并有相应的人力、物力储备。

（9）加强施工安全与环境管理。许多施工安全和环境事故都会连带发生质量事故，加强施工安全与环境管理，也是预防施工质量事故的重要措施。

第三节 施工质量事故的处理

一、施工质量事故处理的依据

（1）质量事故的实况资料包括质量事故发生的时间、地点；质量事故状况的描述；质量事故发展变化的情况；有关质量事故的观测记录、事故现场状态的照片或录像；事故调查组调查研究所获得的第一手资料。

（2）有关合同及合同文件包括工程承包合同、设计委托合同、设备与器材购销合同、监理合同及分包合同等。

（3）有关的技术文件和档案主要是有关的设计文件（如施工图纸和技术说明）、与施工有关的技术文件、档案和资料（如施工方案、施工计划、施工记录、施工日志、有关建筑材料的质量证明资料、现场制备材料的质量证明资料、质量事故发生后对事故状况的观测记录、试验记录或试验报告等）。

（4）相关的建设法规主要有《建筑法》《建设工程质量管理条例》和《关于做好房屋建筑和市政基础设施工程质量事故报告和调查处理工作的通知》（建质〔2010〕111号）等与工程质量及质量事故处理有关的法规，以及勘察、设计、施工、监理等单位资质管理和从业者资格管理方面的法规，建筑市场管理方面的法规，以及相关技术标准、规范、规程和管理办法等。

二、施工质量事故报告和调查处理程序

（一）事故报告

工程质量事故发生后，事故现场有关人员应当立即向工程建设单位负责报告；工程建设单位负责人接到报告后，应于1h内向事故发生地县级以上人民政府住房和城乡建设主管部门及有关部门报告；同时应按照应急预案采取相应措施。情况紧急时，事故现场有关人员可直接向事故发生地县级以上人民政府住房和城乡建设主管部门报告。

事故报告应包括下列内容：事故发生的时间、地点、工程项目名称、工程各参建单位名称；事故发生的简要经过、伤亡人数和初步估计的直接经济损失；事故原因的初步判断；事故发生后采取的措施及事故控制情况；事故报告单位、联系人及联系方式；其他应当报告的情况。

（二）事故调查

事故调查要按规定区分事故的大小，分别由相应级别的人民政府直接或授权委托有关部门组织事故调查组进行调查。未造成人员伤亡的一般事故，县级人民政府也可以委托事故发生单位组织事故调查组进行调查。事故调查应力求及时、客观、全面，以便为事故的分析与处理提供正确的依据。

调查结果要整理撰写成事故调查报告，其主要内容应包括：事故项目及各参建单位概况；事故发生经过和事故救援情况；事故造成的人员伤亡和直接经济损失；事故项目有关质量检测报告和技术分析报告；事故发生的原因和事故性质；事故责任的认定和事故责任者的处理建议；事故防范和整改措施。

（三）事故的原因分析

原因分析要建立在事故情况调查的基础上，避免情况不明就主观推断事故的原因。特别是对涉及勘察、设计、施工、材料和管理等方面的质量事故，事故的原因往往错综复杂，因此，必须对调查所得到的数据、资料进行仔细分析，依据国家有关法律法规和工程建设标准分析事故的直接原因和间接原因，必要时组织对事故项目进行检测鉴定和专家技术论证，去伪存真，找出造成事故的主要原因。

（四）制订事故处理的技术方案

事故的处理要建立在原因分析的基础上，要广泛听取专家及有关方面的意见，经科学论证，决定事故是否要进行技术处理和怎样处理。在制订事故处理的技术方案时，应做到安全可靠，技术可行，不留隐患，经济合理，具有可操作性，满足项目的安全和使用功能要求。

（五）事故处理

事故处理的内容包括：事故的技术处理，按经过论证的技术方案进行处理，解决事故造成的质量缺陷问题；事故的责任处罚，依据有关人民政府对事故调查报告的批复和有关法律法规的规定，对事故相关责任者实施行政处罚，负有事故责任的人员涉嫌犯罪的，依法追究刑事责任。

（六）事故处理的鉴定验收

质量事故的技术处理是否达到预期的目的，是否依然存在隐患，应当通过检查鉴定和验收做出确认。事故处理的质量检查鉴定，应严格按施工验收规范和相关质量标准的规定进行，必要时还应通过实际量测、试验和仪器检测等方法获取必要的数据，以便准确地对事故处理的结果做出鉴定，形成鉴定结论。

（七）提交事故处理报告

事故处理后，必须尽快提交完整的事故处理报告，其内容包括：事故调查的原始资料、测试的数据；事故原因分析和论证结果；事故处理的依据；事故处理的技术方案及措施；实施技术处理过程中有关的数据、记录、资料；检查验收记录；对事故相关责任者的处罚情况和事故处理的结论等。

三、施工质量缺陷处理的基本方法

（一）返修处理

当项目的某些部分的质量虽未达到规范、标准或设计规定的要求，存在一定的缺陷，但经过采取整修等措施后可以达到要求的质量标准，又不影响使用功能或外观的要求时，可采取返修处理的方法。例如，某些混凝土结构表面出现蜂窝、麻面，或者混凝土结构局部出现损伤，如结构受撞击、局部未振实、冻害、火灾、酸类腐蚀、碱骨料反应等，当这些缺陷或损伤仅仅在结构的表面或局部，不影响其使用和外观，可进行返修处理。再比如对混凝土结构出现裂缝，经分析研究后如果不影响结构的安全和使用功能时，也可采取返修处理。当裂缝宽度不大于0.2mm时，可采用表面密封法；当裂缝宽度大于0.3mm时，采用嵌缝密闭法；当裂缝较深时，则应采取灌浆修补的方法。

（二）加固处理

加固处理主要是针对危及结构承载力的质量缺陷的处理。通过加固处理，使建筑结构恢复或提高承载力，重新满足结构安全性与可靠性的要求，使结构能继续使用或改作其他用途。对混凝土结构常用的加固方法主要有：增大截面加固法、外包角钢加固法、粘钢加固法、增设支点加固法、增设剪力墙加固法、预应力加固法等。

（三）返工处理

当工程质量缺陷经过返修、加固处理后仍不能满足规定的质量标准要求，或不具备补救可能性，则必须采取重新制作、重新施工的返工处理措施。例如，某防洪堤坝填筑压实后，其压实土的干密度未达到规定值，经核算将影响土体的稳定且不满足抗渗能力的要求，必须挖除不合格土，重新填筑，重新施工；某公路桥梁工程预应力按规定张拉系数为 1.3，而实际仅为 0.8，属严重的质量缺陷，也无法修补，只能重新制作。再比如某高层住宅施工中，有几层的混凝土结构误用了安定性不合格的水泥，无法采用其他补救办法，不得不爆破拆除重新浇筑。

（四）限制使用

当工程质量缺陷按修补方法处理后无法保证达到规定的使用要求和安全要求，而又无法返工处理的情况下，不得已时可做出诸如结构卸荷或减荷以及限制使用的决定。

（五）不做处理

某些工程质量问题虽然达不到规定的要求或标准，但其情况不严重，对结构安全或使用功能影响很小，经过分析、论证、法定检测单位鉴定和设计单位等认可后可不做专门处理。一般可不做专门处理的情况有以下几种。

（1）不影响结构安全和使用功能的。例如，有的工业建筑物出现放线定位的偏差，且严重超过规范标准规定，若要纠正会造成重大经济损失，但经过分析、论证其偏差不影响生产工艺和正常使用，在外观上也无明显影响，可不做处理。又如，某些部位的混凝土表面的裂缝，经检查分析，属于表面养护不够的干缩微裂，不影响安全和外观，也可不做处理。

（2）后道工序可以弥补的质量缺陷。例如，混凝土结构表面的轻微麻面，可通过后续的抹灰、刮涂、喷涂等弥补，也可不做处理。再比如，混凝土现浇楼面的平整度偏差达到 10mm，但由于后续垫层和面层的施工可以弥补，所以也可不做处理。

（3）法定检测单位鉴定合格的。例如，某检验批混凝土试块强度值不满足规范要求，强度不足，但经法定检测单位对混凝土实体强度进行实际检测后，其实际强度达到规范允许和设计要求值时，可不做处理。对经检测未达到要求值，但相差不多，经分析论证，只要使用前经再次检测达到设计强度，也可不做处理，但应严格控制施工荷载。

（4）出现的质量缺陷，经检测鉴定达不到设计要求，但经原设计单位核算，仍能满足结构安全和使用功能的。例如，某一结构构件截面尺寸不足，或材料强度不足，影响结构承载力，但按实际情况进行复核验算后仍能满足设计要求的承载力时，可不进行专门处理。这种做法实际上是挖掘设计潜力或降低设计的安全系数，应谨慎处理。

（六）报废处理

出现质量事故的项目，通过分析或实践，采取上述处理方法后仍不能满足规定的质量要求或标准，则必须予以报废处理。

第九章 施工安全管理

第一节 安全管理概述

一、建筑工程安全管理的概念

（一）安全

安全是指没有危险、不出事故的状态。其包括人身安全、设备与财产安全、环境安全等。通俗地讲，安全就是指安稳，即人的平安无事，物的安稳可靠，环境的安定良好。

美国著名学者马斯洛的需求理论把需求分成生理需求、安全需求、社交需求、尊重需求和自我实现需求五类，依次由较低层次到较高层次进行排列。即人类在满足生存需求的基础上，谋求安全的需要，这是人类要求保障自身安全、摆脱失业和丧失财产威胁、避免职业病的侵袭等方面的需要。

可见安全对我们来说，极为重要，离开了安全，一切都失去了意义。

（二）安全生产

安全生产就是指在劳动生产过程中，通过努力改善劳动条件，克服不安全因素，防止伤亡事故发生，使劳动生产在保障劳动者安全健康和国家财产不受损失的前提下顺利进行。

安全生产一直以来是我国的重要国策。安全与生产的关系可用"生产必须安全，安全促进生产"这句话来概括。二者是有机的整体，不能分割更不能对立。

对国家来说，安全生产关系到国家的稳定、国民经济健康持续的发展以及构建和谐社会目标的实现。对社会来说，安全生产是社会进步与文明的标志。一个伤亡事故频发的社会不能称为文明的社会。对企业来说，安全生产是企业效益的前提。一旦发生安全生产事故，将会造成企业有形和无形的经济损失，甚至会给企业造成致命的打击。对家庭来说，一次伤亡事故，可能造成一个家庭的支离破碎。这种打击往往会给家庭成员带来经济、心理、生理等多方面的创伤。对个人来说，最宝贵的便是生命和健康，而频发的安全生产事故使二者受到严重的威胁。

由此可见，安全生产的意义非常重大。"安全第一，预防为主"早已成为我国安全生产管理的基本方针。

（三）安全管理

管理是指在某组织中的管理者，为了实现组织既定目标而进行的计划、组织、指挥、协调和控制的过程。

安全管理可以定义为管理者为实现安全生产目标对生产活动进行的计划、组织、指挥、协调和控制的一系列活动，以保护员工的安全与健康。

建筑工程安全管理是安全管理原理和方法在建筑领域的具体应用。所谓建筑工程安全管理，是指以国家的法律、法规、技术标准和施工企业的标准及制度为依据，采取各种手段，对建筑工程生产的安全状况实施有效制约的一切活动，是管理者对安全生产进行建章立制，进行计划、组织、指挥、协调和控制的一系列活动，是建筑工程管理的一个重要部分。它包括宏观安全管理和微观安全管理两个方面。

宏观安全管理主要是指国家安全生产管理机构以及建设行政主管部门从组织、法律法规、执法监察等方面对建设项目的安全生产进行管理。它是一种间接的管理，同时也是微观管理的行动指南。实施宏观安全管理的主体是各级政府机构。微观安全管理主要是指直接参与对建设项目的安全管理，它包括建筑企业、业主或业主委托的监理机构、中介组织等对建筑项目安全生产的计划、组织、实施、控制、协调、监督和管理。微观管理是直接的、具体的，它是安全管理法律法规以及标准指南的体现。实现微观安全管理的主体主要是施工企业及其他相关企业。

宏观和微观的建筑安全管理对建筑安全生产都是必不可少的，他们是相辅相成的。为了保护建筑业从业人员的安全，保证生产的正常进行，就必须加强安全管理，消除各种危险因素，确保安全生产。只有抓好安全生产，才能提高生产经营单位的安全程度。

（四）安全管理在项目管理中的地位

建筑工程安全管理对国家发展、社会稳定、企业盈利、人民安居有着重大意义，是工程项目管理的内容之一。质量、成本、工期、安全是建筑工程项目管理的四大控制目标。

（1）安全是质量的基础。只有良好的安全措施保证，作业人员才能较好地发挥技术水平，质量也就有了保障。

（2）安全是进度的前提。只有在安全工作完全落实的条件下，建筑业在缩短工期时才不会出现严重的不安全事故。

（3）安全是成本的保证。安全事故的发生必会对建筑企业和业主带来巨大的经济损失，工程建设也无法顺利进行。

这四个目标互相作用，形成一个有机的整体，共同推动项目的实施。只有四大目标统一实现，项目管理的总目标才得以实现。

二、建筑工程安全管理的特点和意义

（一）建筑工程安全管理的特点

（1）管理面广。由于建设工程规模较大，生产工艺复杂、工序多，遇到不确定因素多，安全管理工作涉及范围广，控制面广。

（2）管理的动态性。建设工程项目的单件性使得每项工程所处的条件不同，所面临的危险因素和防范措施也会有所改变，有些工作制度和安全技术措施也会有所调整，员工需要有个熟悉的过程。

（3）管理系统的交叉性。建设工程项目是开放系统，受自然环境和社会环境影响很大，安全控制需要把工程系统和环境系统及社会系统结合起来。

（4）管理的严谨性。安全状态具有触发性，其控制措施必须严谨，一旦失控，就会造成损失和伤害。

（二）建筑工程安全管理的意义

做好安全管理是防止伤亡事故和职业危害的根本对策。做好安全管理是贯彻落实"安全第一、预防为主"方针的基本保证。有效的安全管理是促进安全技术和劳动卫生措施发挥应有作用的动力。安全管理是施工质量的保障。做好安全管理，有助于改进企业管理，全面推动企业各方面工作的进步，促进经济效益的提高。安全管理是企业管理的重要组成部分，与企业的其他管理密切联系、互相影响、互相促进。

第二节　安全事故及其调查处理

一、建筑工程项目施工安全事故的特点、分类和原因

（一）施工安全事故的特点

安全事故是指人们在进行有目的的活动过程中，发生了违背人们意愿的不幸事故，而使其有目的的行为暂时或永久地停止。建筑工程安全事故是指在建筑工程施工现场发生的安全事故，一般会造成人身伤亡或伤害，且伤害涉及包括急救在内的医疗救护，或造成财产、设备、工艺等损失。

施工项目安全事故的特点如下：

（1）严重性。施工项目发生安全事故，影响往往较大，会直接导致人员伤亡或财产的损失，给人民生命和财产带来巨大损失。近年来，安全事故死亡的人数和事故起数仅次于交通、矿山，成为人们关注的热点问题之一。因此，对施工项目安全事故隐患决不能掉以轻心，一旦发生安全事故，其造成的损失将无法挽回。

（2）复杂性。施工生产的特点决定了影响建设工程安全生产的因素很多，工程安全事故的原因错综复杂，即使是同一类安全事故，其发生的原因可能多种多样。因此，在对安全事故进行分析时，其对判断出安全事故的性质、原因（直接原因、间接原因、主要原因）等有很大影响。

（3）可变性。许多建设工程施工中出现安全事故隐患，这些安全事故隐患并不是静止的，而是有可能随着时间而不断地发展、恶化，若不及时整改和处理，往往可能发展成为严重或重大安全事故。因此，在分析与处理工程安全事故隐患时，要重视安全事故隐患的可变性，应及时采取有效措施纠正、消除，杜绝其发展、恶化为安全事故。

（4）多发性。施工项目中的安全事故，往往在建设工程某部位或工序或作业活动中发生。如物体打击事故、触电事故、高处坠落事故、坍塌施工、起重机械事故、中毒事故等。

因此，对多发性安全事故，应注意吸取教训，总结经验，采用有效预防措施，加强事前控制、事中控制。

（二）施工安全事故的分类

1. 按照事故发生的原因分类

按照我国《企业职工伤亡事故分类》(GB 6441—1986)规定，职业伤害事故分为20类，其中与建筑业有关的有以下12类：

（1）物体打击：指落物、滚石、锤击、碎裂、崩块、砸伤等造成的人身伤害，不包括因爆炸而引起的物体打击。

（2）车辆伤害：指被车辆挤、压、撞和车辆倾覆等造成的人身伤害。

（3）机械伤害：指被机械设备或工具绞、碾、碰、割、戳等造成的人身伤害，不包括车辆、起重设备引起的伤害。

（4）起重伤害：指从事各种起重作业时发生的机械伤害事故，不包括上下驾驶室时发生的坠落伤害，起重设备引起的触电及检修时制动失灵造成的伤害。

（5）触电：由于电流经过人体导致的生理伤害，包括雷击伤害。

（6）灼烫：指火焰引起的烧伤、高温物体引起的烫伤、强酸或强碱引起的灼伤、放射线引起的皮肤损伤，不包括电烧伤及火灾事故引起的烧伤。

（7）火灾：在火灾时造成的人体烧伤、窒息、中毒等。

（8）高处坠落：由于危险势能差引起的伤害，包括从架子、屋架上坠落以及平地坠入坑内等。

（9）坍塌：指建筑物、堆置物倒塌以及土石塌方等引起的事故伤害。

（10）火药爆炸：指在火药的生产、运输、储藏过程中发生的爆炸事故。

（11）中毒和窒息：指煤气、油气、沥青、化学、一氧化碳中毒等。

（12）其他伤害：包括扭伤、跌伤、冻伤、野兽咬伤等。

以上12类职业伤害事故中，在建设工程领域中最常见的是高处坠落、物体打击、机械伤害、触电、坍塌、中毒、火灾7类。

2. 按事故严重程度分类

我国《企业职工伤亡事故分类》(GB 6441—1986)规定，按事故严重程度分类，事故分为：

（1）轻伤事故，是指造成职工肢体或某些器官功能性或器质性轻度损伤，能引起劳动能力轻度或暂时丧失的伤害的事故，一般每个受伤人员休息1个工作日以上(含1个工作日)，105个工作日以下。

（2）重伤事故，一般指受伤人员肢体残缺或视觉、听觉等器官受到严重损伤，能引起人体长期存在功能障碍或劳动能力有重大损失的伤害，或者造成每个受伤人损失105工作日以上(含105个工作日)的失能伤害的事故。

（3）死亡事故，其中，重大伤亡事故指一次事故中死亡1~2人的事故；特大伤亡事故指一次事故死亡3人以上(含3人)的事故。

3. 按事故造成的人员伤亡或者直接经济损失分类

依据2007年6月1日起实施的《生产安全事故报告和调查处理条例》规定，按生产安全事故(以下简称事故)造成的人员伤亡或者直接经济损失，事故分为：

（1）特别重大事故，是指造成 30 人以上死亡，或者 100 人以上重伤（包括急性工业中毒，下同），或者 1 亿元以上直接经济损失的事故。

（2）重大事故，是指造成 10 人以上 30 人以下死亡，或者 50 人以上 100 人以下重伤，或者 5000 万元以上 1 亿元以下直接经济损失的事故。

（3）较大事故，是指造成 3 人以上 10 人以下死亡，或者 10 人以上 50 人以下重伤，或者 1000 万元以上 5000 万元以下直接经济损失的事故。

（4）一般事故，是指造成 3 人以下死亡，或者 10 人以下重伤，或者 1000 万元以下直接经济损失的事故。

目前，在建设工程领域中，判别事故等级较多采用的是《生产安全事故报告和调查处理条例》。

二、建设工程安全事故的处理

一旦事故发生，通过应急预案的实施，尽可能防止事态的扩大和减少事故的损失。通过事故处理程序，查明原因，制定相应的纠正和预防措施，避免类似事故的再次发生。

（一）事故处理的原则（"四不放过"原则）

国家对发生事故后的"四不放过"处理原则，其具体内容如下：

（1）事故原因未查清不放过。要求在调查处理伤亡事故时，首先要把事故原因分析清楚，找出导致事故发生的真正原因，未找到真正原因决不轻易放过。直到找到真正原因并搞清各因素之间的因果关系，才算达到事故原因分析的目的。

（2）事故责任人未受到处理不放过。这是安全事故责任追究制的具体体现，对事故责任者要严格按照安全事故责任追究的法律法规的规定进行严肃处理；不仅要追究事故直接责任人的责任，同时要追究有关负责人的领导责任。当然，处理事故责任者必须谨慎，避免事故责任追究的扩大化。

（3）事故责任人和周围群众没有受到教育不放过。使事故责任者和广大群众了解事故发生的原因及所造成的危害，并深刻认识到搞好安全生产的重要性，从事故中吸取教训，提高安全意识，改进安全管理工作。

（4）事故没有制定切实可行的整改措施不放过。必须针对事故发生的原因，提出防止相同或类似事故发生的切实可行的预防措施，并督促事故发生单位加以实施。只有这样，才算达到了事故调查和处理的最终目的。

（二）建设工程安全事故处理措施

1. 按规定向有关部门报告事故情况

事故发生后，事故现场有关人员应当立即向本单位负责人报告；单位负责人接到报告后，应当于 1h 内向事故发生地县级以上人民政府安全生产监督管理部门和负有安全生产监督管理职责的有关部门报告，并有组织、有指挥地抢救伤员、排除险情；应当防止人为或自然因素的破坏，便于事故原因的调查。

由于建设行政主管部门是建设安全生产的监督管理部门，对建设安全生产实行的是统一的监督管理，因此，各个行业的建设施工中出现了安全事故，都应当向建设行政主管部门报告。对于专业工程的施工中出现生产安全事故的，由于有关的专业主管部门也承担着对建设安全生产的监督管理职能，因此，专业工程出现安全事故，还需要向有关行业主管部门报告。

情况紧急时，事故现场有关人员可以直接向事故发生地县级以上人民政府安全生产监督管理部门和负有安全生产监督管理职责的有关部门报告。

安全生产监督管理部门和负有安全生产监督管理职责的有关部门接到事故报告后，应当依照下列规定上报事故情况，并通知公安机关、劳动保障行政部门、工会和人民检察院：特别重大事故、重大事故逐级上报至国务院安全生产监督管理部门和负有安全生产监督管理职责的有关部门；较大事故逐级上报至省、自治区、直辖市人民政府安全生产监督管理部门和负有安全生产监督管理职责的有关部门；一般事故上报至设区的市级人民政府安全生产监督管理部门和负有安全生产监督管理职责的有关部门。

安全生产监督管理部门和负有安全生产监督管理职责的有关部门依照上述规定上报事故情况，应当同时报告本级人民政府。国务院安全生产监督管理部门和负有安全生产监督管理职责的有关部门以及省级人民政府接到发生特别重大事故、重大事故的报告后，应当立即报告国务院。必要时，安全生产监督管理部门和负有安全生产监督管理职责的有关部门可以越级上报事故情况。

安全生产监督管理部门和负有安全生产监督管理职责的有关部门逐级上报事故情况，每级上报的时间不得超过2h。事故报告后出现新情况的，应当及时补报。

2. 组织调查组，开展事故调查

特别重大事故由国务院或者国务院授权有关部门组织事故调查组进行调查。重大事故、较大事故、一般事故分别由事故发生地省级人民政府、设区的市级人民政府、县级人民政府负责调查。省级人民政府、设区的市级人民政府、县级人民政府可以直接组织事故调查组进行调查，也可以授权或者委托有关部门组织事故调查组进行调查。未造成人员伤亡的一般事故，县级人民政府也可以委托事故发生单位组织事故调查组进行调查。

事故调查组有权向有关单位和个人了解与事故有关的情况，并要求其提供相关文件、资料，有关单位和个人不得拒绝。事故发生单位的负责人和有关人员在事故调查期间不得擅离职守，并应当随时接受事故调查组的询问，如实提供有关情况。事故调查中发现涉嫌犯罪的，事故调查组应当及时将有关材料或者其复印件移交司法机关处理。

3. 现场勘察

事故发生后，调查组应迅速到现场进行及时、全面、准确和客观的勘察，包括现场笔录、现场拍照和现场绘图。

4. 分析事故原因

通过调查分析，查明事故经过，按受伤部位、受伤性质、起因物、致害物、伤害方法、不安全状态、不安全行为等，查清事故原因，包括人、物、生产管理和技术管理等方面的原因。通过直接和间接的分析，确定事故的直接责任者、间接责任者和主要责任者。

5. 制定预防措施

根据事故原因分析，制定防止类似事故再次发生的预防措施。根据事故后果和事故责任者应负的责任提出处理意见。

6. 提交事故调查报告

事故调查组应当自事故发生之日起 60 日内提交事故调查报告；特殊情况下，经负责事故调查的人民政府批准，提交事故调查报告的期限可以适当延长，但延长的期限最长不超过 60 日。事故调查报告应当包括下列内容：事故发生单位概况；事故发生经过和事故救援情况；事故造成的人员伤亡和直接经济损失；事故发生的原因和事故性质；事故责任的认定以及对事故责任者的处理建议；事故防范和整改措施。

7. 事故的审理和结案

重大事故、较大事故、一般事故，负责事故调查的人民政府应当自收到事故调查报告之日起 15 日内做出批复；特别重大事故，30 日内做出批复，特殊情况下，批复时间可以适当延长，但延长的时间最长不超过 30 日。

有关机关应当按照人民政府的批复，依照法律、行政法规规定的权限和程序，对事故发生单位和有关人员进行行政处罚，对负有事故责任的国家工作人员进行处分。事故发生单位应当按照负责事故调查的人民政府的批复，对本单位负有事故责任的人员进行处理。负有事故责任的人员涉嫌犯罪的，依法追究刑事责任。

事故处理的情况由负责事故调查的人民政府或者其授权的有关部门、机构向社会公布，依法应当保密的除外。事故调查处理的文件记录应长期完整地保存。

参 考 文 献

[1]《建筑施工手册》(第五版)编委会.建筑施工手册(第五版)[M].北京：中国建筑工业出版社，2013.（2020重印）

[2] 蔡建锋.现阶段房屋建筑节能施工技术实际应用探讨[J].冶金与材料，2020，40(05)：111+113.

[3] 陈少杰，方苏婷.建筑结构设计中的抗震结构设计[J].城市建设理论研究(电子版)，2023，No. 428(02)：62-64.

[4] 杜蕾萌.装配式建筑设计及其应用探究[J].散装水泥，2023，No. 222(01)：173-175.

[5] 范涛.混凝土结构设计[M].重庆：重庆大学出版社，2017.

[6] 谷慧.工业建筑结构可变荷载的概率模型及可靠度研究[D].西安建筑科技大学，2018.

[7] 韩业财，蒋中元，邓泽贵.建筑施工技术[M].3版.重庆：重庆大学出版社，2020.

[8] 郝永池.建筑工程项目管理[M].北京：人民邮电出版社，2016.

[9] 嵇德兰.建筑施工组织与管理[M].北京：北京理工大学出版社，2018.

[10] 黎子晖.建筑结构设计中概念设计与结构分析相关思考[J].居舍，2022(36)：106-109.

[11] 李木子.建筑结构设计技术优化的研究与应用[J].工程建设与设计，2023，No. 499(05)：35-37.

[12] 李水泉，申永康，李成.建筑施工技术与组织[M].北京：中国水利水电出版社，2019.

[13] 李玉胜.建筑结构抗震设计[M].北京：北京理工大学出版社，2018.

[14] 李哲.混凝土结构设计[M].北京：化学工业出版社，2019.

[15] 李征，林中湘，闫占胜.建筑施工安全生产事故隐患的排查与治理[J].工程建设与设计，2022，No. 479(09)：249-251.

[16] 林拥军.建筑结构设计[M].成都：西南交通大学出版社，2020.

[17] 刘彦青，梁敏，刘志宏.建筑施工技术(第3版)[M].北京：北京理工大学出版社出版，2019.

[18] 刘雁，李琮琦.建筑结构[M].南京：东南大学出版社，2020.

[19] 邱岗.钢结构建筑工程的施工特点和施工方法分析[J].工程机械与维修，2023，No. 308(01)：113-115.

[20] 曲豪杰.装配式混凝土建筑施工技术及质量管理研究[J].工程建设与设计，2022，No. 491(21)：245-247.

[21] 苏建，陈昌平.建筑施工技术[M].南京：东南大学出版社，2020.

[22] 王翠坤，陈才华，崔明哲.我国建筑结构发展与展望[J].建筑科学，2022(7)：1-8.

[23] 王翠坤，陈才华，崔明哲.我国建筑结构发展与展望[J].建筑科学，2022，38(7)1-8.

[24] 王宏亮，李堂，吴江.建筑施工安全隐患的分类与分级探析[J].工程建设与设计，2022，No. 477(07)：203-205.

[25] 文戈，安艳华.节能施工技术在建筑工程建设中的应用分析[J].砖瓦，2021，No. 402(06)：174+176.

[26] 吴志红，陈娟玲，张会.建筑施工技术.3版[M].南京：东南大学出版社，2020.

[27] 谢定芬.研究建筑结构设计中荷载值的确定问题[J].四川水泥，2017，No. 251(07)：107.

[28] 詹国富，李辉成.建筑屋面防水工程施工工艺[J].中华建设，2023，No. 314(03)：140-142.

[29] 张宁.建筑深基坑工程施工技术及安全风险控制分析[J].安装，2022，No. 370(11)：86-88.

[30] 赵亮.装配式建筑工程设计与应用[J].砖瓦，2023，No. 423(03)：67-69.

[31] 郑催招.装配式建筑结构设计中的剪力墙结构设计[J].中国建筑金属结构，2023，No. 493(01)：166-168.

[32] 中华人民共和国建设部.岩土工程勘察规范(2009版)：GB 50021—2001[S].北京：中国建筑工业出

版社，2004.

[33] 中华人民共和国住房和城乡建设部．建筑结构荷载规范：GB 50009—2012[S]．北京：中国建筑工业出版社，2012.

[34] 中华人民共和国住房和城乡建设部．建筑抗震设计规范(2016 年版)：GB 50011—2010[S]．北京：中国建筑工业出版社，2010.

[35] 朱星，钱军，强伟．建筑施工技术[M]．南京：南京大学出版社，2019.

后　记

改革开放以来，经过四十多年的发展，2022 年我国城镇化率已达到 65.22%，超过世界平均水平。建筑是城市的重要组成部分，也是城镇化的主要标志，因此建筑结构行业是提升城市品质，推进新型城市建设的重要一环。现阶段，我国在建筑结构设计和建造方面取得了瞩目的成绩，在设计理论、设计方法、结构体系、抗震防灾、数字化、工业化等方面进行了广泛而深入的技术创新，"结构成就建筑之美"的理念被广泛认同。

但我们也要看到，在建筑工程领域，结构设计过程中出现了一些问题，例如没有将图纸精细化，没有把设计的重点明确，设计得过于简单，对很多重要的设计环节都没有明确设计，导致无法很好地指导施工，同时，在施工过程中，部分施工人员常常以"经验"为主导，不能规范化、标准化应用已成熟的施工技术，从而影响了建筑工程的品质。

对此，建筑工程设计人员应全面做好设计工作，实行精细化设计，积极应用先进的科学技术辅助设计，提高设计质量；施工人员则严格按照科学、完善的设计图纸及施工组织方案进行施工，掌握好每项技术的操作要点，做到规范化作业，并加强施工过程中的质量管理和安全管理，以此保证建筑工程的品质，推动我国建筑行业向着绿色、健康的方向发展。